U0854463

国家规划重点教材
电视学系列教程

影视摄影技术

YINGSHI SHEYING JISHU

毕根辉 著

北京师范大学出版集团
BEIJING NORMAL UNIVERSITY PUBLISHING GROUP
北京师范大学出版社

◁ 北 京 ▷

图书在版编目(CIP)数据

影视摄影技术/毕根辉著. —北京：北京师范大学出版社，2000.7
(2022.12 重印)
(电视学系列教程)
ISBN 978-7-303-05573-9

Ⅰ.①影… Ⅱ.①毕… Ⅲ. ①电影摄影技术②电视摄影－摄影技术
Ⅳ.TB878

中国版本图书馆 CIP 数据核字(2000)第 55106 号

教材意见反馈 gaozhifk@bnupg.com 010-58805079
营销中心电话 010-58807651
北师大出版社高等教育分社微信公众号 新外大街拾玖号

出版发行：北京师范大学出版社 www.bnup.com
北京市西城区新街口外大街 12-3 号
邮政编码：100088
印 刷：北京虎彩文化传播有限公司
经 销：全国新华书店
开 本：890 mm×1240 mm 1/32
印 张：14.875
插 页：8
字 数：360 千字
版 次：2000 年 7 月第 1 版
印 次：2022 年 12 月第 14 次印刷
定 价：26.00 元

策划编辑：景 宏 责任编辑：景 宏 陈佳宵
美术编辑：褚苑苑 装帧设计：李 芸 罗 瑞
责任校对：李 菡 责任印制：马 洁

版权所有 侵权必究

反盗版、侵权举报电话：010-58800697
北京读者服务部电话：010-58808104
外埠邮购电话：010-58808083
本书如有印装质量问题，请与印制管理部联系调换。
印制管理部电话：010-58805079

《电视学系列教程》编委会

主　　编

任金州　钟大年

编　　委

朱羽君　　　叶　子
叶家铮　　　高　鑫
任　远　　　景　宏

内容简介

本书系普通高校“九五规划”国家级重点教材之一。

本书涵盖了影视摄影技术有关知识的主要方面。内容翔实丰富、深入浅出、图文并茂。尤其是对测光表的原理、使用与曝光控制技巧，各类摄影用滤光器的应用技巧，摄影镜头的成像原理与运用技巧，电影摄影机的结构、类型及操作技术等诸多理论进行了全面、系统地阐述。论点新颖，概念准确，逻辑严谨。书中对摄影创作实践及对大量摄影作品进行的分析，强调了理论联系实际及理论对实践的指导。从而使本书具备了较强的科学性、系统性和可操作性，尤其是对影视摄影工作者具有较强的实用参考作用。

前 言

当人们站在新世纪的门坎，回首本世纪最伟大的发明时，电视，无疑是最引人注意的骄傲之一。电视不仅改变了人类的生活方式，而且改变了人类的思维方式，成为当今社会人类精神生活最重要的一部分。

中国电视经过了四十年的风风雨雨，如今已走入活力勃发的成熟期。有人用“电视大国”来描述中国的电视事业——世界上电视观众最多；世界上电视机数量最多；世界上电视台数量最多；世界上电视从业人员最多……这些骄人的数字其实并不能真正说明中国电视的业绩，中国电视真正值得赞许的是它日益与时代的脉动同步。

几乎与电视的发展同时，人们已在不断地试图去了解它和认识它：电视是如何发挥传播信息的优势的？电视是如何创造了奇特的文化景观的？电视是如何影响观众的？电视节目是如何制作的？……特别是近十几年，人们更是开始从总体上对电视的内在规律和外部联系进行着全面深入的分析与研究，以至于使得“电视学”作为一门新兴的综合性科学开始出现在人们的理论视野中。

中国的电视理论研究虽然只有短短的十多年，却浓缩了许多研究者的心智和探索精神。他们可谓白手起家，在一片处女地上开始耕耘，先是模仿，后是借鉴，再是开创，终于支撑起中国电视学理论大厦的框架。

北京广播学院电视系，是中国最早从事电视专业教学和理论研究的机构，至今仍以其教学成果和理论建树享誉全国。1987年，电视系组织出版了第一套电视专业理论书籍——“电视节目制作丛书”（共十八本）。这套丛书根据当时的教学需要，对电视制作所涉及的理论进行了总结。尽管那套书还显得很稚嫩，很粗糙，但毕竟是我国第一套论及电视领域相关学问的专著，并在后来很长一段时间，作为电视专业人员入门必读的教科书，产生过很大的影响。

时隔五年之后，电视系又组织出版了一本200多万字的《中国应用电视学》，这是中国电视理论发展过程中一本重要的著作。这本书从基础理论、节目制作、制作技艺和电视技术几个方面勾勒了电视应用理论的全貌，第一次建立起电视作为一门学科的理论框架。尽管这本书所建构的理论体系还欠严谨和深入，但它毕竟是第一次成功的尝试，毕竟是有中国特色的理论开拓。也许正是因为这个原因，这本书得到了理论界的承认，并获得了国家教委优秀教学成果二等奖、广电部普通高校优秀教材一等奖、广电部广播电视学会学术论著一等奖、北京市社会科学理论著作二等奖等多项国家级和部级的奖励。

又是五年过去了，从1997年底，我们又开始组织这套“电视学系列教程”。组织出版这套书是基于这样的想法：

首先，中国的电视理论经过了这些年的探索期之后，应该说已经进入了成熟期。许多知识和观念经过整理、积累和沉淀，已经具有了稳定性。从学科建设的意义来讲，将这些具有稳定性的知识和观念作一种规范化的理论表述，不仅是电视理论建设的需要，而且时机也已成熟。

其次，中国的电视专业教育近年来发展迅速，各层次专业人才不仅需求量大，而且人才竞争日渐激烈。为适应这一发展，除北京广播学院电视系外，不少大专院校也纷纷设置了电视专业。从电视专业教学的角度讲，尽管以前已有不少种书被作为专业教材使用，但是显得层次不清，系统混乱，缺乏科学性和系统性，质量也参差不齐。根据电视专业教学规律的要求，应该有一套高质量、规范化的标准教材，才有利于电视专业人才的培养。

因此，这套书将根据这两方面的要求，尽量选择那些规范性、系统性的内容，力求概念准确，条理清晰，既有学术性，又有实用价值。

尽管电视理论是一种新兴的、发展变化着的理论，但我们仍然期望这套书能够经历更长一些时间的考验。

也许在下个世纪，电视的发展将给我们提出新的课题，我们可能会再一次做出新的解答，但是，我们仍然期望这套书能够成为这场接力赛中的重要一站。

任金州
钟大年
1998 年 3 月

目　录

第一章　摄影中的曝光控制 ……………………〔1〕

一、曝光控制的概述 ……………………………〔1〕
二、怎样理解正确曝光 …………………………〔2〕
三、照相机与摄影机、摄像机在曝光上的共同点与不同点 ……………………………………〔6〕

第二章　曝光控制的得力工具——测光表 …〔16〕

一、测光表的类型 ………………………………〔16〕
1. 独立式测光表 ………………………………〔17〕
2. 机内测光系统 ………………………………〔17〕
二、测光表的结构原理 …………………………〔20〕
1. 光电元件 ……………………………………〔22〕
2. 灵敏电流计 …………………………………〔25〕
3. 测光表的受角与限光装置 …………………〔26〕
4. 曝光推旋盘与液晶显示窗 …………………〔27〕
三、常用测光表的性能及使用 …………………〔32〕
1. 海鸥 CL－A 型测光表 ……………………〔32〕
2. 伦纳塞克斯 3 型测光表 ……………………〔36〕
3. 索利格Ⅱ型光点测光表 ……………………〔41〕
4. 塞康尼卡Ⅱ型棚内自动测光表 ……………〔46〕

5. 美能达闪光灯 V 型测光表……………………〔52〕

第三章　摄影摄像中的照度计量………………〔60〕

一、照度测光表的使用与计量 …………………〔60〕
二、照度计量应注意的问题 ……………………〔63〕

第四章　摄影摄像中的亮度计量………………〔65〕

一、影响被摄体表面亮度的因素 ………………〔65〕
1. 被摄体表面的结构类型 ……………………〔66〕
2. 被摄体表面的颜色特征 ……………………〔66〕
3. 光源的类型与质量 …………………………〔70〕
二、亮度测光表的使用 …………………………〔70〕
三、亮度计量的测光方法 ………………………〔73〕
1. 机位测量法 …………………………………〔73〕
2. 近测景物亮度法 ……………………………〔74〕
3. 综合计量法 …………………………………〔75〕
四、曝光应注意的技术问题 ……………………〔75〕
1. 摄像机灵敏度的调整 ………………………〔76〕
2. 摄像机取景器中的曝光显示 ………………〔76〕
3. 彩色监示器与曝光 …………………………〔77〕

第五章　摄影摄像中的曝光控制………………〔78〕

一、画面的亮度平衡与曝光 ……………………〔79〕
二、宽容度的掌握 ………………………………〔80〕
三、摄影摄像中如何控制画面曝光 ……………〔84〕

第六章　如何拍摄不同条件下的景物 ……… 〔90〕

一、如何拍好不同景别的画面 ……………………… 〔90〕

1. 中、近景画面的拍摄 ………………………… 〔91〕

2. 远、全景画面的拍摄 ………………………… 〔94〕

二、如何拍好日出、日落前后的景物 ……………… 〔96〕

1. 黎明、黄昏的拍摄 …………………………… 〔99〕

2. 日出、日落时的拍摄 ……………………… 〔101〕

三、雪、雨、雾景的拍摄…………………………… 〔106〕

1. 雪景的拍摄 ………………………………… 〔106〕

2. 雨景的拍摄 ………………………………… 〔111〕

3. 雾景的拍摄 ………………………………… 〔114〕

四、逆光摄影时如何控制曝光……………………… 〔117〕

1. 逆光照明下的测光 ………………………… 〔117〕

2. 逆光照明下的开阔风景 …………………… 〔118〕

3. 有深暗前景的逆光景物 …………………… 〔118〕

4. 有耀斑水面的曝光控制 …………………… 〔119〕

5. 侧逆光照明下的静物 ……………………… 〔119〕

第七章　滤光器的基础知识 …………………… 〔122〕

一、光与色………………………………………… 〔123〕

二、光的加色效应与减色效应…………………… 〔128〕

1. 光的加色效应 ……………………………… 〔128〕

2. 光的减色效应 ……………………………… 〔131〕

三、滤光器的类型………………………………… 〔134〕

1. 按使用的材料分类 ………………………… 〔135〕

2. 按形状分类 ………………………………… 〔136〕

3. 按用途分类 …………………………………〔136〕
4. 按透光性能分类 ……………………………〔138〕
四、滤光器的曝光补偿倍数……………………〔141〕
1. 影响滤光器曝光补偿倍数的因素 …………〔142〕
2. 滤光器曝光补偿倍数的测量 ………………〔143〕

第八章 光源色温与画面色彩控制 …………〔152〕

一、色温…………………………………………〔152〕
1. 色温的意义 …………………………………〔153〕
2. 色温表与色温测量 …………………………〔161〕
二、光源色温与摄影摄像之间的关系…………〔173〕
三、校色温滤光片的类型及其应用……………〔176〕
1. 校色温滤光片的类型 ………………………〔176〕
2. 校色温滤光片的应用 ………………………〔181〕
四、摄像中的白平衡调整………………………〔193〕
五、摄影摄像中如何改变画面色调……………〔202〕

第九章 黑白摄影中滤色镜的应用 …………〔206〕

一、黑白摄影中使用滤色镜的意义……………〔207〕
二、滤色镜在黑白摄影中的作用………………〔210〕
1. 校色作用 ……………………………………〔210〕
2. 调节天空影调 ………………………………〔212〕
3. 调节画面反差，突出主体 …………………〔215〕
4. 调节画面空气透视 …………………………〔219〕

第十章　黑白、彩色通用滤光器在影视制作中的应用 ………〔223〕

一、中性灰阻光片………〔223〕
二、偏振镜的应用………〔228〕
1. 偏振光产生的条件 ………〔230〕
2. 偏振镜在摄影摄像中的应用 ………〔235〕
三、漫射镜………〔239〕
1. 柔光镜 ………〔240〕
2. 镜头纱 ………〔241〕
3. 雾镜 ………〔244〕
四、吸紫外线滤光镜与天光镜………〔246〕
五、特殊效果滤光器………〔247〕
1. 渐变滤光器 ………〔248〕
2. 星光镜 ………〔250〕
3. 多影镜 ………〔251〕
4. 近摄镜 ………〔252〕
5. 速度镜 ………〔254〕
6. 中空镜 ………〔254〕
7. 双色镜 ………〔256〕

第十一章　摄影镜头 ………〔258〕

一、透镜的分类………〔259〕
二、透镜的性能………〔263〕
1. 光心 ………〔264〕
2. 主光轴 ………〔265〕
3. 共轭关系 ………〔265〕

4. 焦点和焦平面 …………………………………… 〔265〕
5. 主点和主平面 …………………………………… 〔266〕
6. 焦距、物距和像距 ………………………………… 〔268〕
三、透镜的成像规律……………………………………… 〔270〕
1. 薄透镜的成像规律 ………………………………… 〔270〕
2. 厚透镜的成像规律 ………………………………… 〔272〕

第十二章　摄影镜头的结构、类型 ………… 〔279〕

一、摄影镜头的光学结构类型………………………… 〔279〕
1. 非对称式镜头 …………………………………… 〔280〕
2. 对称式镜头 ……………………………………… 〔286〕
3. 摄远镜头 ………………………………………… 〔288〕
4. 广角镜头 ………………………………………… 〔289〕
5. 可变焦距镜头 …………………………………… 〔290〕
二、摄影镜头的机械结构……………………………… 〔291〕
1. 镜筒 ……………………………………………… 〔291〕
2. 光圈调节机构 …………………………………… 〔292〕
3. 调焦机构 ………………………………………… 〔292〕
4. 镜头连接方式 …………………………………… 〔292〕
三、摄影镜头的分类…………………………………… 〔293〕
1. 按使用的摄影器材分类 ………………………… 〔293〕
2. 按摄影镜头的焦距分类 ………………………… 〔294〕

第十三章　摄影镜头的性能与调节 ………… 〔296〕

一、镜头的焦距与视角………………………………… 〔296〕
1. 镜头的焦距 ……………………………………… 〔296〕
2. 镜头的视角 ……………………………………… 〔307〕

二、相对孔径与光圈系数…………………………〔310〕
三、景深与超焦距…………………………………〔313〕
1. 景深 ……………………………………………〔313〕
2. 超焦距 …………………………………………〔332〕
四、调焦与跟焦点…………………………………〔336〕

第十四章　摄影镜头的特点及其应用 ………〔339〕

一、短焦距摄影镜头………………………………〔339〕
二、标准焦距摄影镜头……………………………〔344〕
三、长焦距摄影镜头………………………………〔345〕
四、变焦距摄影镜头………………………………〔347〕
五、摄影镜头的发展趋势与技术指标……………〔350〕
1. 摄影镜头的发展趋势 …………………………〔350〕
2. 摄影镜头的技术指标 …………………………〔351〕

第十五章　摄影镜头的维护 …………………〔360〕

一、正确装卸摄影镜头……………………………〔360〕
二、摄影镜头的保养与维护………………………〔361〕

第十六章　电影摄影机的结构、类型 ………〔364〕

一、电影摄影机的结构 …………………………〔365〕
1. 机械部分 ………………………………………〔365〕
2. 光学部分 ………………………………………〔369〕
3. 驱动部分 ………………………………………〔374〕
4. 辅助部件 ………………………………………〔376〕
二、电影摄影机的类型……………………………〔377〕
1. 按使用胶片分类 ………………………………〔377〕

2. 按摄影频率分类 …………………………… 〔378〕
3. 按专业功能分类 …………………………… 〔378〕

第十七章　介绍几种常用的电影摄影机 …… 〔380〕

一、国产红旗 S－16 电影摄影机 ………………… 〔380〕
二、鲍莱克斯系列电影摄影机…………………… 〔382〕
1. 鲍莱克斯 H16 型摄影机 …………………… 〔382〕
2. 鲍莱克斯 H16RX－5 型摄影机 …………… 〔384〕
3. 鲍莱克斯 H－16EBM 型摄影机 …………… 〔385〕
4. 鲍莱克斯 H16EL 型摄影机 ………………… 〔386〕
三、阿里弗莱克斯系列电影摄影机………………… 〔388〕
1. 阿里弗莱克斯 ST 型摄影机………………… 〔388〕
2. 阿里弗莱克斯 M 型和 BL 型摄影机 ……… 〔390〕
3. 阿里弗莱克斯 16SR 型摄影机……………… 〔392〕
4. 阿里弗莱克斯 16SRⅡ型摄影机 …………… 〔394〕
5. 阿里弗莱克斯 435 型 35mm 摄影机 ……… 〔401〕
四、爱克勒尔电影摄影机………………………… 〔407〕
1. 爱克勒尔 NPR 型摄影机 …………………… 〔407〕
2. 爱克勒尔 ACL 型摄影机 …………………… 〔408〕
五、电影摄影机的发展趋势……………………… 〔410〕

第十八章　摄影机曝光时间与耗片长度的计算 …………………… 〔412〕

一、电影摄影机曝光时间的计算………………… 〔412〕
二、电影摄影机耗片长度的计算………………… 〔418〕

第十九章　摄影技术技能…………………………〔427〕
一、摄影机（摄像机）的操作技术……………………〔427〕
1. 摄影机（摄像机）的操作方式　……………〔427〕
2. 对持机人操作时的技术要求　………………〔438〕
二、运动摄影技术………………………………………〔441〕
1. 摇摄　……………………………………………〔441〕
2. 移动摄影　………………………………………〔443〕
3. 推、拉摄影　……………………………………〔444〕
三、航空摄影技术………………………………………〔446〕
1. 航空摄影前的准备工作　………………………〔446〕
2. 航空摄影中的问题处理　………………………〔448〕

参考书目……………………………………………〔452〕
后　记……………………………………………〔454〕

第一章　摄影中的曝光控制

摄影的字源是“光画”，即以光作画。曝光颇似于画家的用墨设色，浓淡之间都是创作意向。对于摄影创作来讲，控制曝光应该是技术与艺术的结合，二者都不应偏废。作为一个专业摄影工作者，必须熟知摄影曝光中的技术，同时又要结合创作意图和造型艺术中的需要，加以灵活运用。所谓灵活运用，就是根据被摄对象的具体情况和画面影调、色调的要求，对曝光量加以调整和控制以便创作出具有新意的优秀作品。

一、曝光控制的概述

在电视节目制作中掌握好摄影曝光，是摄影中的一个核心问题。在构成视觉艺术的各种要素中，明与暗对摄影具有特殊的重要性。因为有了明与暗，所摄画面中的各种景物才能成为可视的影像。所有其他的要素，包括形状、线条、质感和立体感等，实际上都是明与暗的不同表现形式而已。

曝光控制，就是在摄影实践中，通过控制曝光来还原与景物近似的明暗对比关系，或者是根据创作意图将不同的景物亮度在画面中形成最佳效果。从以上论述中可以看出，曝光控制不只是一个简单的技术问题，它还是一个很重要的艺术创作问题。前半部分论述了通过控制曝光量来还原景物的亮度和色彩，从而使观众在所摄画面中看到真实、自然的原貌。而后半部分则是通过控制曝光量，使不同的景物亮度根据创作者的意图，在画面中形成最佳效果。这一“最佳”就不完全是对所摄景物的客观还原，而是有了创作者的主观意图。画面的影调、明快与低沉完全是根据节目内容的需要，创作者造型的需要，为艺术创作服务。摄影中的曝光控制，是按照感光材料或摄像机光导材料的基本性能，以一定的景物亮度或景物所接受的照度为基础的，调节曝光时间和光圈孔径，以实现曝光的准确控制，使不同的景物亮度，根据创作者的意图形成色度饱和、明暗影调适中，层次、质感丰富，符合造型效果和艺术气氛所需要的画面效果。

实际拍摄中，曝光控制的正确与否对画面的影响很大。从技术角度看，曝光控制的好坏，直接影响到画面的影调层次、景物质感、立体形状、轮廓效果以及画面的总体基调、色调和色彩还原。从艺术角度理解，曝光控制的好坏，直接影响到画面的艺术气氛及情感的表达。总之，摄影中的曝光控制是技术与艺术的结合，拍摄时技术条件控制不好，创作中要想达到某种艺术效果是不可能的；反之，没有很好的创作意图，技术上曝光控制的再好，也不可能成为优秀的作品，只有两者协调统一，才有可能创作出新颖、质量好的作品。

二、怎样理解正确曝光

摄影中的曝光是一个过程，是感光材料或摄像机的光电靶面受光作用的过程。

曝光，是指光学镜头吸收景物发出的光线，使它们通过镜头光孔，汇聚投影在感光材料或投射在光导材料上，并记录在胶片或录像磁带上，从而获得可视的影像。曝光量的大小，取决于感光材料或光导材料受光的照度和曝光时间。

曝光量，是光源照度与曝光时间的积，即曝光量=照度×时间。它标志着曝光的强弱。在摄影中，曝光量是通过调节光圈和快门速度来实现的。在电影摄影中，曝光量是通过调节光圈和改变摄影频率，调节叶子板开口角度来实现的。而在电视摄像中，曝光量是由光圈和拍摄频率来决定的，当电视摄像频率为固定的25帧/秒时，其曝光量通过光圈来调节。当前，使用的摄像机内部增添了电子快门功能。在特殊情况下可调节电子快门速度来改变曝光量。以保证影像有适当的明暗对比和正确的色彩还原。因此，摄影的核心过程，就是控制曝光的过程。

那么，怎样理解正确曝光呢？曝光控制到什么程度才算是正确的呢？

正确曝光从理论上讲，“就是一般把被摄体的明暗光亮比，能正好纳入胶片的宽容度（即直线部分两端曝光量的数差）之内的曝光。”根据上述解释，就是把被摄体的明暗光亮比纳入到宽容度之内则称之为正确曝光。没有容纳在宽容度范围之内的亮度，曝光就是不正确的。这是一个技术标准，因为这一段的曝光量的增加与密度的增加是成比例地增长的，是再现景物影调最好的一段，其他无论哪种情况，都无法还原景物本身的影调和层次，使亮部、暗部影调的及差有所压缩。

景物的亮度范围有大有小，变化非常复杂。被摄体的明暗光亮比，受光源的强弱与反射状态的影响。由于人眼对这种变化有较强的适应能力，即使在明暗光亮比很大的情况下，也能看清景物；如在夏季晴天，中午地面上接受的照度可达 10 万勒克司，而夜晚月光照明时景物接受的照度大约在 0.3 勒克司，其变化范围高达几十万倍。在这么大的范围内人眼都能看清物体。而感光材料或摄像机的光靶面，能够按比例正确记录景物亮度范围都有一定的限度，这个限度就是感光材料或摄像机光电靶面的允许宽容度。

宽容度：指感光材料能按正比例记录景物亮度范围的能力。感光材料宽容度愈大，容纳景物亮度范围的能力就愈大；反之，容纳景物亮度范围的能力就愈小。

目前市场上常见的黑白和彩色胶片的宽容度为 128:1，而电视摄像机的光电靶面能按比例记录景物亮度范围的能力，只有 30:1。对于摄影人员来讲，当面对亮度范围很大的景物时，怎样使它们容纳在一定的宽容度范围内，是一个很大的问题。由于感光材料的宽容度有限，不可能将所有的亮度容纳在宽容度范围之内；而只能根据创作意图，有目的地控制曝光量，选择合适的曝光组合，使部分亮度失去层次和细部，成为全黑或全白，保留一定的景物容纳在宽容度范围之内。譬如，有这样一个场景，通过室内的门或窗拍摄有明亮外景的室内人像，这种场景中由于室内照度低人物得不到足够亮度的照明，人脸和服装亮度偏低，而室外受自然光照明的景物亮度很高；在同一场景中亮度范围过大，使用黑白胶片拍摄，该胶片的宽容度容纳不下这么大的亮度范围，摄影者采取了如下方法进行拍摄：根据创作意图调整曝光，拍摄第一幅时，以室内的人脸亮度值确定曝光，拍摄第二幅画面时，以室外较明亮的部位确定曝光，拍摄第三幅画面时，给室内人物增加了适当的照明，进行补光，然后根据室内外景物的亮度确定曝光。见彩图 1－1A、B、C。

上述三幅画面，确定曝光时依据的亮度值不同，拍摄后画面效果不同，那么上述三幅画面哪一幅曝光正确呢？如果按照上述概念进行评估，只有第三幅画面曝光正确，因为被摄体的明暗光亮比都容纳在胶片的宽容度范围之内了。其他两幅画面由于确定曝光时所依据的亮度不同，画面中部分景物的亮度失去了层次。以较暗部位的人脸确定曝光，室外较亮的景物因曝光过度变成全白，失去了细部层次；而以室外较亮的部位确定曝光时，则造成室内人物严重曝光不足，变成剪影效果，人脸的细部层次损失。这两幅画面从技术角度分析，曝光就不准确；但从创作角度来看，当创作者在拍摄这一场景时根据景物的亮度范围，有目的地使室外景物变成全白，保证人像的正常再现；或者是有目的地使室内景物在亮背景衬托下形成黑的剪影效果。通过对曝光量的调整，最终在画面中达摄影者拍摄前预想的结果，那么，这一曝光也称为正确曝光，因为它所表现出来的明暗对比也称为差对比，恰好是创作者所追求的效果，虽然某些景物在画面中失去了层次，但它符合画面的艺术气氛和造型效果的要求，所以说它也是正确的曝光。

总之，对正确曝光的认识、理解，不能完全停留在技术上。它同上述提到的曝光控制一样一定要与拍摄的内容相吻合。因此，所谓正确曝光，应该是通过控制曝光量使被摄体的明暗光亮比在画面中得到最佳效果。这就可以理解为通过控制曝光将不同的景物亮度恰当地容纳在胶片的宽容度范围内，使景物的层次、质感和色彩真实地得到再现，这种曝光就是正确的。而另外通过调整曝光量，不同的景物亮度有时没能全部容纳在宽容度范围之内，某些景物亮度失去了层次，但是拍摄后恰恰是由于某些景物在画面中失去层次，而达到了创作者想实现的画面效果。这种画面效果符合造型的需要，那么，曝光也是正确的。因此说，曝光是技术与艺术的结合，说它是技术是因为它有着科学的规律，拍摄时违背了这些规律，其画面就难以得到较高的技术质量。说它是艺术，是因为不同的曝光组合，直接体现着创作者的主观意图，形成不同的风格样式。所以，在创作实践中，不能把两者截然分开，正确曝光是从摄影技术的角度保证完成造型表现任务的一个关键。拍摄时，应该结合艺术要求去考虑曝光中的所有技术因素，也应该根据曝光的技术条件考虑画面的表现方法。既要考虑景物的亮度范围，也要考虑创作意图和将来产生的艺术效果，这就是正确曝光的方法。学好曝光控制，掌握好正确曝光是十分重要的。

三、照相机与摄影机、摄像机在曝光上的共同点与不同点

照相机的曝光过程，是通过对四个量值的变化组合，最后进行分析、调整，利用控制曝光的手段来实现的。

这四个量值，以景物亮度或景物所接受的照度值以及胶片的感光度值为前提条件，只有当前提条件确定之后，才能利用控制曝光的两个基本手段——光圈值和快门速度值来实现准确的控制。在这四个量值中，哪一个值不准确，都会造成画面曝光的失误。

例如，一天有一位朋友向我提出这样一个问题，他说，过几天要来个朋友，我们准备到颐和园去拍些照片，别人给了一个彩色胶卷，你说，应该采用什么光圈，快门速度又应该选用哪一级？对于摄影人员来说，这是一个非常大的问题。那就是，拍照片时，影响曝光的两个前提条件一个都不明确。“过几天去拍照片，别人给了一个彩色胶卷”，这样就很难确定应

该选用的光圈和快门速度。物体表现接受的照度值有很大差距，就算是上述照明条件相同，也会由于物体表面的反光率不同带来不同的影响；另外就是胶片的感光度不同，对光的灵敏程度不同：胶片感光度愈高，对光愈灵敏，所需的曝光量愈少。反之，胶片感光度愈低，所需的曝光量愈多。因此在拍摄之前，首先要确定所使用的胶片感光度，然后再分析景物的亮度变化以及有可能会影响曝光的各种因素，最后根据创作意图，选择适当的光圈和快门速度，来控制曝光量，以便使所摄画面达到最佳效果。

由于照相机在拍摄中所使用的光圈和快门速度均有很多档，光圈由大到小控制着进入镜头光线的多少，而快门速度由慢到快控制着光线进入镜头时间的长短；由于它们各自都有许多等级，所以将它们相应地组合在一起，就可以在任何照明条件下，都能完成曝光控制的任务。如利用较慢的快门速度配合较大孔径的光圈，可以在很暗的条件，使景物的层次得到较好的体现，也可以用较快的快门速度配合孔径较小的光圈，把人眼看着都刺眼的景物亮度表现出具有细部层次的画面效果。因此，它的适应范围极其广泛。另外，还可以利用不同的光圈与快门速度分别组合后，只改变画面效果，而不改变曝光量。例如，当胶片感光度确定后，根据景物的亮度情况可采用光圈f/8、快门速度 1/60，实现正常曝光也可分别采用 f/2.8、1/500 秒或 f/16、1/15 秒的曝光组合来拍摄，均可以实现在曝光量不变时，画面效果的改变，因为它们的曝光值没有变。

摄影中用 EV 值来表示曝光量，EV 是英文 Exposure Value 的缩写，意思是曝光值。为了方便，将光圈、快门速度与 EV 值的关系列表如下：

〔表 1－1〕 **光圈、快门速度与 EV 值的对应关系**

EV (f / t)	1	1.4	2	2.8	4	5.6	8	11	16	22
1	0	1	2	2	3	4	5	6	8	9
1/2	1	2	3	3	4	5	6	7	9	10
1/4	2	3	4	4	5	6	7	8	10	11
1/8	3	4	5	5	6	7	8	9	11	12
1/15	4	5	6	6	7	8	9	10	12	13
1/30	5	6	7	7	8	9	10	11	13	14
1/60	6	7	8	8	9	10	11	12	14	15
1/125	7	8	9	9	10	11	12	13	15	16
1/250	8	9	10	10	11	12	13	14	16	17
1/500	9	10	11	11	12	13	14	15	17	18
1/1000	10	11	12	12	13	14	15	16	18	19

（注：由于列表时少了一级光圈 f/2，因此在 f/2.8～f/11 后面每个数字上加 1。）

根据上表列举的数字可查出 f/8、1/60，所对应的 EV 值为 12；同理，f/2.8、1/500 秒和 f/16、1/15 秒的曝光组合对应的 EV 值都是 12，因为它们的 EV 值都是 12，所以曝光量不变。需要说明的是，EV 值每相差一级，曝光量就会增加或减少 2 倍。

EV值常常用来标示照相机的一些技术指标，以及自动曝光系统的自动曝光方式。

电影摄影机的曝光过程与照相机基本相同，在电影摄影机里装有感光胶片，通过摄影镜头把景物的光学影像记录在胶片上。感光后的胶片产生潜影，经过显影等一系列化学处理及印片过程，成为能放映的连续画面（影片）。摄影机曝光控制的过程与照相机在拍摄时依据的前提条件是相同的：即景物的亮度或景物接受的照度，以及感光材料的感光度。所不同的是摄影机在控制曝光时对曝光时间的控制：照相机控制曝光时间的长短，是应用设定在相机上的各档快门速度来控制，而电影摄影机是通过设定的摄影频率和摄影机的叶子板开口角来控制每幅画面曝光时间的长短。摄影机的型号不同，结构有所区别，一般摄影机叶子板开口角为175度或90度角，而摄影频率正常频率为24格/秒或25格/秒，当摄影频率为25格/秒，叶子板开口角为90度时，每幅画面接受曝光的时间为1/50秒；如果摄影频率为24格/秒，叶子板开口角为175度时，其曝光时间为1/63秒。当改变摄影频率时，会影响画面的曝光量：摄影频率提高画面曝光量减弱，摄影频率降低，曝光量会增加。但是上述摄影频率和叶子板开口角在实际拍摄中，非特殊情况，一般固定不变。因此当使用电影摄影机拍摄时，控制曝光的手段中，曝光时间多为1/50秒不变，而随着景物亮度和胶片感光度的变化，只通过调节光圈孔径来控制画面曝光。因此，电影摄影机在曝光控制过程中，实际上是三个量值的变化，即景物的亮度值、胶片感光度值和光圈值。在这三个变化的量值中，所使用的电影胶片因需要量较大，为了求得画面影调和色调的统一，经常购买同一批号和乳剂而感光度相同的胶片，这样在拍摄时，胶片的感光度就相对固定，所以只有两个量在变化，那就是景物亮度和摄影机上的光圈。它们两者之间的关系是，景物亮度的高低决定着应使用光圈孔径的大小，利用光圈孔径控制着所摄景物在画面中形成的影调、色调的好坏。

电视摄像机的曝光过程：

电视摄像机通过摄影镜头，使景物在摄像机内的光电导材料上成像。由于景物在各点上的照度不同而形成视频信号送入录像机，经过旋转的视频磁头记录在磁带上，成为能够连续播放的画面。电视摄像机与摄影机、照相机有着质的不同，摄像机取消了感光材料胶片，用录像磁带来代替，使电影、照相中的光化效应改变为摄像中的光电效应。在控制曝光的过程中，电视摄像机随着被摄景物的亮度变化利用光圈孔径控制着曝光量的多少，以使被摄体在画面中形成最佳效果。在这个过程中只剩下可以改变的两个量值，即景物亮度值和光圈值，而没有了胶片的感光度和控制曝光时间的速度值。应该指出的是，电视摄像机没有使用感光材料，因此感光度也就无从谈起，但是为了能使摄像机在不同的光源照明条件下都能拍摄，特别是为了在低照度条件下也能拍摄出高质量的画面，每台摄像机也都相应地确定了形成最佳画面效果所需要的照度值。这个照度值就确定为该摄像机的灵敏度。灵敏度的高低标志着摄像机所需照度值的高低，摄像机的灵敏度愈高，所需的照度值愈低；摄像机的灵敏度愈低，所需照度值愈高，确定摄像机灵敏度的高低不是照度值，也不是亮度值，而是用光圈值来确定。摄像机型号不同，灵敏度也不一样。为了分析方便，下面列举几种摄像机标定的灵敏度，从中可以看出它们之间的区别。

〔表 1－2〕 **几种型号摄像机的灵敏度及增益选择的对比**

型 号	DXC-1800	DXC-M3A	DXC-327P	DXC-537P
灵敏度	照度值 2 000LX 色温 3 200K 反射率 89.9% 光圈 f/2	照度值 2 000LX 色温 3 200K 反射率 89.9% 光圈 f/4	照度值 2 000LX 色温 3 200K 反射率 89.9% 光圈 f/5.6	照度值 2 000LX 色温 3 200K 反射率 89.9% 光圈 f/8
增益选择	0 dB +6 dB +12 dB	0 dB +9 dB +18 dB	0 dB +9 dB +18 dB	0 dB +9 dB +18 dB
最低照度值	f/1.8+12 dB 为 70LX	f/1.6+18 dB 为 40LX	f/1.4+18 dB 为 16LX	f/1.4+18 dB 为 7.5LX

从上述列举的四个型号摄像机所标定的灵敏度可以看出，它们选择的光源是相同的，照度值为 2 000LX，色温值3 200K，物体表现的反射率为 89.9%，而它们此时的光圈值则分别是 f/2、f/4、f/5.6、f/8。光、光圈相差一级曝光量相差两倍。如果我们将四个型号摄像机的光圈锁定在 f/2，那么，上述四台摄像机所需要的照度值应该怎样变化呢？

DXC－1800 原 f/2 现 f/2 所需照度值为 2 000LX

DXC－M3A 原 f/4 现 f/2 所需照度值为原来的 1/2，即 1 000LX

DXC－327P 原 f/5.6 现 f/2 所需照度值为原来的 1/4，即 500LX

DXC－537P 原 f/8 现 f/2 所需照度值为原来的 1/8，即 125LX

随着摄像机灵敏度的提高，所需的照度值也就相应降低，为了获得优质的图像，它们允许的亮度范围即该摄像机镜头光圈的调节范围，即 f/1.2 至 f/22 之间，这时摄像机不需要提高增益，此时为正常状态，增益选择 0dB。当景物亮度偏低时，如果使用正常状态，会造成画面曝光不足，对于摄像来讲，可以采取两种方法：

（1）增加照明。当景物亮度过低，不能满足摄像机的正常需要时，为了提高画面的质量而采用增加照明的方法，利用灯具提高现场亮度。当然，增加照明常常受场地、电源、灯具以及其他一些意想不到的因素所限制。

（2）提高增益。在电视摄像机控制开关中有一个变增益开关。使用这个开关，可以很明显地提高摄像机的输出信号幅度，可以解决不能增加照明时继续拍摄的问题。

“增益”在无线电术语中的意思是指对信号的放大量。它的单位为分贝，用 dB 表示。在这里，0dB 表示放大器的放大率保持原来的正常设计标准。＋9dB 表示放大率在原基础上提高了 8 倍（功率比），＋18dB 表示放大率超过正常 63 倍（功率比），它是由对数表示放大倍数的。摄像机的可变增益开关有三档，如 0dB、＋6dB、＋18dB 或者是 0dB、＋9dB、＋18 dB。三档开关拨在不同位置时可以改变电视信号放大电路的放大倍数，由此收到增强输出信号幅度的目的。当景物亮度低而告警时，如果此时又没有光源可以增加照明或现场不允许增加照明时，就可以把＋9dB 或＋18dB 拨到位，通过改变摄像机信号放大器的放大倍数，收到需要的信号强度。当增益开关拨到 + 18dB 的位置，摄影镜头的光圈又开到最大时，此时就是该摄像机允许的最佳照度值。

应该需要说明的是，提高放大器增益虽然扩大了摄像机在低照度条件下的工作范围，但也带来了视频信号中的另一指标——信噪比的下降。尤其是高倍数放大器所产生的杂波和噪声，将会非常明显地影响图像质量，会使电视画面上均匀布满细小闪动着的雪花和抖动，这种现象意味着图像中的信噪比下降，严重时会造成图像不清晰。因此在节目制作中不到万不得已，一般不采用提高增益的方式。那么拍摄中当增益开关拨到 0dB 时，摄像机的灵敏度是一个固定值，不像胶片的感光度一样，随着所购胶片的感光度不同可以随意更换。

摄像机与照相机在曝光上的另一个不同点是，照相机的快门速度。可以根据景物亮度和胶片感光度的变化以及根据造型的需要，任意选择所需的不同快门速度，以控制光线进入镜头时间的长短。而摄像机却是通过拍摄频率来决定光线在每一帧画面上停留时间的长短。因为我国采用 PAL 制的标准，即每帧 625 行，每秒 25 帧，50 场/秒。采用隔行扫描方式，图像带宽为 6 兆赫。所以当摄像机没有电子快门时为 1/50 秒，这一速度是固定不变的。因此在使用电视摄像机进行拍摄时，控制曝光的手段只能通过镜头的光圈来控制。上述摄像机由于拍摄频率不能改变，所以在拍摄时，当拍摄计算机显示器或遇到所摄景物正在运动时，由于运行的频率不同或速度过快，常会使画面中出现水平条纹或景物图像不清，严重时会造成模糊的虚像。为了清除水平条纹或将运行速度快的物体拍摄清晰，目前高档摄像机都安装了可变速的电子快门。使用电子快门可以调整拍摄频率，如前所述拍摄计算机显示器由于两者之间的扫描频率不同，而会出现水平条纹，当把摄像机的频率调到与显示器的扫描频率一致时，图像中的水平条纹就会消失。当拍摄运行速度较快的物体时，为了使其在画面中形成清晰的图像，拍摄时可以将电子快门速度提高，以保证运动物体的图像清晰。现代摄像机设定电子快门在1/50秒、1/60秒、1/125秒、1/250秒、1/500秒、1/1 000秒、1/2 000秒。设有不同的电子快门可以拍摄运行速度不同的物体，并使它们在画面中形成清晰影像。

总之，电视摄像机、照相机和电影摄影机在曝光上的共同点与不同点，归纳起来就是：当使用照相机拍摄时，在曝光上必须根据景物亮度变化和胶片感光度快慢，利用照相机上的镜头光圈和快门速度来加以控制，因为四个量值均为变量，因此适应范围极为广泛，所以在不同条件下都能实现准确的控制，满足创作的要求。

当使用电影摄影机时，其画面曝光是根据景物的亮度变化和胶片感光度的快慢，利用摄影机上的光圈和摄影频率以及叶子板开口角来控制的。由于在实际摄影时，摄影频率和叶子板开口角度如果没有特殊情况，一般不宜变动；因此，当摄影频率和叶子板开口角不变时，控制曝光的手段只剩下镜头的光圈，所以电影摄影要在不同条件下拍摄时，是三个量值的变化，即根据景物亮度和胶片感光度的变化，利用不同口径的光圈来实现对曝光的准确控制。

当使用电视摄像机时，则是根据景物的亮度变化和摄像机灵敏度的高低，利用摄像机的光圈和拍摄频率来控制曝光。由于电视摄像机的灵敏度是生产厂家根据机器上的性能指标加以确定的，一旦确定下来，该摄像机标定的灵敏度就会相对固定下来（灵敏度会随着实际使用时间的延长而逐渐下降）。另外，摄像机的拍摄频率如果没有电子快门而只设定一档，这一档则是根据各个国家的播出制式决定的：NTSC 制为 1/60 秒，PAL 制为 1/50 秒，这个速度也是固定不变的。因此，电视摄像的实际曝光控制过程是两个量值的变化，即随着景物亮度的变化利用摄像机上的光圈加以调整，以实现准确的曝光。

在上述提到的利用三种不同的摄影设备拍摄时，共同面对的就是不同的景物亮度。由于景物所接受的照度值和景物表面反光率不同，使得景物的亮度变化非常复杂。面对这复杂的亮度，要准确地估计出它们的实际亮度值，有很大的困难，这就需要借助能够分别计量景物所接受的照度值和景物表面反射的亮度值的工具——测光表。

思考题

1. 怎样理解曝光控制、正确曝光?

2. 摄影中曝光控制的好坏对画面有哪些影响?

3. 摄影机、摄像机、照相机在曝光上有哪些共同点? 有哪些不同点?

第二章 曝光控制的得力工具——测光表

在摄影中要想准确地控制画面影调，拍摄时必须有很精确的曝光。假如只凭个人的经验来估计曝光是不可靠的。如果说在光线条件较好时，还能准确地估计曝光，那么在光线不好或光线变化非常复杂时，要想精确地判断出景物实际接受的照度值或景物表面反射的亮度值，就需要借助于计量照度或计量亮度的工具——测光表。

测光表，也称曝光表。是用于测量照明光线强弱和被摄体亮度的光电仪表。它能根据感光材料的感光度或光导材料的灵敏度，按其测量结果为取得正确的曝光控制提出可供选用的曝光组合。

一、测光表的类型

目前常用的测光表主要有两大类。一类是独立式的测光表，另一类是设计在照相机、摄像机、摄影机内的测光系统。虽然第一类测光表在使用上比较复杂，不如通过镜头内测光系统在操作上那样方便，但由于它不仅能够测量被摄对象的平均亮度值，还能方便地靠近被摄体，测量被摄体局部的亮度值。

更重要的是它能准确地测量出被摄体接受的照度值。分析照明光源之间的照度比值，以便准确地控制画面的反差。因此也广泛受到摄影人员的欢迎。

1. 独立式测光表

独立使用的测光表就其测光方式而言，又分为计量照度的照度测光表和计量亮度用的亮度测光表，还有一种是既能计量照度也能计量亮度的兼用型测光表。

照度测光表，又称入射式测光表，也称投射式测光表。它是用来测量投射到被摄体表面所接受的光通量。这类测光表都在测光窗口前面装有一个半透明的乳白球或乳白板，以便使光线漫射，其计量接受面装有乳白球时约为 180 度，装有乳白板时约为 90 度。

亮度测光表，又称反射型测光表。它是用来测量被摄体表面的反射光亮。此类测光表光电元件前加装筒罩或蜂窝式光栅或透镜。其计量受角接近于标准镜头的视角，约为 30 度～50 度。有的计量受角可缩小到让景物的局部得到精确控制，其计量受角只有 1 度或更小。

2. 机内测光系统

机内测光系统是指安装在摄影机、摄像机、照相机内部的测光系统。根据测光方式又可分为两种测光模式，外测光和内测光。内测光严格地讲，称为“通过镜头内测光”，通常为“TTL”测光系统（Through The Lens）。

（1）外测光系统。

外测光系统目前多用于照相机上。其测光方式与照相机的镜头分离，光电元件在照相机的外部，一般装在镜头的旁边，所以也叫“旁轴测光”。目前常见的袖珍照相机多为此类测光方式。外测光的测光系统，其测光性能都属于平均测光。

外测光系统的主要缺点是测光范围与成像范围不完全一致，因而产生的测光误差比通过镜头内测光系统要大。另外，在使用滤光镜时，如果滤光镜不能覆盖在测光窗口，就会由于所测光值与到达镜头内的光线不一致，因而造成曝光上的失误。因此，使用外测光系统时，还需要根据滤光镜的阻光系数进行适当的曝光补偿。

(2)“TTL”测光系统。

通过镜头的内测光系统，又可分为两种方式——“TTL”测光系统、“TTL－OTF”测光系统。

目前使用的摄像机、照相机上普遍采用了“TTL”测光系统。这种测光系统其最大的特点是：所测量的光值均经过了使用的镜头，因而不论镜头焦距长短、阻光系数的大小，都不影响测量的光值，准确性提高了。另外由于该测光方式将拍摄时镜头的视角与测光范围一致起来，也避免了拍摄范围与计量范围的不一致而造成的曝光上的误差。还有，当镜头前安装附加的滤光镜时，也不必为滤光镜的阻光系数大小带来曝光上的失误而烦恼。

“TTL－OTF”是“TTL”测光系统的一种特例。它的意思是“通过镜头测量胶片反射光”（Though The Lens－off The Film)，这种测光方式只有自动曝光的照相机才安装。具备“TTL－OTF”测光系统的照相机往往同时具备“TTL”测光系统。如图 2－1 所示。

“TTL－OTF”测光系统的测光方式，是在照相机的快门按动之后，镜头光圈收缩到预定的刻度，同时反光镜抬起，光线照射在胶片上然后反射到位于相机下部的光电元件上。光电

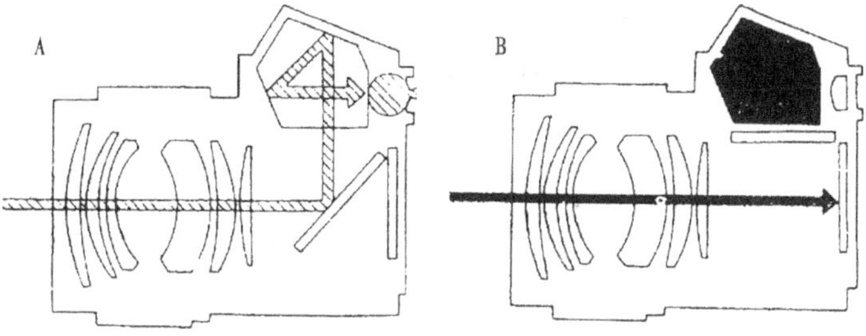

◁图 2-1 TTL 测光示意图▷

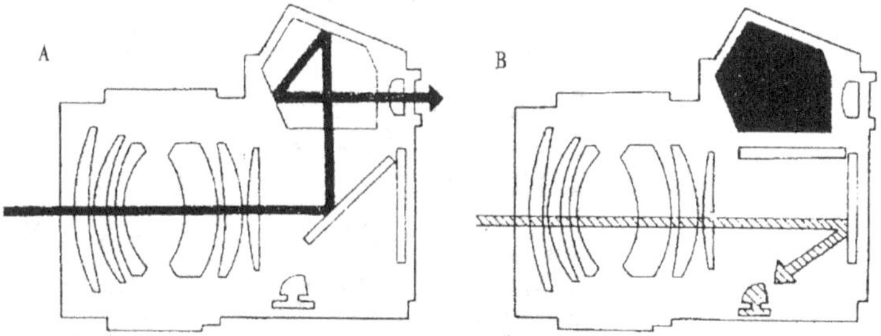

◁图 2-2 TTL-OTF 测光示意图▷

元件检测照射到胶片上光线的强弱，当胶片达到所需的曝光量时，快门便自动关闭。如图 2-2 所示。所以“TTL-OTF”测光系统也被称为“实时测光”或“收缩光圈测光”，而普通的“TTL”测光被称为“开放测光”或“光圈全开测光”。“TTL-OTF”测光系统由于光圈收缩到实拍光圈，因此它比光圈全开时的杂散光少，而且是直接测量到达胶片的实际光线，所以“TTL-OTF”测光系统的准确性高于普通的“TTL”测光系统。

二、测光表的结构原理

测光表的基本结构主要由光电元件、灵敏电流计、曝光推旋盘（或液晶显示屏）及限光装置几个部分组成。目前摄影中常见的测光表有两类，一类是机械测光表，测光原理是将光电元件指向光源或景物，光电元件见光后就能产生电位差或改变电路电阻，使电路中有电流流动，然后推动灵敏电流计，根据电流的大小，指针偏转的程度，在标尺显示窗内，指示出光线的强弱，最后根据光线的强弱和胶片的感光度，利用曝光推旋盘确定适当的曝光组合。如图 2－3 所示。

◁图 2－3 机械测光表▷

另一种是电子

◁图 2-4 电子测光表▷

测光表，这种测光表与机械式测光表相同的是，它也需要利用光电元件来测量光线的强弱。所不同的是电子测光表不在需要灵敏电流计和曝光推旋盘，而是利用微电子技术和计算机技术，把测光表接受的光信号转换成计算机能够处理的数字信号。使用者可以通过测光表上的按键输入测量所需的数据，然后微型机算机根据输入的数据和测量窗口来的光值，计算出曝光所需的光圈和快门速度，EV 值以及照度或亮度值，最后在液晶显示屏上显示出各种数据，供摄影者准确地控制曝光或恰当地控制比光做出选择。由于电子测光表能为摄影者迅速及时地指出各种数据，所以，使用起来比机械测光表更加方便。电子测光表的外观如图 2－4 所示。

1. 光电元件

光电元件是测光表用来测量光线强弱的部件，它位于测光窗口的后方，它的性能的好坏直接影响着测光的灵敏度准确性。光电元件随着科技的进步而不断更新。目前测光表中使用的光电元件有以下几种。

(1) 硒光电池。

硒光电池，是硒材料制作而成，这种材料用在测光表上，不用外加电源就可以直接将光能转化为电能，并反映出光线的强弱。目前威斯顿测光表用的就是硒光电池。

硒光电池的基本结构是由晶状硒、铁片、银膜等几个主要部分组成。其工作原理如下图。

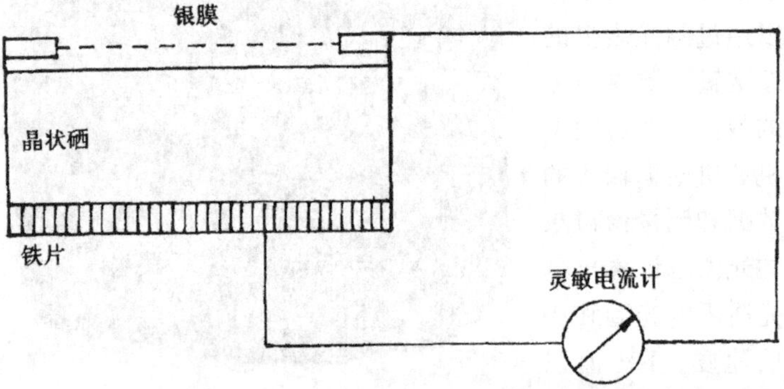

◁图 2－5 硒光电池工作原理示意图▷

用硒光电池时，当光线透过银膜投射到晶状体硒上时，就使硒原子中的电子释放出来，并集中到银膜上，而在铁片和银膜之间形成一定的电位差。当铁片与银膜连接成一个闭合电路时，在导线上即会有电子流动，在电路内串联一个电流计，就可以显示出电流的强弱，并借以显示出光线的强弱。

硒光电池属于测光表中使用的第一代光电元件。50 年代使用的测光表多为硒光电池。他的特性可概括如下：

△不需外加电源，可以直接将光能转化成电能；

△光谱特性与人眼的视角函数极相近，对黄绿色光最敏感；

△对暗光的反映比较准确，但老化速度快，灵敏度低，要增加电流就必须加大硒光电池的受光面积。因而逐渐被硫化镉光敏电阻所取代。

（2）硫化镉光敏电阻（cds）。

硫化镉光敏电阻是目前测光表上广泛使用的一种光电元件，它不仅用在独立的测光表上，也应用与摄像机、照相机的测光系统中。这类光敏电阻体积比光电池要小的多，灵敏度高，能测量较弱的光线，其光谱特性也与人眼的视见函数相接近；它本身不产生电流，需外加电源。

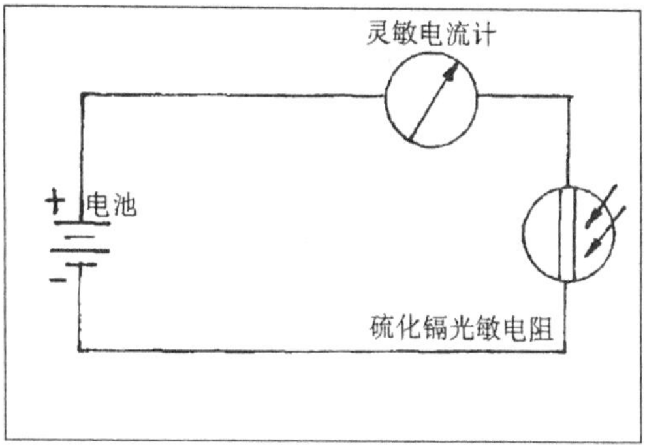

◁图 2-6 硫化镉光敏电阻测光示意图▷

硫化镉光敏电阻的测光原理：把硫化镉光敏电阻串联在以微型电池为电源的电路内，当光线投射到光敏元件上时，光敏电阻的阻值会随着光的强弱相应发生变化，便推动灵敏电流计的指针发生偏转，以表示出光的强弱。如图 2-6 所示。

硫化镉光敏电阻的缺点是对强光有短时记忆效应。光敏电阻在接受了强光之后，电荷释放的速度较慢，如果这时马上到较暗的光线下测量，必须停留一段时间，否则就会产生较大的误差。早期摄像机所使转移用的光电元件就是硫化镉光敏电阻。因此，当采用自动光圈在强光条件拍摄时，突然转换到较暗的场景，如果不调整光圈就会造成画面曝光不足。到了70年代出现了蓝硅光电二极管和磷砷化镓二极管。

(3) 蓝硅光电二极管。

蓝硅光电二极管，又名“SPD”。它是一种新型光敏材料，正在得到越来越广泛的应用。它在测量电路中的作用和光敏电阻相似，也需要外加电源。

蓝硅光电二极管的最大特点是在明亮的光强范围内对光线的反应速度快。在光线亮度急剧变化时，没有惰性。避免了硫化镉光敏电阻的不足，能够测量瞬间的强光，因此能够测光的电子闪光灯用的测光表内，大多应用蓝硅光电二极管。另外它的光谱特性与人眼的视见函数差别较大，主要是对长波光感应强烈，即对红光和红外线特别敏感，因此常在硅前加蓝滤光镜予以矫正，所以也成为蓝硅。

使用蓝硅光电二极管的测光表或测光系统，特别需要提醒的是，不用测光时要随时关上电源。因为这种材料灵敏度很高，即使盖上了镜头盖或遮挡住测光窗口。“蓝硅”仍在消耗电能。不过目前使用蓝硅光电二极管的测光设备都采用了自动关闭电源的装置。对于没有自动关闭装置的蓝硅测光系统，则需注意随时关上电源。

(4) 磷砷化镓光敏元件。

磷砷化镓光敏元件，简称“GPD”或“GaAaP”。也是用于测光表或照相机、摄像机测光系统的一种光敏元件。它既有蓝硅光敏元件的优点，又有对色光起平均反应无特殊的光谱特性。它没有硫化镉光敏电阻在光线急剧变化时存在的测量惰性，即使测量瞬间启动的闪光灯，也能得到准确的记录。它对弱光反应较强，适合于室内使用。它灵敏度很高，但耗电量很低。

2. 灵敏电流计

灵敏电流计是机械式测光表内使用的。而电子测光表内由于应用了微型计算机，可将接收的光信号转换成能够处理的数据信号。通过计算机将来自测光窗口的光值，计算出供摄影者使用的光圈、快门速度、照度值、亮度值数据。而机械式测光表中的灵敏电流计的工作原理，可见图 2－7 所示。

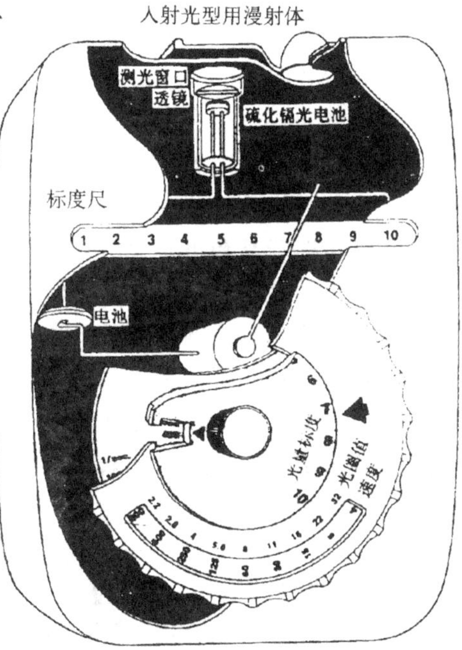

◁图 2－7 电流计工作原理示意图▷

从上图可以看出，测光窗口内的光电元件或光敏元件，依据投射来的光能产生电流或改变电阻的阻值，从而使电流发生变化。当输送到电流计的动圈之后，便产生一个与光能强弱相应的磁场强度。这种变化的电流引起电流计的电磁感应，使电流计指针偏转，指示出不同光值。

3. 测光表的受角与限光装置

测光表的受角，是指测光窗口内光电元件或光敏元件受光的有效角度。

测光表的受角大小是根据测光表的用途而设计的。利用测光表进行照度计量时，考虑到兼顾照明景物的各种光源的综合影响，计量受角最好大到180度。为实现这一要求，目前常用的测光表都设计成在测光窗口前加半球状乳白罩。以扩大照度计量时的受角。也有一些测光表还另外配有平板乳白罩，这种平板乳白罩的测量受角小于球形乳白罩，不足于180度，但它适合于在室内灯光条件下测量光源与光源之间的照度比值。

亮度测光表是计量物体表面的反射光。要使亮度测光表的测量范围同摄影镜头视角所包括的景物范围一致起来，就必须采用某些附件来限制测光表的测光角度。目前除了摄影机、照相机上具有的通过镜头内测光系统之外，独立式的测光表的受角有两种：一种是普通的用于亮度计量，其受角在30度～50度之间。这个测量范围与标准镜头的视角基本一致。一种是专用于亮度计量的

◁图2－8 限光装置▷

窄角测光表，它的受角约为1度～5度之间。另外就是在普通测光窗口前附加能够改变测量受角的附件，适用于配合不同焦距的镜头，测量被摄体的局部亮度值，以达到准确的曝光。如图2-8所示。

4. 曝光推旋盘与液晶显示窗

摄影中确定曝光无论用什么方法，都是根据影响曝光的两个基本因素：一是景物亮度或是景物所接受的照度；二是胶片的感光度。通过调整摄影机、照相机上控制曝光量的两个手段，曝光时间和光孔号码来完成标准的控制。为了便于把前面讲述的影响曝光的两个量值和控制曝光量的两个量值联系起来，简化运算手续，可把以上四个量值排列成标尺或作成表格，将它们排列成多层圆盘，通过旋转迅速查出所需的曝光组合，这就是曝光推旋盘。

从图2-9可以看出两个曝光推旋盘有很大不同，只是由于各量值所用的单位、方式上的不同，采用的综合校正常数不同，但应该说机械式测光表的曝光推旋盘，原则上是相同的。

曝光推旋盘依据的计算公式是：$T=\frac{N^2}{IS}K$

式中：

S表示胶片的感光度；

I表示为光值，照度测光表多为照度值，亮度测光表多为亮度值；照度、亮度兼用型测光表多数采用照度或亮度相对值。也有些测光表的旋盘上既没有照度值也没有亮度值，而仅提供曝光指数，用EV表示；

T表示曝光时间，以秒为单位；

N表示光孔号码；

◁图 2－9 曝光推旋盘▷

K 为测光表的综合校正常数。

使用测光表的推旋盘时，应首先确定胶片的感光度，然后根据测量的光值，将测光表上的标准箭头指向光值刻度数字。这时推旋盘上的曝光时间和光孔号码都相应的确定下来，摄影者可根据创作意图选取一组作为控制曝光的依据。

在电影摄影中，由于电影摄影机的曝光时间是由叶子板开口角和摄影频率共同决定的，因此拍摄时只要事先将叶子板开口角和摄影频率按实际情况调整适当，曝光时间就会固定不变。另外再加上使用的电影胶片的感光度也经常保持不变，因此实际上经常变化的就有两个因素：一是景物的亮度值或景物接受的照度值，另一个就是光孔号码。后者的变化，是以前者为条件的，这样就可以在曝光推旋盘上一次调定，直接读出不同亮度值或照度值条件下所应用的光孔号码。

电子测光表与机械式测光表对比，电子测光表取消了曝光推旋盘，用液晶体显示窗来直接显示各种参数，并且是同时或不同时地显示出设定的参数和功能状态。目前常见的电子测光表品牌很多，由于品牌不同，型号不同，测光表的液晶显示窗的显示方式不同，使用的字母和符号也有所区别。

以日产美能达闪光灯测光表 V 型（MINOLTA FLASH METER V）为例，它的液晶体显示窗即如图 2－10 所示。

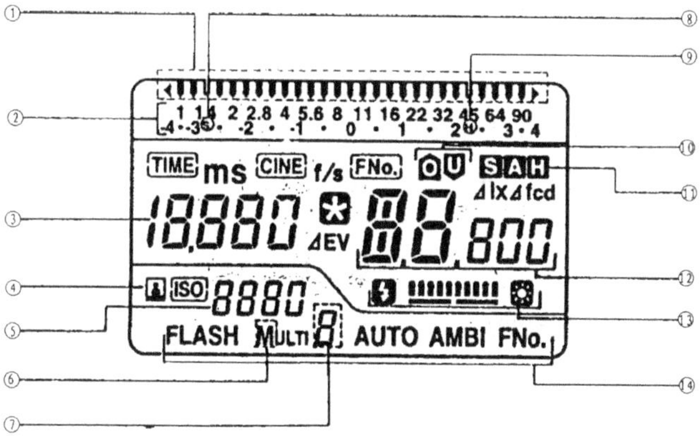

◁图 2－10 液晶体显示窗▷

图中显示窗的功能是：

①指针，闪光灯测光表 V 型备有多达 8 个测量的记忆功能。每个测量结果将以指针形式显示在类推级数上，而记忆储存的测量次数也将出现在显示屏上。

②类推级数，当使用测光表的记忆功能及类推级数时，每当有新测量记录被记存时，最新的测量值将以数字显示在显示窗上，直观地将景物间的亮度或照度比值以及亮度范围体现出来。

③快门速度/电影摄影频率显示。根据测光表所测光值显示快门速度或摄影频率。在“TIME”状态下，显示设定的快门速度、单位分三级，TIME：为几分之几秒；TIME S：为完整的秒数；TIME m：为分钟。当在“CINE”状态下，设定的是电影摄影频率，CINE f/s：表示每秒拍摄的画格数。

④实用感光度显示。当显示窗上这个记号出现时，显示的感光度为实用感光度，而显示出来的值是根据实用感光度而获得的。

⑤ISO 显示：这个显示表示最新调校的感光度。

⑥记忆指示：根据景物亮度或景物接受的照度值显示一个或多个测量光值已储存在记忆中。

⑦已储存测量数目或已测量的闪光灯次数；

⑧S 显示拍摄时允许最低亮度值记号。

⑨H 显示拍摄时允许最高亮度值记号。

⑩OU 显示，指高于/低于范围。如果“U”或“O”闪动时，表示测量光值低于“U”或高于“O”时测光表的显示范围；如果“U”或“O”闪动，而显示窗又出现“E”时，表示测量光值是低于“U”或高于“O”时测光表的测量范围。

⑪S.A.H 显示，是计算模式显示，S 表示低照度计量，A

表示记忆内所有测量光值的平均值，而H表示高光的计量。

⑫FNO/EV、Lx/fcd显示。FNO指光孔号码显示，“EV”为曝光指数，Lx/fcd是计量照度值时的单位，Lx（Lux）表示勒克司，fcd表示呎/烛光。

⑬分析级数，显示闪光灯在整个曝光中所占的比例。每条线表示10%。

⑭测量模式显示。当每次按下测光表的MODE按钮时，测量模式将按下列次序转变：……AUTO（→）AMBI（→）AMBI FNO（→）FLASH（→）FLASH MULTI（→）AUTO……

AMBI模式，表示连续光（也称非闪光）测量档，也可以作为快门速度先决。

AMBI FNO模式，适用于当拍摄中需要事先将光圈大小确定下来，以及利用测光表去决定适合曝光的快门速度时的最佳模式。

FLASH模式，为单位闪光测量，当按下测量按钮后，测光表将调整至预备模式（等候闪光灯闪亮），而显示窗下部的“FLASH”字在释放测量按钮后将会闪动约1分钟，如果在这段时间闪亮闪光灯，闪光将被测量，而结果也将出现在显示窗上。之后，测光表将转回去仍保持预备模式，约1分钟便会自动取消。

FLASH MULTI模式，为多重闪光测量。当在拍摄中需要决定闪光灯闪亮次数时的综合曝光结果，可使用该档模式。

从以上的介绍可以看出，目前先进的电子式测光表的显示窗的功能键很多。但是在众多的功能显示中，最基本的还是四个，胶片的感光度，曝光指数，光孔号码和快门速度以及电影摄影频率。电子式测光表在使用时和机械式测光表类似，也是先确定胶片的感光度，然后测量光值，根据光值的变化利用光孔号码和快门速度（摄影频率）来控制画面的曝光。需要说明的是，电子测光表的显示窗内功能键越多，使用时就需要弄清各自的用途，否则会很容易因操作上的失误而影响画面的曝光和艺术效果。详细使用说明将在后面章节中论述。

三、常用测光表的性能及使用

测光表按所计量的光值分为照度测光表和亮度测光表。目前市场上常见的测光表，大多是以计量亮度为主，兼量照度，也有以计量照度为主，兼量亮度的。

计量照度是计量物体表面所接受的光通量，也称入射光计量或投射光计量，并在计量之后，根据所测得的照度值来推旋曝光组合或在液晶显示屏上查找所需数据。

用亮度测光表计量，是计量被摄体表面的反射光，并在计量之后，根据所测量的亮度值推旋出曝光组合或在液晶显示屏上查出所需数据。

下面介绍几种常见的测光表的性能及使用方法。

1. 海鸥 CL－A 型测光表

海鸥 CL－A 型测光表是由我国上海照相器材二厂生产制作的，它是以计量亮度为主，兼量照度的测光表。

（1）海鸥 CL－A 型测光表的基本结构，如图 2－11 所示。

①亮度标尺，单位：烛光/米^2

②标尺换档键

③电池电压检测标志

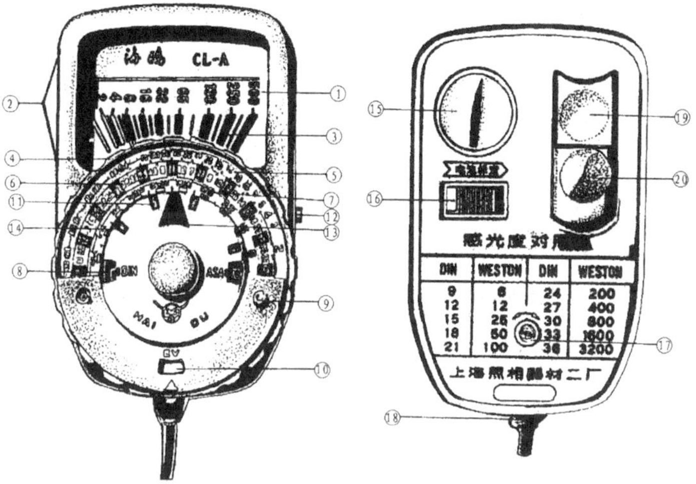

◁图 2－11 海鸥 CL－A 型测光表的结构▷

④曝光推旋盘

⑤曝光时间单位：秒

⑥光孔号码

⑦推旋盘上的亮度值

⑧感光度值

⑨感光度调节旋钮

⑩EV 值（曝光指数）

⑪旋配曝光组合的辅助标志

⑫测光表控制开关

⑬旋配曝光组合的基准标志

⑭“O”“U”辅助标志

⑮电池

⑯电池检测开关

⑰零位调整螺丝

⑱挂带安装环

⑲测光窗口

⑳散射乳白罩（供计量照度用）

(2) 海鸥 CL－A 型测光表的性能。

△测量光值。

海鸥 CL－A 型测光表是以硫化镉光敏电阻为光电元件，以 1.5 伏电池为电源的高精度光电计量设备。它的分光灵敏特性适于可见光范围，并对波长为 500 毫微米的光波有较高的敏感性。

当计量亮度时，测光表的标尺所示是以亮度值烛光/米^{2}为单位。当计量照度时，标尺所示是景物所接受的照度相对值(若乘以 5 即为以勒克司为单位的照度近似值)。

测光表的计量范围，是由一个减光倍率为 32 倍的遮扉形成亮暗两级，其亮度值有效范围：暗级为 8 至 500（烛光/米^2），亮级从 250 至 16K（烛光/米^2），K 表示 1 000，（1 烛光/呎^{2}约等于 10 烛光/米^2）。上述计量范围可以适应电影摄影和普通照相的光度计量要求。该测光表的标尺是按对数排列的，各级之间所示光值成倍增加。

△感光度测光表的曝光推旋盘上，同时排列着 ASA 制感光度和 DIN 制感光度两种。

ASA 制感光度自 6 至 1 600。在这一范围内，对几个常见的感光度采取了明显的标志，将 6、12、25、50、100、200、400、800、1 600 感光度以黑体字排列。

DIN 制感光度自 9～33，在这个范围内同样对常用的感光度 9、12、15、18、21、24、27、30、33，以黑体标出，以便与其他相差 1/3 级的中间值形成明显的对照。

△相对孔径（f/）。

测光表所排列的相对孔径是 f/1 至 f/32，相差 10 级，其光量范围相当于 1∶1 024。

△曝光时间。

快门速度是控制摄影曝光时间的结构。测光表的推旋盘上排列着自 1/4 000 秒至 120 秒。在这一范围内每差 1/3 级（即 1.26 倍）依次列出，并对其中常用的曝光时间予以醒目标志。

△EV 值（曝光指数）。

EV（即 Exposure Value 的缩写）意思是曝光指数。测光表的推旋盘上的排列自 2 至 21 共 20 级。EV 值增加一级（即 2 倍）则相对孔径增大$\sqrt{2}$倍或曝光时间减为 1/2。同理，当 EV 值减少一级，相对孔径缩小$\sqrt{2}$倍或曝光时间增大 2 倍。

（3）海鸥 CL－A 型测光表的使用。

使用前的准备工作：

△电池安装，使用前打开测光表后面的电池压盖，即可方便地装入或更换电池。但应注意，安装时电池的“＋”“－”极要对好，装好后将电池压盖旋紧。

△调整零位镙丝，在使用测光表之前为了使它的计量结果更准确，需要将测光表背面下方的零位镙丝在没有光线照射到硫化镉光敏电阻的情况下，按下测量开关，用小镙丝刀转动零位调节镙丝，直至使指针调整到标尺零位为止。这样就可以进行正常计量，否则就会使测量结果由于指针不在零位而产生误差，影响曝光的准确控制。

△在测光之前，要将实际使用的胶片感光度在测光表上确定下来，在推旋盘上调节到相应的位置。

在以上工作完成之后，就可以进行计量，计量亮度时，将测光表对准被摄物体，以计量物体表面的反射光；当计量照度时，首先应将漫射乳白罩移动到测量窗口，把测光窗口指向照明光源或对准摄影镜头所指方向，以计量物体接受的光通量。

计量时应根据光线的强弱使用测光表的亮暗级，以免损坏测光表。计量中非特殊情况，测光窗口不要长时间对准强光。

为了准确地读出光值，测光表内设有停针装置。当测量完成后，松开按钮，测光表的指针则停留在所计量的光值上，这样可以避免测量现场光线过暗而不能看清计量的光值。光值确定后，即可根据拍摄要求，推出正确的曝光组合。

另外，海鸥CL－A型测光表的推旋盘上还有几个辅助标志。如“A (1/2)”、“C (2X)”、“U”和“O”四个辅助标志。它的作用和意义是“A (1/2)”、“C (2X)”，既可以作为推旋曝光组合的辅助标志，又可以用于提供某些彩色胶片宽容度所能容纳的亮度范围。当作为推旋曝光组合时，用“A (1/2)”代替基准标志，即相当于把确定曝光组合所依据的亮度值提高一倍，也就是使感光材料所接受的曝光量减少为原来的“1/2”，避免在拍摄远景或其他反差较小的景物时画面曝光过度。用“C (2X)”来代替基准标志，即相当于把确定曝光所依据的亮度值减少一半，也就是使感光材料的实际曝光量增大为2倍 (2X)，避免在拍摄特写或其他反差较大的景物时，造成特写画面曝光不足或反差过大。

辅助标志“U”和“O”只作为提供胶片宽容度所容纳的亮度范围的参考，它们不起辅助推旋曝光组合的作用，这两个标志相应的光强范围是1∶128。

2. 伦纳塞克斯3型测光表

伦纳塞克斯3型（Lunasix 3）测光表是德国高森公司生产的专业测光表。它是以计量亮度为主，兼量照度。它的技术性能同海鸥 CL－A 型测光表基本相同。不同的是该表扩大了计量范围。它既能在照度极低的月光下计量，也适于照度高达 350 000 勒克司的照明条件下进行计量。当备用附件，还可供特殊情况下使用。

（1）伦纳塞克斯 3 型测光表的基本结构如下：

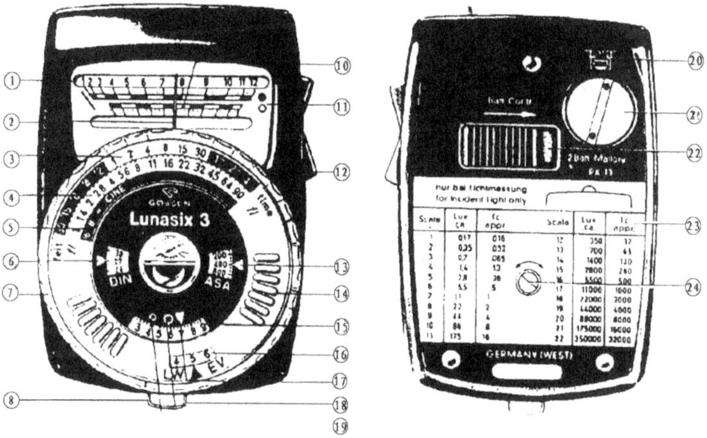

◁图 2－12 伦纳塞克斯 3 型测光表的结构▷

①光值相对值标尺

②测光表指针

③曝光时间刻度（从 1/4 000 秒至 8 小时）

④光孔号码刻度（自 f/1 至 f/90）

⑤电影摄影频率刻度（自 8 格/秒至 128 格/秒）

⑥DIN 制感光度刻度（自 3 至 45）

⑦曝光推旋盘

⑧挂带环

⑨计量照度用的乳白罩

⑩供检验电池用的红色标记

⑪亮级、暗级标尺

⑫计量选择开关：向前，暗级标尺；向后，亮级标尺

⑬ASA 制感光度刻度（自 6 至 25 000）

⑭感光度调节旋盘

⑮推旋曝光时的光值标志

⑯EV 值（曝光指数）

⑰黄色三角形标志，表示不加附件时正常计量受角推旋曝光组合用

⑱红色圆圈形标志表示加用附件适用于计量受角为 15 度时，推旋曝光组合

⑲绿色小圆形，为配合附件 7.5 度计量受角推旋曝光组合用

⑳两枚电池正确装法

㉑电池安装槽

㉒电池测定开关

㉓光值相对值与照度值对照表

㉔零位调整螺丝

(2) 伦纳塞克斯 3 型测光表性能与使用。

伦纳塞克斯 3 型测光表由于使用了高灵敏度的光敏电阻，提高了计量范围，具有广泛的适应性。因此，曝光推旋盘上的其他量值相应地提高了。光孔号码自 f/1 至 90，共排列成 13 级，相当于曝光量之差为 4 000 倍左右，曝光时间自 1/4 000 秒至 8 小时，共 28 级；感光度 DIN 制排列自 9 至 45，共 12 级；ASA 制自 6 至 25 000，共 12 级。以上各量值的扩大，也就要求曝光指数拓宽，EV 值排列自 −8 至 24，共 32 级，比一般的测光表的计量范围要宽得多。它既适于外景拍摄，也适

于内景拍摄；它既适用于低照度条件下，也适用于极强的光线条件下，它能满足摄影创作的广泛需要。

考虑到配合电影摄影方面的应用，推旋盘上同时列出了电影摄影频率自 8 格/秒至 128 格/秒。这一范围也能适用一般电影摄影的要求。为摄影者改变摄影频率对曝光量的影响，提供了准确调整的依据。

在摄影创作过程中，常常为了创作需要利用不同焦距的镜头来改变画面的景别。随着镜头焦距的变化，带来镜头视角大小的变化。其规律是，镜头焦距长视角小，镜头焦距短视角大。由于视角的变化使所摄景物的范围与测光表的计量受角常常出现较大的误差。为了适应不同焦距的镜头视角，伦纳塞克斯 3 型测光表，备有远摄计量附件，配合长焦距镜头在拍摄时，提供准确性。图 2－13 为测光表测光窗口前加用计量受角的附件。

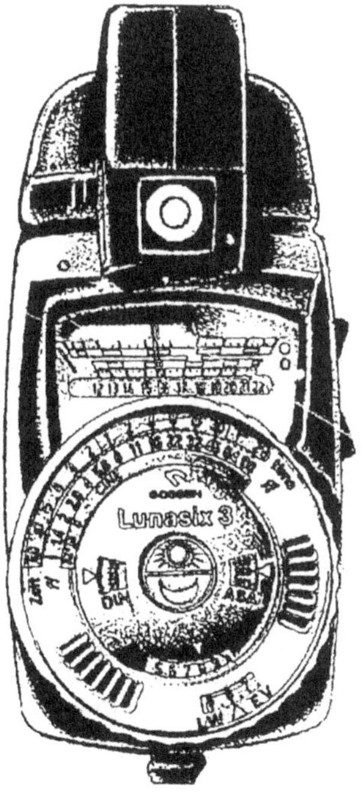

◁图 2－13▷

当测光表使用远摄计量附件时，可根据摄影机、照相机的镜头视角选择附件上的开关。附件计量受角有 15 度和 7.5 度两档。当 15 度（红色）在外面时，测光表的测量受角为 15 度；当 7.5 度（绿色）标志在外面时，测光表测量受角为 7.5 度。使用远摄附件时，随着计量范围的变化，在推旋盘上相应地设置了三个不同颜色的标记，以便配合不同的计量受角推旋曝光组合。具体应用方法是，黄色三角形标记，是测光表不加任何附件时，根据计量结果推旋曝光组合的基准标记，其计量受角为 30 度。红色圆圈形标记，是测光表加附件选择计量受角 15 度后，用于推旋曝光组合，操作时是将计量光值对准该标记，用来确定曝光。而绿色小圆圈标记，则是运用远摄附件选择计量受角 7.5 度后，用于确定曝光组合，使用时需将所测光值对准该标记。如图 2－14 所示。

这三个标志在推旋盘上的位置，保持了相当于曝光量为 1:2:8 的差别，是在远摄计量附件计量范围缩小后，对摄影曝光的补偿。

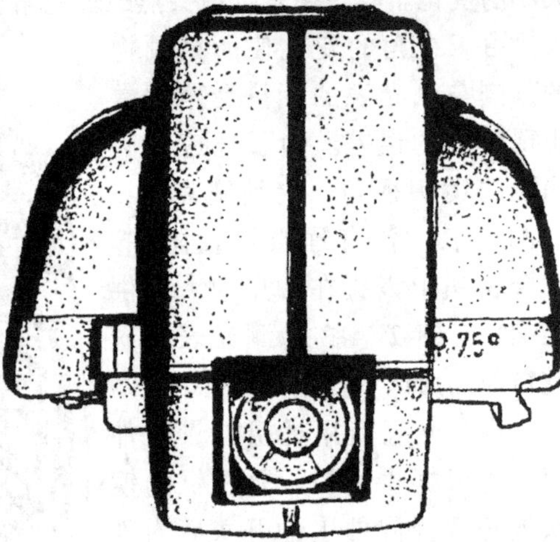

◁图 2－14▷

伦纳塞克斯 3 型测光表在使用之前，应进行一些必要的检查：

首先是检验电池是否按正确的方法安装，正负极对准之后，旋紧电池压盖，然后依据测光表背面电池检验开关，按箭头所指方向，向前推动（推动时不必按测光表计量开关），这时测光表的指针立即指向红色检测标记，说明电源接通，电池正常。如果指针不动或没有到达红色检测位置，说明电源没有接通或电池电压不足、电池无电等。就需要检查电池安装是否正常，如果安装没问题，则需要更换电池。

电池正常安装之后，为了使测光表的计量结果更加准确，还需要检查在没有电池时测光表的指针是否停留在零的位置。如果不在零的位置，就需要利用测光表背面的零位调整螺丝进行修正。具体方法是：先把电池取出，然后按下测光表计量开关，用一把小螺丝刀对准零位，轻松向左或向右转动，当指针随着零位螺丝的转动，停留在零位上时，松开测光表计量开关即可。

以上工作完成后，在使用测光表正式测光之前，还需要根据创作实际应用的胶片感光度，在曝光推旋盘上调整好。

该表在计量照度或亮度时，要根据被摄景物的亮度或景物接受的照度值的高低，选择测光表上相应的亮、暗级。切忌在很高的照度下用暗级测量或较长时间的让光敏电阻受强光照射，以免损伤测光表的光电元件。

进行照度计量时，还需把测光表的乳白罩移到测光表窗口。计量亮度时，不必使用乳白罩。测光表标尺上排列的数值，既不是亮度值，也不是照度值，而是照度、亮度相对值。为了方便大家查找，测光表的背面列举了该表的相对值所对应的实际照度值参数。见表 2－1 所示。

3. 索利格Ⅱ型光点测光表

索利格Ⅱ型光点测光表（SOLIGOR SPOT SENSOR－Ⅱ）是日本“索利格”公司生产的一种专业用亮度测光表（反射型测光表）。它适用于计量被摄体的局部亮度值，其计量受角为1度，所以也称为“1 度角测光表”，或称“窄角测光表”。该表与上述介绍的几种测光表不同，前面讲的几种测光表在正常情况下，计量受角大约在 30 度角左右，计量的亮度值，均为计量范围内景物的“平均”亮度值。对于亮度分布均匀的景物来讲，这一计量结果可以使所摄景物在画面中得到较好的控制。但是当遇到被摄景物亮度分布不均时，如亮主体被大面积的暗背景包围着或者是暗主体被大面积亮背景包围时，如采用平均亮度值控制曝光，就会使亮主体在画面中表现出曝光过度，或暗主体在画面中表现出曝光不足，甚至会出现失去细部层次的现象。而光点测光表的出现，则恰好弥补了普通测光表计量亮度上的不足。

伦纳塞克斯 3 型测光表，光值标尺相应的照度值

〔表 2－1〕

光值（相对值）	照度值		光值（相对值）	照度值	
	勒克司	呎·烛光		勒克司	呎·烛光
1	0.17	0.016	12	350	32
2	0.35	0.032	13	700	65
3	0.7	0.065	14	1 400	130
4	1.4	0.13	15	2 800	260
5	2.8	0.26	16	5 500	500
6	5.5	0.5	17	11 000	1 000
7	11	1	18	22 000	2 000
8	22	2	19	44 000	4 000
9	44	4	20	88 000	8 000
10	88	8	21	175 000	16 000
11	175	16	22	350 000	32 000

这种测光表的最大特点与目前照相机内测光系统中的中心

重点测光相似，它可以对被摄景物的任何部位进行局部测量，而不受周围环境的影响，利用它能够根据创作者的主观意图使不同反光率的景物在画面中形成最佳效果。

(1)“索利格”Ⅱ型光点测光表的基本结构，如图 2－15 所示。

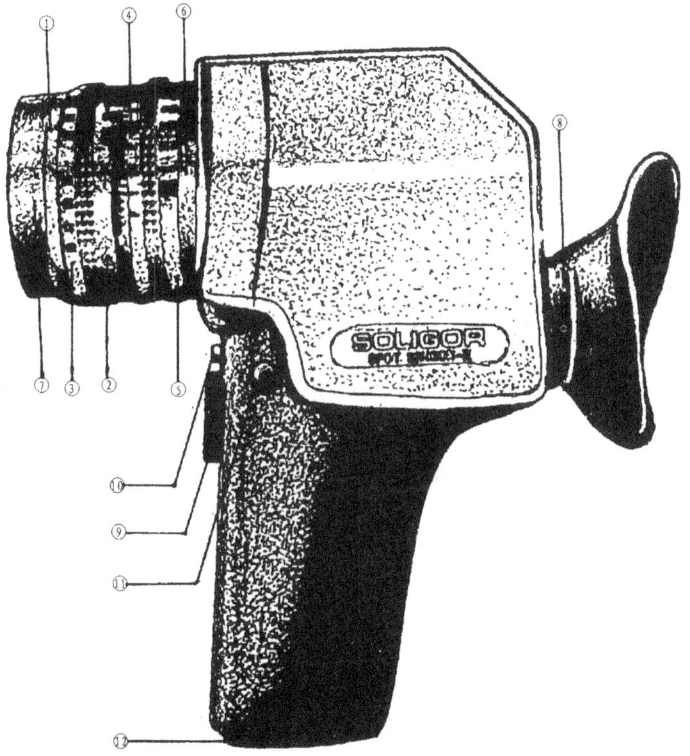

◁图 2－15 索利格Ⅱ型光点测光表结构▷

①光值刻度

②电影摄影频率刻度

③快门速度刻度

④光孔号码刻度

⑤ASA 和 DIN 感光度刻度

⑥确定感光度标记

⑦实际测量光值确定标记

⑧目镜屈光度调整

⑨操作开关按钮

⑩零位调整螺丝

⑪电池显示信号指示灯

⑫电池盒

(2)“索利格”Ⅱ型光点测光表的技术性能。

该表采用硅光二极管为光电元件，测光范围自 2EV－18EV。

感光度范围：ASA6－12 800

DIN9－42

快门速度：自 1/4 000 秒－30 分钟

电影摄影频率：8、16、32、64、128（格/秒）

光孔号码：自 f/1－f/128

测光表的入射角为 1 度。

视场角水平位置 15 度，垂直位置 11 度。

镜头的焦距：100mm（当计量受角为 1 度角时相当于 135 照相机镜头焦距 2 000mm 的视角）。

(3)“索利格”Ⅱ型光点测光表的使用。

使用 1 度角测光表之前，应做些必要的准备工作。

△电池检验。

"索格利"Ⅱ型光点测光表的电路电压为7.5伏，使用一块电源标准为9伏的电池（型号为006P或MN160型）。取下手柄底部的电池盒盖，按表内和电池上标示的"正"、"负"极符号装好。电池装好后，按下测光表的开关，观察手柄左上端的发光二极管指示灯，红灯亮说明电源接通，电池正常。如红灯不亮，表内指针不动，需检查电池"正"、"负"极是否正确。如果没有问题，说明电池没电，需更换电池。

△调整胶片感光度。

该测光表在镜头筒上标有胶片感光度ASA制和DIN制两种感光度，摄影者根据所用胶片感光度，在测光表的镜头上旋转到相应的感光度标记处即可。

△调整测光表目镜屈光度。

该测光表在实际测量时，可以通过目镜直接观察被摄景物。测量的光值也是通过目镜直接读出，这种方式也有与其他测光表不同之处。该表为了适应各种不同视力的人能清晰地观察景物和光值，可以根据自己的视力情况，进行屈光度调整。调节方法是将眼睛靠近目镜，然后根据自己的视力，轻轻旋动目镜，调整屈光度，直到在通过目镜看清楚景物为止。

△调整零位。

该表采用硅光二极管和晶体电子电路，当测光表由于使用时间过长或因长期不用存放过久时，都可能出现指针不能精确地回到零位的现象。如果按此计量结果控制曝光，则直接影响到画面的准确度，所以应及时进行校对零位。方法是将电池取出，然后按下测光表开关，用一把小螺丝刀对准零位螺丝，轻轻向左或向右旋转，当指针准确地对准零位即可。

准备工作完成后，就可以进行实际测量。操作者通过目镜观察被摄景物，将表内取景器的中央小圆圈部分对准被摄主体，当指针停止不动时，指针所对准的光值就是这一景物的局部亮度值，然后把这一光值在镜头上对准光值标记处，镜头上会根据这一亮度值和前面确定的胶片感光度值，显示出许多组由快门速度和光孔号码组成的曝光组合，摄影人员可根据创作意图任选一组作为拍摄这幅画面曝光的依据。如图 2－16 所示。

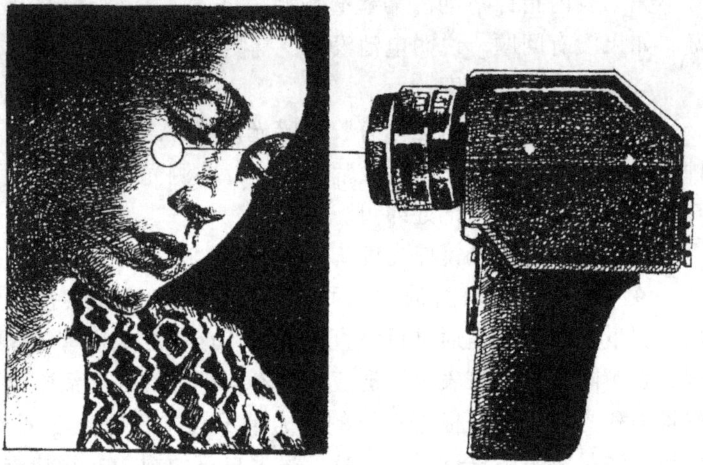

◁图 2－16 ▷

该图是采用光点测光表计量景物亮度分布不均匀的人物肖像。运用测光表对被摄体分别进行计量，根据创作意图以人脸亮度作为确定曝光组合的依据，这样可获得理想的画面效果。

4. 塞康尼卡Ⅱ型棚内自动测光表

“塞康尼卡”Ⅱ型棚内自动测光表是日本 SEKONIC 有限公司生产的一种较新型的产品。该表是现代测光表中适用范围较广的光度计量工具之一。在摄影、照明中，利用它可以计量照度值，也可以计量亮度值，是照度、亮度兼用型的测光表。

这种表的最大特点是曝光推旋盘上的量值采用直读式。当胶片感光度确定后，不管采用照度计量或是亮度计量，只要事先将测光表推旋盘上的入射光或反射光选择标记根据测光方式对准计量基准时，测光表会依据照度或亮度计量结果，自动旋转的快门速度就能同光孔号码组成合适的曝光量。

该表采用硅光二极管的光敏元件，驱动部分装有一个直流电动机和一个高精度的电位计，动力靠一节电压为 1.5 伏的锰电池。

曝光推旋盘标示的其他技术指标如下：

感光度同时标出，ASA 制感光度自 3 至 25 000，DIN 制感光度自 6 至 45。

曝光指数（EV 值）自 -7 至 22。

快门速度的排列自 1/2 000 秒至 60 分钟。

光孔号码的排列自 f/1 至 f/90。

(1) “塞康尼卡” Ⅱ 型棚内自动测光表的基本结构。如图 2-17 所示。

“塞康尼卡” Ⅱ 型棚内测光表各部件名称如下：

①计量照度时用的乳白球

②可旋转的光度计量头

③安装附件时红点标记

④计量锁定操作杆

⑤测光表计量开关按钮

⑥电池信号灯（BC）

⑦测量基准指示标记

⑧用于测量入射光指示标记（INC）

⑨用于测量反射光指示标记（REF）

⑩光孔号码刻度

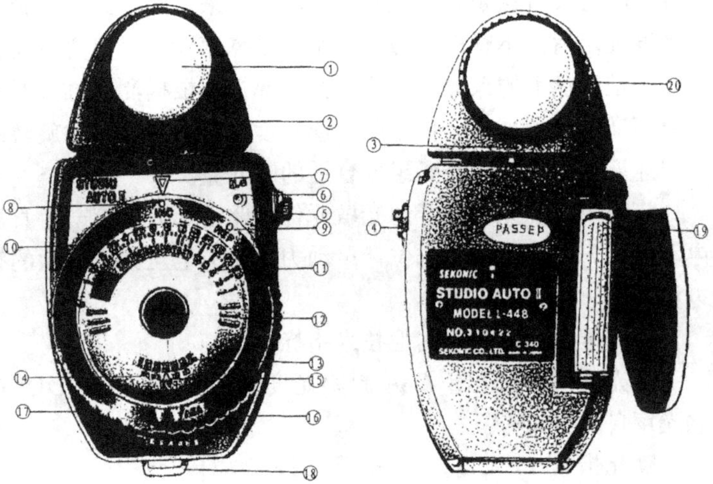

◁图 2－17 塞康尼卡Ⅱ型棚内自动测光表结构▷

⑪可自动旋转的快门速度

⑫胶片感光度选择旋钮

⑬曝光指数（EV）值刻度

⑭曝光补偿标记

⑮EV 值指示标记

⑯ASA 制和 DIN 制感光度刻度

⑰照度、亮度计量选择环

⑱皮带环

⑲电池

⑳计量照度时用的乳白板

㉑ 计量亮度用的光栅

(2)“塞康尼卡”Ⅱ型棚内自动测光表的使用。

△使用前的准备工作。

该表使用一块1.5伏的锰电池。更换电池时，用拇指轻轻压在电池盖上，按箭头所指方向外拉。按电池“正”、“负”极装好后复原。应注意，当较长时间不用此表时，要把测光表的开关放在“关”的位置，锁定操作杆，以避免不注意时把开关打开，产生不必要的耗电。如果长期不用，应把电池取出，防止电池渗漏，损坏测光表。

检查电池是否正常，应先把测量开关按下，观看电池指示灯是否明亮。红灯亮，电源接通，同时快门速度刻度盘自动转动，说明电池的额定电压正常；如红灯不亮，说明电源没有接通或电池额定电压不足，需检查电路或更换电池。

调整胶片感光度，根据摄影者使用的胶片感光度，在测光表的推旋盘上找出，并对准表内ASA和DIN制感光度三角形标准记号上。

△“塞康尼卡”Ⅱ型棚内自动测光表测量附件的应用。

乳白球。在使用该表进行照度计量时应将乳白球装在测光窗口前，以便扩大计量范围，计量出被摄体所接受的全部光通量。安装乳白球时，要把测光表上的红点与乳白球上的红点对准，轻轻按顺时针方向转动乳白球，当发出咔嚓声即可。同时应把测光表推旋盘上测量入射光的标记（INC）对准标记“▽”。

利用乳白球测量照度值。适合于人像及棚内或外景中景物反光率有较大变化时的摄影。因为，采用照度计量其结果不受景物反光率高低的任何影响。测量方法是将测光表置于被摄体前面，把乳白球的方向指向摄影镜头，当按下开关后，曝光推旋盘上的快门速度自动旋转到合适的位置，对应不同的光孔号码，如f/4对应1/250秒，f/5.6对应1/125秒，f/8对应1/60秒，f/11对应1/30秒等等，组成许多曝光组合，这时摄影者可根据自己的创作意图，选择其中任意一组作为控制画面曝光的依据。

采用这种方式计量时，应注意照明条件的强、弱，当测光表在极暗的照明条件下，曝光指数（EV）值低于－4，曝光推旋盘上的快门速度刻度就会产生抖动；当照度极强时，曝光指数（EV）值超过18时，曝光推旋盘上的快门速度刻度就会无止境地向逆时针方向旋转。这些现象说明，光值低于或高于测光表规定的范围，此时测量的光值就会出现误差，而不是实际的照度值。因此，当出现上述现象时，即不能作为确定曝光的依据。

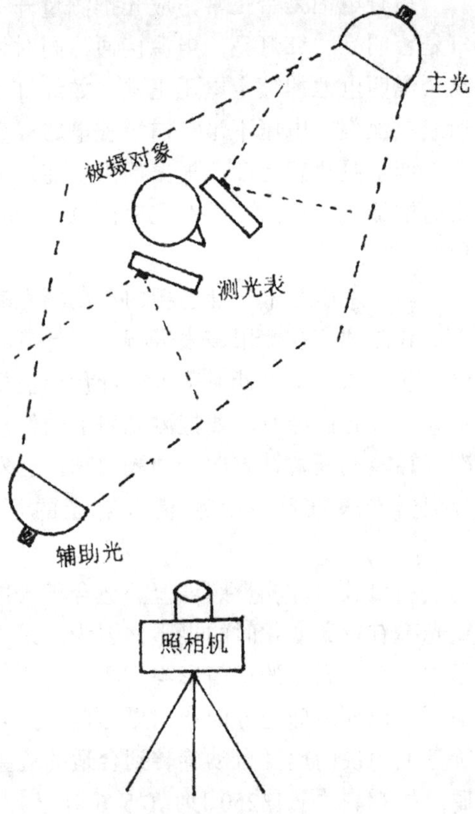

◁图 2－18 ▷

乳白板的使用。利用乳白板计量照度时，安装方法与其他附件相同，它同乳白球的区别是计量的受角缩小，乳白球可接受180度角范围内的照度，而乳白板则只能接受90度角范围的照度。因此乳白板适用于对被摄主体所接受的不同方向、不同强度的光源进行分别计量，尤其是在棚内、演播馆内光源较多时使用，以便对各个光源进行分别计量，了解各光源的照度值，便于控制光比。如图 2－18 所示。

从图 2－18 可以看出，在室内利用灯光照明被摄对象时，为了使主体在多灯照明时形成不同的明暗对比效果，就需要控制好来自不同方向的光源投射到被摄体光线的强弱，这时就可以利用加乳白板的测光表，在其他光源不关闭的条件下，对各个光源进行分别计量，然后根据测量结果进行适当的调整，以控制主体人物亮部与暗部的照度值，这时曝光推旋盘上会根据主光确定一个曝光组合，同理，推旋盘上也会根据辅助光的照度值，确定一个曝光组合，摄影者可根据主光和辅助光所确定的曝光组合之间形成的级差，来控制光比。

为了便于掌握曝光量之差与光比的关系，列表如下；

〔表 2－2〕 **曝光量之差与光比的关系**

曝光量之差	光　比
相差 1 级	2∶1
相差 3/2 级	3∶1
相差 2 级	4∶1
相差 3 级	8∶1
相差 4 级	16∶1
相差 5 级	32∶1
相差 6 级	64∶1
相差 7 级	128∶1

光栅的应用。当测光表的光敏电阻前不加用乳白球或乳白

板，而换上光栅，这时测光表就改变了测光方式，由原来的照度计量转换成亮度计量，也就是由原来计量物体接受的光通量的多少，变成了计量被摄体的反射光。因为推旋盘上的光值，是按数字大小的顺序排列的相对值，当采用光栅时就变成了亮度值的相对值。当使用光栅进行亮度计量时，首先应将推旋盘上测量反射光的指示标记（REF）旋转到基准指示标记"▽"位置上，其他标记不变。测量方法是，将测光表的光栅指向被摄体。计量时应注意不要把摄影者影子或测光表本身的投影落到计量范围之内，以免影响画面曝光的准确性。

5. 美能达闪光灯 V 型测光表

闪光灯 V 型测光表，是日本美能达有限公司新近生产的一种多功能测光表。该表具有超智慧自动（AUTO）模式，只需一按开关，就能测量出非闪光、闪光灯或二者混合的光线。摄影者不需将模式转换，便可调整到另外的功能显示。当测量非闪光时，可使用快门先决测量；当用于闪光灯测量时，可选择使用或不使用同步线，同时备有多重闪光的测量。当光源既有非闪光又有闪光灯时，该表可以测定闪光灯在总体曝光上所占的比例，并能在快门速度被改变后重新计算该比例。该表还有很强的记忆功能，可帮助摄影者预测拍摄的结果；已经储存的记忆还可以被平均化，或将曝光读数偏重暗部或高光部分上；该表还具有许多附加功能，如亮度差，电影摄影机测量以及为不同感光度的胶片作短暂性的调整等。它是摄影人员的重要工具。

(1) 闪光灯 V 型测光表的基本结构，如图 2－19 所示。

①电源按钮

②乳白球

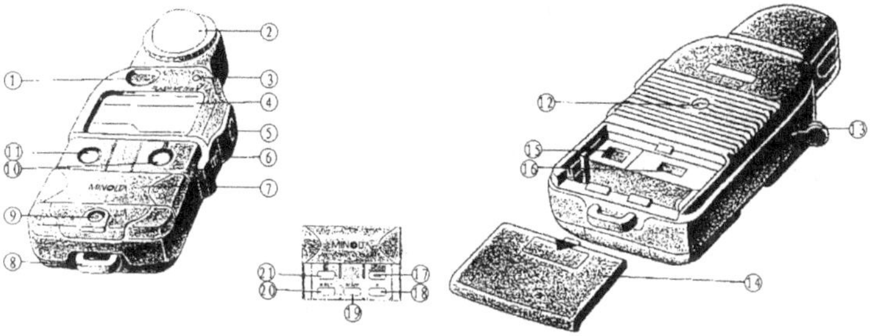

◁图 2-19 美能达闪光灯Ⅴ型测光表结构▷

③液晶体显示窗（LCD）照明感应器
④液晶体显示窗
⑤测量按钮
⑥增/减转盘
⑦滑动式背盖
⑧肩带孔
⑨同步线接口
⑩暂时性胶片感光度调整按钮
⑪胶片感光度（ISO）按钮
⑫三脚架插座
⑬配件测量器接口
⑭电池盒盖
⑮测量水平调整钮
⑯多功能调整钮
⑰模式（MODE）按钮
⑱记忆（M）按钮
⑲暗部/平均/高光（S/A/H）按钮
⑳消除记忆（M-CLA）按钮
㉑亮度差按钮

(2) 闪光灯 V 型测光表的技术性能。

该表采用硅光二级管作为光敏元件，其测量模式为：

AUTO：当进行闪光或闪光灯测量时，自动模式将自动决定光源需作非闪光或闪光灯来处理，闪光灯测量可使用或不使用同步线。

↓

AMBI：适用于非闪光的快门先决测量。

↓

AMBIOFNO：适用于非闪光的光圈先决测量。

↓

FLASH：适用于使用或不使用同步线的单次闪光灯测量。

↓

FLASHMmlti：适用于多重闪光灯的积累测量。

测量范围：当胶片感光度为 ISO100 /21°时。

非闪光测量	照度计量	自 EV－2 至 19.9
	普通亮度计量	自 EV－1 至 22.5
	10 度角亮度计量	自 EV1 至 22.5
	5 度角亮度计量	自 EV2 至 23.7
闪光测量	照度计量	f/0.7 至 f/90＋0.9
	40 度角亮度计量	f/1 至 f/90＋0.9
	10 度角亮度计量	f/1 至 f/90＋0.9
	5 度角亮度计量	f/1 至 f/90＋0.9

显示范围：

数字显示：光孔号码（FNO）：f/1 至 f/90＋0.9（每次0.1 级递增）

曝光指数（EV）值：EV－11.8 至 35.5（每次作 0.1 级递增）

照度值 0.6 至 99 000Lx（勒克司）：0.1 至 99 000fcd（呎·烛光）

快门速度：非闪光　30 分钟至 1/16 000 秒

闪光　30 分钟至 1/1 000 秒

可选择每次 1/2 级或 1 级递增

摄影频率：每秒 8、12、16、18、24、25、32、64、128 格

胶片感光度：ISO3 至 8 000（每次按 1/3 级递增）

闪光次数：0 至 9 次（当闪光次数超过 9 次时，只会显示个位数字）

储存测量资料次数：0 至 8 个

类推级数：光孔号码：f/1 至 f/90（每次按 1/2 级递增）

亮度级差：－4 至＋4E（在±3EV 时，每次按 1/4EV 递增；由－4 至－3E 或由＋3 至＋4EV 时，每次按 1/2EV 递增）

该表测量精度为±0.1EV，电源使用一枚 AA1.5V 碱性或碳锌电池或 1.2V 镍镉电池。使用温度范围，摄氏－10℃至＋50℃，存放温度可以在摄氏零下 20℃至零上 55℃范围内。重量包括电池为 165 克。

(3) 闪光灯 V 型测光表的使用。

△拍摄前的准备工作。

首先打开电池盒盖将一枚 1.5 伏碱性、碳锌电池或 1.2 伏镍镉电池按“正”、“负”极装入电池盒内，之后，测光表在很短时间内将各项指标显示在液晶屏上，这时即可以进行测量，如将电池装好后，液晶显示屏出现闪动现象，说明电量不足，

约 30 秒测光表就自行关闭。若出现上述情况，应更换电池。需说明，更换电池后，原液晶屏上测量的数值及所有储存在记忆内的测量数据将会自动失去。

调整胶片感光度，该表感光度可调范围（ISO）自 3 至 8 000，摄影者根据自己所使用的胶片感光度进行调整。调整方法是按下测光表上方的“ISO”按钮，转动测光表的增/减转盘，直到所需的胶片感光度值出现为止。如果要将刚刚调整好的感光度更换，那么，液晶屏上已经显示的光圈或曝光指数都会按新调整的感光度重新计算，指出正确的数据。

△实际测量。

当使用该表进行入射光线（照度）测量时，需要将照度计量的配件加在测光表的测光窗口前。不同的配件有着不同的作用。当使用球型乳白罩进行照度测量时，它适用于拍摄立体的景物，因为它的测量范围大；而使用平面乳白罩时，则适用于拍摄平面的景物。还有 4 倍或 8 倍球型乳白罩，这种乳白罩配件加大了阻光系数，因此在场景照度极高的情况下，也能准确地测量 4 倍球型乳白罩，可将测量的光值上限范围提高二级，而 8 倍球型乳白罩，可将测量的光值上限范围提高三级。

当使用闪光灯 V 型测光表进行反射光线（亮度）测量时，需要把测量入射光的配件取下，换上能测量反射光的附件。该测光表配有三种测量反射光的附件，它是根据摄影者使用的镜头视角而配备的。一种是与标准镜头的视角较接近的计量受角为 40 度角附件，用来计量被摄景物的平均亮度值；而另一种是计量受角为 10 度角的附件，它们都是用来测量被摄景物中的局部亮度值的，以达到主体物有较好的体现，而不会因周围环境影响主体的曝光。三种配件如图 2－20 所示。

闪光灯 V 型测光表与上述几种测光表的不同之处是，它

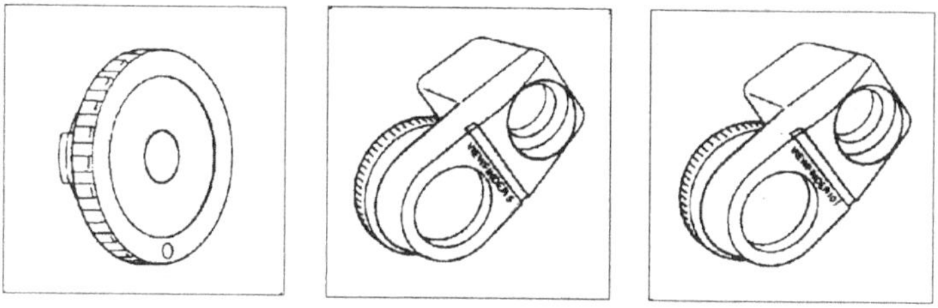

◁图 2－20 计量反射光附件▷

除了具备上述几种测量方式外，最突出的特点是它能测量闪光灯的照度值，为摄影中使用闪光灯参与照明，并达到理想的控制，提供了技术保证。

当使用闪光灯 V 型测光表进行单次闪光测量时，需要将测量模式调整到单次闪光（FLASH），如果此模式没有在液晶显示屏上出现，请按下述方法操作。即将测光表的滑动盒盖向上推移，然后按下“MODE”按钮，每按动一次，测量模式变动一种。其顺序是：…… AUTO——AMBI——AMBI FNO——FLASH——FLASH MULTI——AUTO……即自动模式（AUTO）——非闪光测量快门速度先决模式（AMBI）——非闪光测量光圈先决模式（AMBI FNO）——单次闪光测量模式（FLASH）——多重闪光测量模式（FLASH MULTI）。依上述顺序重复按动 MODE 按钮，当“FLASH”出现在液晶屏上，就可以进行单次闪光测量。用于闪光灯测量时，快门速度范围由 1/1 000 秒至 30 分钟，当“FLASH MULTI”显示在液晶屏上时，可以进行多次闪光测量。多闪光测量时，闪光次数将显示在液晶屏上，如果次数多于 9 次时，只会显示个位数字（由 0 至 9）。该测光表用于闪光测量时，可以使用同步连线，在单次闪光测量模式内使用，其效果与自动模式时相同。在多次闪光测量模式上，按动一次测量一次，其测量积累的结果则被计算并显示在液晶屏上，摄影者可根据需要重复进行。如果需要终结测量而进行新的测量，需按消除记忆（M－CLA）键，即能回零。

如果不使用同步线进行测量，当按下测量开关，测光表将调整到预备模式等候闪光灯闪亮。而当测量开关被按动后，显示屏底部“FLASH”将闪动约1分钟，如果这时闪光灯闪亮，闪光灯的光组将被测量，所测量的结果显示在液晶屏上。如果用多次闪光测量，重复上述的步骤即可。但需要注意，在某些情况下，测光表会将间断的光线或测光表的迅速移动等，当作闪光灯而加以测量。如遇上述情况，可使用同步线进行测量。

闪光灯V型测光表除上述所讲功能外，还有很多其他的功能，如使用电影摄影机时的测量、反差控制、光比测量以及照度值测量等。是创作人员不可多得的测光工具。

使用该测光表时需注意：切勿让测光表受猛烈撞击或震动，如果在雨天或海滩条件下使用，防止被雨水、海水侵蚀测光表。

切勿在温度高于50℃或低于－10℃的环境下使用。

切勿将测光表遗留在密封的车内，及直接被阳光照射或接近热力源的地方。如果放在阳光直射的地方时间过长，液晶显示屏会变黑。

切勿将测光表放在潮湿的环境中。

切勿让乳白罩受到损伤或沾上污渍。如果乳白罩沾有污渍时，应用少量的清洁剂清洗。测光表上有污垢时，可用软布轻抹，切勿用酒精或其他化学剂接触测光表表面。

测光表如果长期不用时，应将电池取出，防止电池液腐蚀、损坏测光表。

思考题

1. 测光表由哪几个主要部分组成?
2. 测光表如何分类?
3. 测光表的曝光推旋盘依据的理论公式是什么?

第三章　摄影摄像中的照度计量

照度的概念，是指被摄体表面的受光程度。以单位面积上所接受的光通量来表示，即 E = F/S。其中 E 表示照度，单位为勒克司（= 流明/米^2）或呎·烛光（1 流明/呎^2 = 10.764 勒克司），S 表示面积，单位为面积单位；F 表示光通量，单位为流明。当 1 平方米面积上接受 1 流明的光通量时，即为 1 勒克司。如果已知条件不是光通量，而是光源的发光强度（发光强度是说明光源发光程序的物理量，用单位立体角内辐射的光通量来表示），这时的照度可由下式求得：$E = I/r^2 \cos a$，即照度与光源的发光强度（I）成正比，与距离平方（r^2）成反比，斜射面上的照度下投射光的入射角的余弦函数（cosa）。照度是摄影摄像中确定曝光的参考依据。

一、照度测光表的使用与计量

照度测光表，是计量入射光的测光表。它是用来计量物体表面所接受的全部光通量。这类测光表现在多是用于同时计量照度值和亮度值的。只有计量照度的测光表采用的是照度值，而能兼量亮度的测光表采用的是照度、亮度的相对值。当进行照度计量时，需要扩大计量受角，把表上的乳白板移到测光窗口前，这时的计量受角扩大到 180 度或 90 度，即可计量物体表面所接受的全部光通量。计量方法是，当被摄对象和摄影（像）机固定后，将照度测光表置于被摄对象的前面，乳白积光罩对准摄影镜头，这时对被摄体有效的全部照明，包括主光、辅助光、轮廓光等，都可由该表接受，进而读出合适的照度值。

当使用乳白板进行照度计量时，是计量接受 90 度范围内的全部光通量；因此，它适用于对被摄体所接受的没方向、不同强度的光线分别进行计量，尤其适合于利用灯光摄制时的量光与布光。为了有目的地控制画面的光比，了解各个光源的实际发光强度，在不减弱光源的情况下，可以把照度测光表置于被摄物体前面，其方向直接指向光源，测量各个光源投射到被摄体的照度值，以便控制各光源之间的照度比。在对人物进行布光时，可以根据人物的脸型特征，控制各光源之间的照度比值，使人物形象更加完美。

照度测光表计量的是景物所接受的照度，所以利用这种计量方法测得的标准曝光量与被摄体本身的状态无关。无论景物的反光率高低，确定曝光组合的依据是同一个照度值（因为照度测光表的乳白积光罩选定的基准反光率是一个固定值。国产表的基准反光率为 30%，国外测光表采用 18%或 30%作为基准反光率）。按照度计量确定曝光，被摄景物中反光率为 30%或 18%的景物会在画面中得到最佳体现。而高于测光表确定的基准反光率的景物，会在摄影中呈现较大的密度，在摄像中形成较强的光电信号。反之，低于基准反光率的景物呈现出较小密度或较弱的光电信号，从而使得不同反光率的景物在画面中得到客观的再现。

电视节目制作者为了把这千姿百态的景物在画面中展现给

观众，拍摄时充分利用光线的对比程度和明暗关系，揭示对象的体积、大小，表现对象的立体空间。利用照明中的光比和景物间的明暗配置，把物体的面积及其相互关系、透视规律在屏幕上重现，使画面中的明暗影调按创作者的意图去实现。在进行人像布光和静物布光时，创作人员可以根据画面的不同要求去控制画面的光比。

那么，什么是光比？光比的大小对画面有哪些影响？光比的重要表现在哪些方面？拍摄中又如何去控制画面的光比呢？

所谓光比，是指投射光在被摄对象上形成的亮与暗之间的亮度值或照度值之比。光比的大小决定着画面的明暗、反差，形成不同的影调、色调形式，表现出不同的造型效果和艺术气氛。在摄影摄像中，画面中的光比主要表现在以下几个方面：

(1) 在同一景物中，不同光源（主光、辅助光、逆光等）之间形成的照度值之比，或同一反光率物体表面的受光部分与阴影、投影部分的亮度值之比。

(2) 景物中相邻部位在同一光源照射下不同反光率表面之间亮与暗度值之比。如景物中人物与背景，人脸与服装等等。

(3) 景物中最高亮度与最低亮度部位之间的亮度值或照度值之比。

在实际拍摄中，由于使用的设备不同，记录的材料不同，要想把不同的景物亮度范围，根据技术和艺术造型的要求，使景物得到最佳的体现，其光比控制是十分重要的。具体方法是：在外景自然光照明条件下，由于光源本身不受人们的主观左右，加上自然光不够稳定，变化多端，较难控制；这时控制光比的方法多采用提高暗部亮度，即利用辅助光把暗部亮度提高，或是利用较暗的景物作前景，压低高亮度部分。如果在以上条件都不允许的情况下，应根据具体情况作局部处理，如缩小画面的景别等。在利用人工光源照明的条件下，控制光比相对于自然光来讲就容易些，原因是人工光源便于控制；这时控制光比的方法通常是改变辅助光的照明。因为，辅助光的作用主要用于亮度平衡，为阴影部位提供适当的照明，提高影像暗部的造型表现力，使被摄体接受的照度值之比，有效地控制在各种设备能够记录的范围之内，以达到最大限度的表现。另外，在控制照明光比时如有一定困难，这时可以对被摄对象本身及画面空间中的亮部与暗部进行适当的明暗配置，形成不同的影调对比效果及画面结构。只有这样才能符合画面的要求，达到较好的艺术效果。

二、照度计量应注意的问题

运用照度测光表在不同条件下如何进行准确地计量，前文已有叙述。但是，为了使计量的结果更符合物体实际所接受的照度值，这里有必要提醒大家，在进行照度计量时，应注意以下两个方面的问题，那就是照度测光表的计量位置和计量方向。

照度测光表计量位置的变化，会直接影响到照度值的准确程度。因为照度值的高低会受到光源到被摄体距离的影响。测光表的位置稍前或稍后，都会造成被摄体曝光不准。需要指出的是，在外景自然光条件下进行计量，由于光源距被摄体过于遥远，计量的结果不会造成明显的影响，因此并不都一定要把测光表置于被摄体的位置上。这时可以放在机位上直接测量，但务必使测光表所指的方向与被摄体面对的方向一致。而室内自然光或室内人工光照明就不同了，当测光表的光电池距光源

（灯光或窗口）的距离越近，照度值也就越高，而实际被摄体没有接受那么高的照度值。如果根据这一照度值确定曝光，就会造成主体物的曝光过度，只有将测光表置于被摄体前面靠近物体进行计量，才能真正代表物体表面接受的实际照度值。另外，如果机位处的照明与被摄物体的照明有较大差别，这时应分析物体的照明条件，根据实际情况，对计量位置稍加改动，就可以避免对曝光的影响，得到准确的计量结果。

测光表的计量方向，也会直接影响曝光的准确程度。因为景物在不同方向的光源照射下所接受的照度值不同，当机位和被摄体接受的照明不变时，计量方向发生偏移，稍左或稍右，都会造成被摄体在画面中曝光不足或过度。正确的计量方向应当使测光表的光电池面，对准摄影机镜头所拍摄的方向。

当然，以上介绍仅是一个基本原则，在实际拍摄中还应根据具体情况而定。但是不论采用什么计量方式，怎样进行计量，其最终目的还是为了提高画面的技术质量，增强画面的艺术感染力。

思考题

1. 什么是照度？什么是照度计量？
2. 照度计量有哪些优点？有哪些不足？
3. 什么是光比？光比的大小对画面有哪些影响？
4. 在外景自然光条件下如何控制光比？
5. 在内景人工光条件下如何控制光比？

第四章　摄影摄像中的亮度计量

亮度是指发光面（自发光面或透光面、反光面）上沿视线方向的单位面积上的发光强度。也就是说，被摄体在一定的照明条件下所表现出的表面明亮程度。亮度单位是烛光/米^{2}或尼特，亮度用公式来表示，即 $B=I/S$，符号 B 表示亮度，I 表示发光强度，S 表示单位面积。亮度是以反射光的形式出现，构成景物之间的亮暗差别。

目前在拍摄中使用的亮度测光表，都是用来测量被摄体表面反射的光量。计量结果直接受到景物反光率高低的影响，这就需要在了解亮度测光表的使用和如何进行计量之前，首先对影响被摄体表面亮度的因素进行分析，以便在实际拍摄中，确保主体物按创作者的意图在画面中准确地表现出来。

一、影响被摄体表面亮度的因素

影响被摄体表面亮度的因素概括起来大约有以下几个主要方面：被摄体表面的结构类型；表面反射光的性质；物体表面的颜色特征和吸收反射性；以及投射在被摄体表面上的光量类型和质量。

1. 被摄体表面的结构类型

生活中人们对不同物体的表面结构的特点，有较全面的了解。当人们看到或触摸到某一物体时，便能很快地辨别这一物体的外表结构特征，这是由于材料结构（质地）的不同所呈现出来的。就物体的表面结构来讲，大体可分为三类，即粗糙的表面结构，平滑的表面结构和透明物体及镜面的表面结构。三类物体的表面各具不同的反光特性。当光线投射到粗糙物体的表面时，其光线呈漫反射状，亮度均匀，人们从各种角度观察时，亮度没有多大变化；而平滑表面对投射其上的光线则呈混合反射状（既有漫反射也有单向反射），其漫反射与单向反射的成分多少，应视表面光滑的程度而定。而透明物体的镜面则对投射其上的光线呈单向反射状，只在投射光的反射角或折射角上形成明亮的光斑，这些较高的光斑与物体的暗部相比，二者容易构成较大的亮度间距。如图 4－1A、B、C 所示。

从以上情况可以看出，当物体在同一光源照射下，由于表面结构形状不同，而呈现在人们眼前的亮度差别各异。

2. 被摄体表面的颜色特征

人眼之所以能够认识周围物体的各种颜色，是受到光线刺激后而产生的。因为，在人眼的视网膜中，有三种不同的视锥细胞，分别含有三种不同的视色素，即一种对波长 400 到 500 毫微米的光吸收产生的蓝色感觉；一种对波长 500 到 600 毫微米的光吸收产生的绿色感觉；还有一种对波长 600 到 700 毫微米的光吸收则产生红色的感觉。如果视锥细胞任意两个感色单元同时受到同等程度的刺激，则会引起中间色（黄、品红、青）的感觉。当视网膜上三种感色单元同时受到同等程度的刺

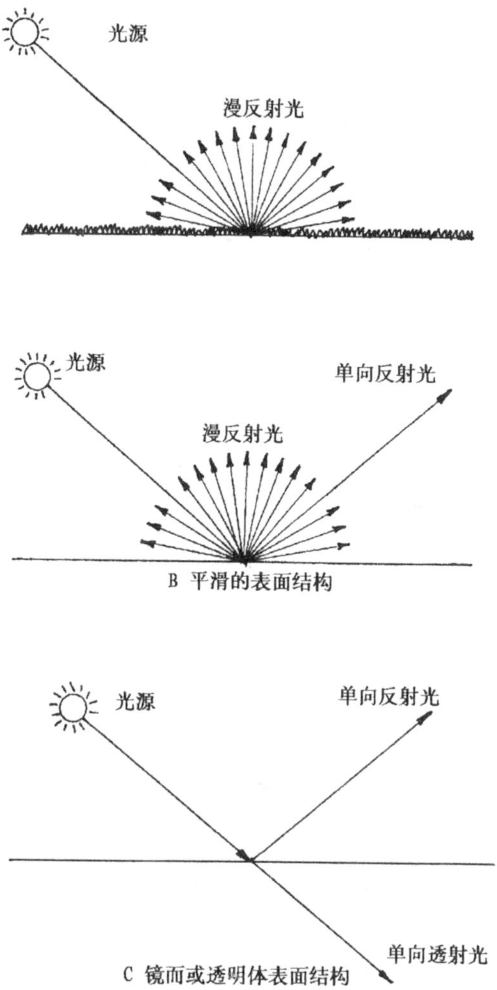

◁图 4－1 物体表面的结构类型（A.B.C）▷

激，则会在人眼视觉上引起不同程度的消色感觉，即黑、灰、白的感觉。正是由于人眼中的视锥细胞能够自动收缩进行调节，以适应各种光线的变化，并能分辨出成千上万种色彩，可见它的分辨能力之强。而摄像机中的摄像管或摄影机里装的彩色胶片，没有人眼的这种适应和调节功能，只能靠节目制作人员在实际拍摄中进行调整和控制。

物体表面所反射的不同色光的反射情况，会直接影响到物体表面的亮度变化。在原色（红、绿、蓝）物体的表面，当光源（指正午日光、色温值 5 400K，显色指数为 100）投射到原色（如红）物体表面以后，由于物体固有的吸收、反射特性，把白光中的两种原色光（绿色、蓝色）全部吸收，而把白光中的另一种原色光（红光）毫无保留地反射出去，这时人眼所见的颜色为物体表面反射的原色（红）。

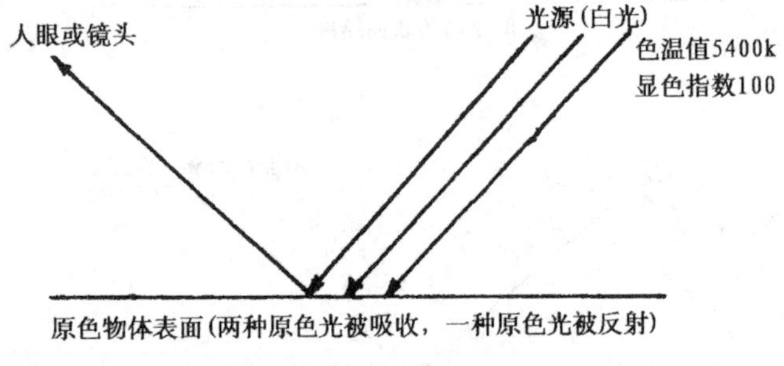

◁图 4－2A 原色物体表面▷

如图 4－2A 所示，从图中可以看出，在光源不变的情况下，由于物体表面的颜色特征，到达人眼或拍摄镜头的色光发生了明显变化，原色物体表面吸收了全部光线中的三分之二，只反射三分之一的光线，明亮程度变暗。中间色（也称为补色

——黄、品红、青）物体表面的情形是，当光源投射到物体表面之后，物体表面吸收一种原色光而反射等量的两种原色光

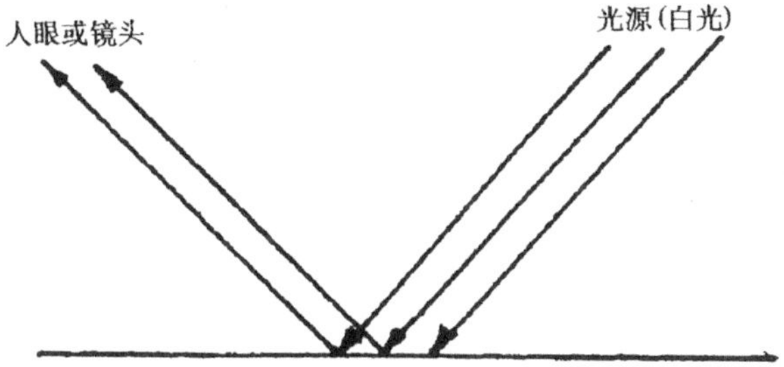

消色物体表面(三种原色光被均匀吸收，又被均匀反射)

◁图 4-2B 补色的体表面▷

（如图 4-2B 所示），这是因为中间色光是由两种等量的原色光同时刺激人眼的结果（如红光 + 绿光 = 黄光），因此，这些物体的表面亮度明显提高。再有就是占有很大比例的消色物体表面，消色指的是黑、白、灰，它们的形成是：当光源投射到消色物体表面之后，物体表面由于反光率的不同，而同时等量的反射三种原色光（如图 4-2C 所示），就出现了不同程度的明

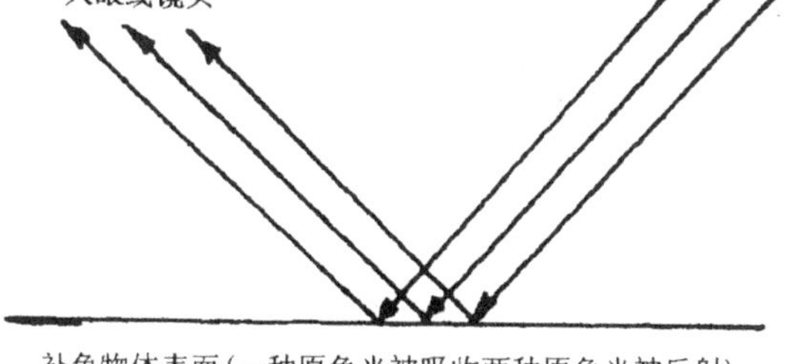

补色物体表面(一种原色光被吸收两种原色光被反射)

◁图 4-2C 消色物体表面▷

暗变化。

各种颜色的明暗、深浅，直接受景物反光率的影响。反光率大的颜色明度大，反光率小的颜色则明度小。消色中的白色明度最大，黑色明度最小，不同灰色的明度则在黑色与白色之间。各种不同颜色的明度则在黑色与白色之间。如摄像机中彩条的颜色就是按照明度的高低排列出来的。

3. 光源的类型与质量

目前在拍摄中，应用的光源有两类：自然光与人造光。不同的光源具有不同的发光强度、光谱成分和显色指数。自然光是随着时间、季节及天气条件的变化而改变着光源的质量。人造光（指影视照明光源）是随着光源本身功率的大小，距物体的远近，入射角的变化以及灯具种类等诸多方面而发生明显的变化。以上这些直接影响到物体表面能够接受的照度值的高低。例如同一个物体表面，在色彩不变的情况下，由于光源的发光效率、色温值、显色指数的不同，物体表面也随之出现不同的明亮程度。因此，光源的类型和质量是影响被摄体表面亮度一个重要的因素。

二、亮度测光表的使用

亮度测光表是计量物体表面的反射光量。目前，摄制人员由于采取的制作方式不同，计量方法也有所区别。采用电影制作方式，大多都使用单独测光的手持测光表，如普通型测光表和专用亮度测光表。普通测光表是以计量亮度为主兼量照度。计量亮度时，不需在测光窗口加乳白积光罩，计量受角大都为

30 度角，同标准镜头的视角基本相同。计量时根据光线的强弱用测光表的亮暗档，当光线较强时，采用高级档，光线较弱时，使用暗级档，以免损坏测光表的光电池。由于亮度计量是计量物体的反射光，计量测光表受角所包括的景物亮度，因此，在实拍中要尽量做到测光表的计量受角与镜头的视角相一致。如果计量的范围超出镜头所拍摄的范围，就会造成曝光不准。另外，由于这类测光表的受角较大，计量的亮度值是画面的平均亮度值，不代表某一景物亮度的局部。因此拍摄中还要考虑景物的亮度分布，有目的地照顾画面中主体物的亮度，并以主体物的亮度值确定曝光。只有这样，才能使计量结果符合画面效果，并且能够得到较好的体现。

另外一种亮度测光表就是专门用来计量亮度用的窄角测光表，如前面所列举的索利格光点测光表，计量受角为 1 度角。它的最大特点是避免了普通型亮度测光表因计量受角过大影响了对被摄对象的准确控制。它可以对被摄对象进行局部计量，直接指向主体物，计量出它的实际亮度值，以此做为确定曝光组合的依据。在摄影实践中，还会经常遇到一些景物亮度间距较大的场景，感光材料的宽容度容纳不了大范围的亮度差，这时如用普通型测光表计量，就可能形成不是创作者主观预期表现的效果。因为这一亮度值是平均亮度值，不能代表主体物的亮度或者不是创作者想要表现的那一亮度范围。这时，如果采用 1 度角测光表，就可以对被摄体进行分别计量。根据景物间的亮度差有目的地进行调整，或直接按照创作者主观要表现的区域亮度确定曝光。这样既可以照顾到主体物有较好的表现，又不致于使其他景物失去应有的层次。

需要说明的是，这种测光表只能用来计量景物的亮度值，不能用它计量照度。

在电视摄制中，采用的是另一种创作方式，就是用摄录设备去表现各种景物。如果使用摄像机拍摄，外用测光表也就无用武之地了；因为现在使用的所有摄像机，都装有 TTL（晶体管——晶体管逻辑电路）通过镜头内测光机构，这种测光系统全部为亮度计量方式。摄像机是根据所摄画面的平均亮度值自动调整曝光量。场景中的景物亮度低时，自动光圈相应开大；反之，景物的亮度较高时，自动光圈会随着亮度的变化逐渐缩小。需要注意的是，摄像管能够承受的景物亮度差是有限的，这个范围远远小于自然界中景物的亮度范围。当景物亮度在摄像机允许的动态范围内时，它们可以在画面中按相对比例再现出来；如果场景照度不足，画面则会产生杂波或拖尾。当场景照度过高时，超出摄像管允许的最高亮度，画面中景物的细部混为一片。为了使摄像机可以正常工作，只需根据景物的亮度变化，调整镜头光圈的大小，保持合适的进光量，得到规定的输出信号强度，实现画面的正确曝光。

自动光圈在摄像中优点很多，但是由于它反映出的是整个画面中的平均亮度，因此，在很多情况下会造成不良效果。如被摄主体在大面积亮或暗的背景包围中，当采用自动光圈拍摄时，就会明显地造成主体物曝光不足或过度。因为摄像管对白光或亮面极其敏感，对黑色和暗面又反应迟钝，所以会造成画面曝光不准。遇到这种情况，必须采用手控光圈，具体做法可以先使用自动光圈计量景物的平均亮度值，之后再把自动光圈开关拨到手控位置，再根据景物的亮度分布和主体物的亮度进行修正，按修正后的亮度值利用手控光圈拍摄，使被摄主体在画面中既有较高的技术质量，又能按艺术效果的要求，得到满意的再现。

三、亮度计量的测光方法

亮度计量需要根据物体的不同情况，采用不同的测量方法，以便使画面内容达到准确的曝光。

1. 机位测量法

机位测量法，就是在机器的位置把测光表或摄像机的镜头直接对准被摄体进行计量。这种计量方法多用于远全景的表现，因为远全景画面都包括较大的范围，注重表现景物的规模、气势，对景物的细部要求不十分严格。因此，按机位计量所得到的平均亮度值确定曝光，适合于表现较大范围的景物亮度，特别是当景物亮度分布较为均匀或亮度间距不大时，采用机位计量能更有效的使景物在画面中得到较理想的效果。但是，实际拍摄中会遇到一些特殊的情况，景物亮度分布不均匀或亮度间距过大等场景，这时就需要根据主题的要求和创作意图进行有目的地曝光。

在拍摄黎明或晚霞时，由于此时景物的亮度特点是反差大，暗部层次少，景物细部分辨不清，天空部分有较丰富的影调和色调变化，地面景物平均亮度偏低。当拍摄的画面有这两部分存在，既有很暗的地面景物，也有明亮的天空（或太阳），如果按机位测光所显示的平均亮度值定光就会造成不是天空（或太阳）曝光过度，就是地面景物死黑一片的情况，画面中的景物不能得到很好的体现。如果在太阳不刺眼的情况下，直接按平均亮度定光，画面中的太阳就容易曝光过度。为了使太阳在画面中形成较好的效果，就需要在机位量光的基础上进行修正，按照太阳的亮度或太阳周围的天空光确定曝光，才可能得到满意的效果。

应当指出，拍摄日出日落或早晚霞时，不宜按照度确定曝光。实拍中为了更好地利用机位测量法使被摄体形成较好的画面效果，除上面谈到的早霞、晚霞之外，对外景中亮度间距较大或较小的景物，也应考虑各景物间的亮度变化。如景物亮度间距较大的雪景、逆光景物等，以及亮度间距较小的阴雨天景物，都应根据具体情况，在机位量光后进行分析、判断并调整画面的亮度平衡，以实现准确地控制曝光。

2. 近测景物亮度法

近测景物，是把测光表靠近被摄对象局部或利用摄像机的变焦距镜头的长焦位置，缩小视角范围，计量被摄体的局部，并根据这一亮度值确定曝光。在拍摄特写、中近景，甚至某些全景画面时，都要注意近测景物亮度。因为近测景物亮度既有利于局部亮度的准确控制，又便于控制整个画面的影调。

采用近测时，会遇到一系列完全不同的亮度值，在这种情况下，就要注意基准亮度的选择，既不能以景物中的最高亮度也不能以景物中的最低亮度值确定曝光，而多采用以景物中的中级反光率物体的亮度（人脸反光率 30%）作为确定曝光的依据。这种测量方法，可以避免机位量光带来的种种不足。因为近景画面注重细部层次、质感和色彩的再现，曝光要求严，多以人脸亮度值确定曝光。某些特殊的全景画面如景物的亮度分布不均匀，较暗的局部主体被明亮的背景包围着，假如使用的是摄像机，为了使暗主体得到正确的再现，就应该首先利用长焦距镜头通过内测光系统提供一个相应的曝光量，并以此为曝光依据。如果所摄画面需全景表现，也可以采用以上方法来测光，然后关掉自动光圈，拨到手控光圈的位置，再恢复到全景主别进行拍摄，以保证主体物的再现。

另外，在拍摄静物时，如工艺美术品、玻璃器皿、陶瓷制品、食品饮料及产品零件等等，这些物品由于表面精细，创作中多用于近景，特写来表现它们的质感、色彩、立体感。拍摄时要想很好地去表现它们，关键是合理的用光，如正确的曝光、以背景衬托等，拍摄表面粗糙的物体，宜采用直射光照明；拍摄表面平滑细腻的物体，最好采用漫射柔和光；而拍摄表面透明或半透明的物体，则多采用逆光照明。在正确曝光时，按近测景物亮度法测量物体表面亮度，并按这一亮度值定光，各种景物在画面中都能得到较好的体现。

3. 综合计量法

综合计量法包括两个方面的意思，一方面是指机位测量与近测景物亮度两种测光方法的综合，另一方面是指在现场拍摄中计量景物中的最高亮度值和最低亮度值，然后进行综合分析，根据胶片的宽容度或摄像机允许的动态范围，对景物亮度进行调整、平衡，选出合适的亮度值确定曝光。这种方法能最大限度地把被摄对象明暗各部分的影调，控制在有效的宽容度范围之内，使景物表现出丰富的影调层次。

四、曝光应注意的技术问题

电视摄制中采取各种技术手段进行曝光控制，其目的是为了完成画面造型要求和取得艺术效果，创造符合表达主题的画面。要使景物按拍摄者的主观意志表现在画面中，拍摄时还应注意与曝光有关的几个技术问题。

1. 摄像机灵敏度的调整

摄像机的灵敏度是指在镜头光圈大小一定时，获得规定的信号电平幅度所需要的照度。所需的照度值越低，灵敏度越高；反之，灵敏度越低。目前，检测摄像机所用的标准光源，色温值为3 000K～3 200K，照度值为2 000勒克司；根据这一光源测定，一般摄像机的灵敏度为2 000勒克司，光圈F值为f/4～4.5，相当于电影胶片的感光度ASA100～160。新型摄像机，如索尼公司生产的DXC－537P，灵敏度达到2 000勒克司，光圈F值为f/8，相当于电影胶片的感光度ASA400。其最低照度值为当“增益”调到＋18dB时，光圈F值为f/1.8，只需15勒克司的照度值。

摄像机灵敏度的调整，是在照度不能满足正常曝光时，通常采用提高“增益”的方法以解决曝光不足的问题（“增益”，在无线电术语中指对信号的放大量。单位为分贝，用dB来表示)。就是说当照度不足时，利用增益，把现有亮度信号进行放大处理，使图像能基本上还原被摄体。但是应注意，提高“增益”会使图像中杂波干扰加大，从而降低了画面的技术质量。因此，在拍摄中不是特殊情况一般不调整灵敏度。如果改变了摄像机的灵敏度，还应注意重调白平衡。

2. 摄像机取景器中的曝光显示

摄像机上的取景器，也称寻像器。它是用小型显像管显示图像。被摄体的曝光量（即图像电平）用叠斑纹等记号来表示。有的叠加25％或100％斑纹的显示，表明被摄体的主光面曝光量适合拍摄。有的取景器用数字显示图像电平的大小，还有其他显示方式。不论怎样显示，摄像人员是通过观察取景器的图像电平来确定光圈大小的，以得到合适的曝光。

取景器作为一种取景和显示曝光的装置，它的亮度和对比度旋钮要根据现场景物的明暗变化，随时进行调整，使它处在最合适的位置，以达到准确地控制曝光。但应注意，取景器所起到的是间接控制曝光的作用，不能把取景器的亮度与摄像机的曝光混同，以免造成图像的曝光过度或不足，影响画面反差和影调。

3. 彩色监示器与曝光

拍摄时使用的彩色监示器，是用以监示图像质量和造型效果的工具。标准监示器是用彩条来调整的。因为监示器本身质量的高低，对画面的白平衡、亮度、对比度、彩色还原和色调的形成都有一定的影响。所以作为标准监示器不能随意变动，以免影响画面的影调、色调。另外应注意，在拍摄高质量的节目时，不能以图像尺寸较小的监示器作为曝光控制的依据。

思考题

1. 什么是亮度？什么是亮度计量？
2. 亮度计量有哪些优点？有哪些不足？
3. 影响被摄体表面亮度的因素有哪些？
4. 亮度计量有几种量光方法？
5. 摄影摄像中自动光圈、手动光圈如何运用？

第五章　摄影摄像中的曝光控制

通过前面内容的论述，对如何准确地控制曝光和利用不同的测光工具，进行照度、亮度计量有了一个初步的认识和掌握。明确了景物与景物之间的亮度差别，并根据景物间的亮度差，进行调整和有目的地控制，以保证画面的准确曝光。

这里则着重探讨，在节目制作中，摄影摄像人员如何把现实中存在的千变万化的景物，依据表现意图、造型任务和气氛要求，进而使其产生具有造型表现力和艺术感染力的画面效果，及怎样在实际拍摄中了解景物的亮度变化。

景物亮度是指，在一定的照明条件下和观察角度上所见景物的明亮程度。在画面中，一定的景物亮度表现为相应的明暗影调，这是在技术上的意义；但更重要的是在艺术上，景物亮度所形成的画面影调、色调及其内涵。当了解了各种不同的景物亮度之后，在创作中，摄制人员还必须结合所使用的感光材料的宽容度和摄录设备的性能指标，根据感光材料的宽容度和摄像机中摄像管允许容纳的动态范围，调整景物的亮度分布，通过选择景物、光线、安排照明，控制景物的亮度范围，以便使画面的亮度得到平衡。

一、画面的亮度平衡与曝光

所谓画面的亮度平衡，指的是在拍摄过程中按技术和艺术创作的要求，在感光材料的宽容度或摄像管有效的动态范围之内，把景物的亮度范围（又称亮度间距）恰到好处地容纳在图像中，使景物亮度得到较好的体现。

在自然光条件下，景物的最高亮度与最低亮度的差距是很大的，最高可达上万倍。据有关材料统计，普通景物的平均亮度范围约为160∶1，而现在用于再现景物亮度变化的电影胶片和磁性录像带记录的能力却是有限度的。现代电影胶片能够按正比例关系记录景物的亮度范围为128∶1；电视摄录设备能按正比例关系记录的亮度范围，通常只有30∶1。从上述几个数字关系可以看出，胶片或摄像机对自然景物的亮度范围只能做到有限的记录，而难以全部还原。

在电视节目制作中，由于节目内容无所不包，创作领域极其广泛，景物变化非常复杂，随着季节、时间、气候条件和光源类型等变化，景物以不同的明暗、不同的颜色呈现在人们眼前。当我们把各种景物以不同的表现形式重新组合在画面中时，便构成了景物间的明暗对比和色调对比。这些不同的景物、亮度，在画面中要想表现出相应的明暗影调，直接受到感光材料（胶片）的宽容度和摄录设备允许容纳的动态范围的限制。当景物的亮度范围超出胶片或摄录设备允许记录的有效范围时，景物就不可能在画面中全部得到再现，有一部分景物在画面中不是曝光过度，就是曝光不足，失去正常的影调层次和质感。反之，当景物亮度范围较小时，画面影调则显得平淡，缺乏质感，失去物体的真实面貌。因此，在曝光控制过程中，为了使画面中景物的亮度范围容纳在胶片或摄录设备允许的范围之内，就必须进行画面的亮度平衡。因为亮度平衡的好坏，直接影响到画面中景物亮部与暗部的影调层次及色彩还原，也决定着画面的技术质量和造型艺术。

二、宽容度的掌握

宽容度的含义是指，拍摄中使用的感光材料或摄录设备能按比例记录景物亮度范围的能力。景物间的亮度差能否在画面中正确反映出来，与感光材料的宽容度或摄像管有效的动态范围大小密切相关。

在电视节目制作中，当使用摄影机、感光材料来记录和表现各种景物亮度时，实际拍摄人员是通过控制曝光量，使不同的景物亮度在感光材料上形成一定的密度差。感光材料的密度大小是由曝光量的多少（或景物亮度的明暗）决定的。景物亮度高需要的曝光量就大，在感光材料的相应位置上形成的密度也大；反之，则小。摄影曝光的基本任务就是要表现好这些差别。

在实际拍摄中，一般将不同的景物亮度与感光材料形成的密度之间的关系用一条曲线表示出来，这条曲线就是感光材料通过曝光之后对景物亮度的反映。如果把被摄景物的亮度用横坐标表示，把曝光之后形成的密度用纵坐标表示，然后把两者的关系用一条曲线连接起来，就是感光材料的特性曲线。如图 5－1 所示。

从图 5－1 可以看出，感光材料的特性曲线分为三部分，

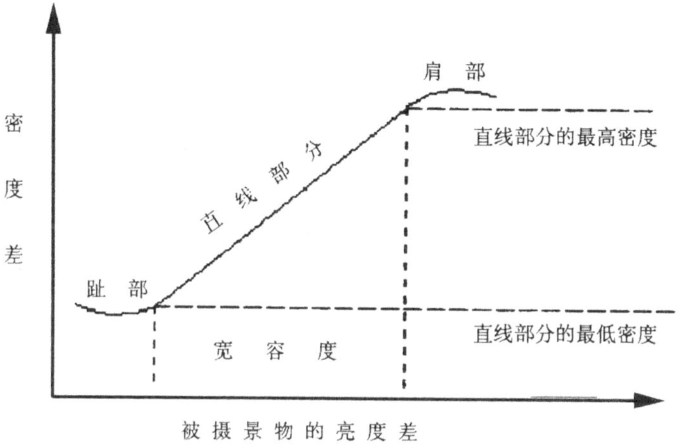

◁图 5－1 感光材料的特性曲线▷

即趾部、直线部、肩部。在特性曲线中，直线部分密度差在横坐标上的投影，就是该胶片正确反映景物亮度差的范围。直线部分的最高点就是曝光时允许容纳的最高亮度，直线部分的最低点就是曝光时允许容纳的最低亮度。感光材料宽容度的大小，除取决于直线部分的长短之外，还受特性曲线斜率的影响。在曲线直线部分长短不变时，斜率愈高，宽容度愈小；反之，则宽容度愈大。如前文所说，目前电影制作中使用的胶片能够按正比例关系记录景物的亮度范围是 128∶1，亮度级差 7 级。在实际拍摄中，如果把胶片的宽容度与曝光控制结合起来考虑，当基准亮度确定之后，其他景物亮度与基准亮度之间的关系也相应地被确定下来。

另一种制作方式，是使用电视摄录设备记录景物亮度。景物通过摄像机镜头聚焦在摄像管靶面上。靶面是一种光导电材料，它能按照景物的亮暗程度变成一幅电子图像。亮处电荷多，暗处电荷少，在摄像管内产生一个很细的电子束流，它在靶面的内侧一行一行地从左到右、从上到下反复地连续扫描，每接触靶面一点时，就将其电荷变成电流，电流的大小与该点电荷量成正比，这样，在摄像管的输出端就会得到随着画面内容变化的信号电流，将它变成信号电压，就形成了图像信号，也叫视频信号。

在视频信号中，一定的景物亮度表现为相应的明暗影调，而景物的亮度范围又直接受摄像管所能应付的亮度范围的制约。如来自景物亮度中最高的任何一点，当它超出视频信号所规定的范围时，图像就会出现曝光过度，被白电平切割，呈现一片白而无层次；若来自景物亮度中最低的任何一点，达不到视频信号规定的范围时，图像就会造成曝光不足，被黑电平切割，出现一片漆黑而没有任何层次。因此，只有当景物的亮度范围被容纳在记录范围之内时，景物的亮度才能按正比例的关系被表现出来。

如果我们把摄像管光导电的曝光情况，像表示电影胶片的特性曲线那样，也用一条曲线来表示，把摄像管现实的最大曲率处（正常曝光的上限幅）比作为电影胶片特性曲线直线部分的最高点，把摄像管规定的正常曝光所规定的下限幅（曲线趾部）比作特性曲线直线部分的最低点，如图 5－2 所示。

从图 5－2 看出，被摄体的亮度只有在曲线最大曲率处与曲线趾部之间的直线部分时，才能与摄像管形成的视频信号成正比例关系；当景物的亮度超过视频信号强度的上限幅电平时，被白电平切割。由于曲线没有平缓弯曲的部分，所以造成高亮度景物突然表现为一片空白。而当景物的亮度达不到视频信号强度的下限幅电平时，又由于摄像管的曲线趾部没有渐暗的变化过程，所有景物又会出现突然黑成一片的情况。另外，

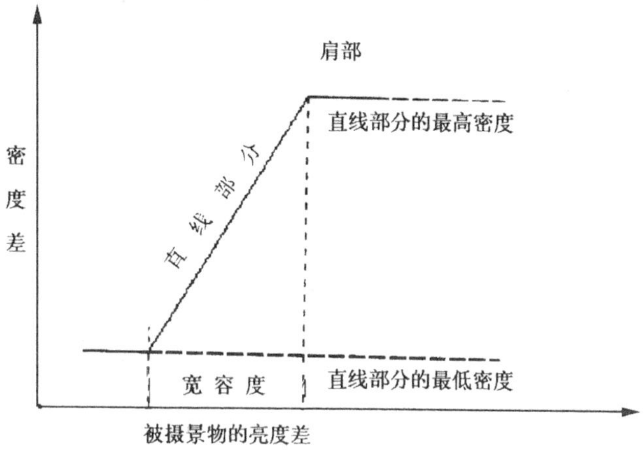

◁图 5-2 光导材料的特性曲线▷

摄像管的曝光曲线的直线部分没有很大的斜率，所以摄像管允许容纳的景物亮度范围远远小于电影胶片允许容纳的亮度范围，宽容度很小。目前一般的摄像机可以把 1∶30 的景物亮度差再现出来，最新生产的高质量的摄像机，虽然灵敏度有较大的提高，增强了对景物亮度的适应能力，扩大了动态范围，但是，能按比例正确反映景物亮度范围的本领也不过为 1∶40 或 1∶50。从这个意义上讲，摄像中曝光控制不是简单容易了，而是难度更大了，这就需要我们在实际拍摄中，根据电视摄录设备对景物亮度的适应情况，对景物亮度进行分析判断。然后，采用各种技术手段平衡画面的亮度，以便使景物在画面中得到最好的体现。

了解和掌握了感光材料的宽容度，摄像机的摄像管正确记录景物亮度范围的能力，其主要目的是使大家明确：只有把不同的景物亮度容纳在允许记录的范围之内，被摄体的层次、质感、色彩还原等才能获得很好的表现，使画面达到最佳的效果。

三、摄影摄像中如何控制画面曝光

在电视节目制作过程中，摄影摄像人员面对自然界复杂多变的景物亮度和摄录设备能够正确记录景物亮度范围的能力，在控制画面曝光时，会常常遇到以下三种情况：一种是景物的亮度范围，远远超出了感光材料和摄像管光电靶面能够记录的有效范围；另一种是景物的亮度范围，同感光材料或摄像管光电靶面允许记录的有效范围相等；第三种是景物的亮度范围小于感光材料或摄像管光电靶面允许记录的有效范围。从以上三种情况看，控制曝光的技术手段应有所不同，下面分别进行论述。

(1) 当自然界中景物的亮度范围超过了感光材料和摄像管光电靶面允许容纳的亮度范围时，应根据节目内容的创作意图、表现形式和气氛要求，对景物亮度进行有目的地取舍。具体可采取三部曝光法，即中间曝光法、亮部曝光法、暗部曝光法。三部曝光法也称为区域曝光法。运用这种方法控制画面曝光或根据创作需要压缩景物亮度范围，使尽量多的景物亮度容纳在允许记录的范围内。不论采用哪种方法，曝光控制的关键是基准亮度的选择。因为基准亮度是确定曝光组合时依据的亮度值。基准亮度通过曝光之后在画面中形成最佳效果。在正常情况下，如果采用亮度计量的方法确定画面曝光，基准亮度为不同照明条件下人脸的亮度值。以照度值确定曝光时，多用反光率 18% 或 30% 的物体为基准。基准亮度选择的准确与否，直接关系到被摄物体在画面中表现的好坏。

譬如，景物的亮度范围达到 1:4 000，亮度级差大约为 11

级。前面我们讲过，感光材料亮度级差为7级，而摄像管光电靶面亮度级差只有5级。如图所示。

1	2	3	4	5	6	7	8	9	10	11

自然光的亮度范围 1:4 000　　11级

1	2	3	4	5	6	7

胶片能容纳的景物亮度范围 1:128　　7级

1	2	3	4	5

摄像机允许容纳的景物亮度范围 1:30　　5级

遇到上述情况就需根据主题和造型的要求，进行有目的地取舍，被选取的景物亮度就能形成较好的效果。而没有被选取的其他景物亮度在画面中就表现得不好，造成亮处没有层次，暗处没有细部。如果把基准点对准景物亮度6时，感光材料就可以记录下从3～9的景物亮度范围，而摄像机的光电靶面就可以正确反映4～8级的景物亮度范围。这时景物的中间亮度得到了正确体现，舍掉了景物中的高亮度（10～11或9～11）与低亮度（1～2或1～3）部分的层次。这种方法为舍两头取中间，即中间曝光法。同样的方法，当把基准点对准的景物亮度向高亮度部分移动，如基准点4对准景物亮度范围中的高亮度9时，被摄物体中较高亮度部分（6～11）得到较好的体现，而大部分景物的暗部（1～5）亮度却表现不好。这种舍暗部层次表现高亮度层次的方法，称为亮部曝光法。反之，若把基准点的选择向低亮度部位偏移，造成舍掉高亮度部分取暗部亮度为表现对象，称为暗部曝光法。

在实际拍摄中，上述情况常常遇到。景物亮度范围过大，超过了感光材料或摄像机允许容纳的有效范围，这时，摄制创作人员必须作出决定，是损失一些高亮度部分的景物，使较暗的景物亮度得到丰富的层次，还是损失一些暗部的亮度，让高亮度部位得到充分的体现，或者是把部分高亮度和部分低亮度景物都舍掉一些，确保中间各部分的景物亮度影调丰富，以实现有目的地控制，进而达到主观创作意图符合节目内容的需要。

在外景拍摄中，基本上以阳光和天空散射光来照明景物和人物，它的亮度范围高达上万倍，平均约为160∶1。这个亮度范围，用电影胶片来控制，难度并不大，而运用摄像机且不加任何控制地进行拍摄，其场景中的主要对象在远全景画面中，还能说得过去，但当把它们表现在中近景画面中时，如果照顾主体的较亮部分，使其层次、质感有所表现，其暗部层次细节便难以得到较好的体现；反之，照顾了暗部，较亮部分则造成严重曝光过度，白成一片。但需要说明，对景物亮度不进行任何处理，在曝光控制中不是不能进行，而是要根据创作者的拍摄意图，有目的地使亮部或暗部在画面中得到较好的影调。这是采用三部曝光的目的所在。

在实景拍摄中，如果人物站在门窗前面，背景是室外自然光照明的景物，两者的亮度间距非常大，这时，在不加辅助光进行补光时，拍摄中若以人脸亮度做为确定曝光的依据，背景就会严重曝光过度，白成一片；如果不考虑室内较暗的人脸亮度，而以较明亮的背景确定曝光，那么人物在画面中则变成完全的剪影效果。对于以上两种结果，只要是按创作者的主观意图去控制，而且在画面中达到了创作者要想实现的画面效果，曝光控制就是正确的。

高调画面和低调画面的拍摄也是如此。在曝光控制中为了实现高调或低调效果，根据景物亮度选择基准点时应采用不同的方法。在拍摄高调画面时，大量采用中性灰到白的色调，伴有少量暗色调的景物。为了使画面影调明朗、纯洁、高雅，在确定曝光时，往往选择中级亮度偏低的部分作为订光依据。目的是让高亮度的景物曝光过度，突出局部暗色调，使它成为画面的视觉中心。在拍摄低调画面时，为了使画面有肃穆、凝重的感觉，有一定的力度，其画面中大部分景物应是深暗的影调，只能有少量的亮景物出现，因此亮度间距较大，为使画面富有生气，在确定曝光时，往往采用基准点上移，以画面中偏亮的部分订光，加强画面的暗调效果。

类似上述情况，在拍摄实践中还有很多。在确定曝光时，都是采用改变基准亮度值的方法，来达到有目的地控制。但应当指出：使用摄像机进行拍摄时，为了使不同的景物亮度在画面中达到主观的表现，除特殊情况外，则应关掉“自动光圈”而改用“手控光圈”，只有这样，才能得到满意的画面效果。

在拍摄中，有时需要把较大的景物亮度范围尽量多地容纳在有效宽容度范围之内。遇到这类情况，在曝光控制中应采取必要的手段，压缩景物的亮度间距。具体做法是，在外景自然光条件下，由于光源本身不易控制，只能对被摄景物进行必要的调整，所以经常采用提高暗部亮度或压低高亮度部位的方法，使景物的亮度间距减小，以便使更多的景物在画面中都具有一定的层次。譬如，在室外拍摄逆光人物肖像，光线在人物背后照射过来，形成较大的高亮度轮廓，而人脸则处于阴影之中，二者之间的亮度间距过大；如果直接拍摄，就很容易造成人脸过暗而失去层次。为了使逆光人像在画面中获得丰富的影调层次，应采用补光的办法，以提高人脸的亮度值，然后以人脸亮度确定曝光，使景物中的亮暗部分都容纳在有效范围之内，进而达到最大限度地利用宽容度再现景物亮度的目的。

在室内人工光照明条件下，各种灯具都控制在制作人员手中。实拍中为了得到画面的亮度平衡，通常是改变辅助光，为阴影部位提供适当的照明，以此提高暗部影像的造型表现力。当被摄体的亮度间距过大或过小时，都可以采用改变辅助光的照明强度来控制画面反差。

（2）当景物的亮度范围，与感光材料或摄像管光电靶面允许记录的亮度范围相等时，如果出现上述情况，在曝光控制中，常采用按高亮度和低亮度两者的中间值确定曝光。只有这样，景物中的亮暗变化才能恰到好处地被容纳在有效范围之内，得到丰富的影调效果。不然，就会因基准亮度的上下移动，造成增一分则高亮度部分曝光过度，减一分则会损失暗部层次后果。但是在某些特殊情况下，如大面积亮背景中存在着局部亮主体，这种场景从计量各个局部亮度来看，景物的亮度范围没有超出感光材料或摄像管光电靶面允许记录的有效范围，这时，如果还是按两个亮度的中间值或按画面中景物的平均亮度值来确定曝光。就会造成主体物在画面中曝光不足或曝光过度。为了使主体物得到满意的效果，在对景物亮度分析之后，应按画面中主体物的亮度值确定曝光。使用摄像机拍摄这种场景时，应该先用“自动光圈”初测各局部亮度，然后，采用“手控光圈”按局部主体的亮度确定最佳曝光量。这样就不会因使用“自动光圈”，而使主体物出现曝光不准的现象。

（3）景物的亮度范围小于感光材料或摄像光电靶面允许容纳的有效范围。这时对控制画面曝光来讲就会相对容易些，因景物亮度范围不大，确定曝光的亮度值不十分严格，选择高一点低一点都不会影响景物在画面中的表现。但是，如果景物的亮度范围过小，拍摄时又失于调整，就会造成画面平淡，严重的还会出现整个画面没有反差，层次不清，灰蒙蒙一片。

在实际拍摄中，如遇阴天、雾天或场景照明偏低时的景物，要想使画面不平淡，形成一定的反差，拍摄时就要注意加大景物的亮度间距，尽量选择具有丰富的影调变化和色调变化的景物，让景物本身形成一定的亮度间距，或者是对景物进行合理的明暗搭配或局部调整；如果拍摄条件允许，可以有意放置部分亮或暗的景物，利用景物间的明暗、色调对比，改善画面的反差，以实现扩大景物亮度得到反差适中的画面效果。

总之，在摄影创作中，曝光控制不仅是一个技术问题，曝光的正确与否要根据创作意图和造型任务而定。从技术角度讲，当画面曝光正确，但未能达到艺术气氛的要求时，也不能称之为一幅好画面。曝光应该是技术和艺术的结合，两者不应偏废。假如不这样有目的地控制，就会出现尽管在艺术上有一些美妙的构思，也会因曝光上的差错而使画面效果失败。画面的影调、色调没有特色，也就不能增加画面的艺术感染力。所以在拍摄时必须熟知曝光的技术，掌握胶片或电视摄录设备的基本性能，并根据被摄对象的具体情况，进行必要的曝光调整，以实现曝光的准确控制。

思考题

1. 什么是基准亮度？什么是基准点？
2. 基准亮度如何选择？
3. 什么是亮度平衡？什么是亮度间距？
4. 摄影摄像中如何控制画面的亮度平衡？

第六章 如何拍摄不同条件下的景物

一、如何拍好不同景别的画面

画面景别，是指被摄主体画面形象在影视屏幕框架结构中所呈现出的大小和范围。决定一个画面景别大小的因素有两个方面：即摄影机（摄像机）和被摄体之间的实际距离及摄影镜头的焦距长短。在拍摄角度不变的前提下，拍摄距离的改变可使画面形象的大小产生改变。距离接近则影像放大，景别变小；反之，则景别变大。另一方面，在摄影机（摄像机）与被摄主体之间的距离不变，利用改变摄影镜头的焦距来实现画面景别的变化，规律是摄影镜头的焦距越长，画面景别越小；反之，画面景别越大。

景别的划分：在理论上，景别的划分并没有一个科学的定义，它只表达一个概念。其原因就是衡量画面景别的标准不一致。有的以被摄主体在画面中所占的比例大小为标准，凡表现主体全貌的即为全景；有的以不同景别所具有的结构方式为标准，凡表现一个相对完整的事物或一个相互紧密联系的事物整体即为全景；也有以成年人的身体为标准尺度，以画面中表现出的截取人体部位某一范围来划分景别。目前，多数人同意用成年人的身体作为划分景别的标准，影视界根据这一标准，把景别分为五级，即远景、全景、中近、近景、特写。

不同画面景别，其表现的内容不同，景别的功能也不同。“远取其势，近取其神”是对景别功能的高度概括。

1. 中、近景画面的拍摄

中近景画面的特点是：景别小，内容少，景物的亮度变化不复杂。这类画面所强调的是：景物的细部层次、表面质感、色彩还原，以及神情的表达。中景画面则是利用表现人与人之间、人与物之间的关系，揭示人物的内心活动。

拍摄中近景画面，经常采用以下几种量光方法。

近测量光的方法。当拍摄的主体是人物时，一般按人脸的亮度值确定曝光，使人物在画面中有较好的表现。见彩图6－1《近景人像》。当拍摄其他物体时，应根据创作意图，准确地控制画面的曝光。如果要使景物在画面中形成最佳效果，拍摄时不论景物表面反光率高低，通常是按主体物的表面亮度确定曝光，使其形成中级密度。如果要将景物在画面中得到客观的再现，那么，拍摄该物体时多采用照度计量的方法，以该物体实际接受的照度值，确定曝光。这样处理，以保证中级亮度的景物在画面中形成最佳效果。

在拍摄近景或中景时，也可以从曝光测定开始就采用按照度布光的方法，即布环境光和人物光时，按人物照度来控制整个画面的照明平衡（画面影调则可以采取调配景物色彩与反光率的方法来加以控制），并且以主要人物所接受的照度作为定光的依据，使这一照度值在底片上形成中级密度。这在一般情况下是允许的，但要符合气氛的要求。

结合画面内容、气氛的要求，或者是为了说明时间、环境的变化，有时一方面要对整个环境的照明作某些调整，在光线处理上作必要的渲染，另一方面也可以在曝光控制上来突出主题。譬如，事件发生在黄昏，或者要说明黄昏日落这一时间特征，则可以既注意画面的光量分布，注意有关部分的光比，还可以把人脸控制在低于原定控制方案的亮度值，而仍按原定方案中人脸亮度确定曝光，而表现出黄昏气氛。运用这种方法，也可以表现其他有时间特征的影调气氛。

人脸密度的控制，在电影生产中曾推行过比较死板的技术规范。譬如，不论在任何照度下，不论是白天还是夜晚，也不论是有光源还是没有光源，人在银幕上始终是亮堂堂的，这显然是不符合生活真实与艺术真实的。

随着电视、电影技术水平的提高，随着影视艺术走向真实自然，对人脸密度控制，已经不再看作是脱离整个环境气氛的独立个体，而是在不同照明条件下，随着照度水平的变化，表现出复杂的亮度关系。例如，拍摄街道的场景，要求画面有强烈的大反差，同时又要有光色浓重的影调，这时就要选择有明暗对比的大阴影的街道和景物，人物处理在明暗反差上可能就会有丰富的层次。但当人物进入阴影处则可能成为剪影，如果人物进入阴影处时还使人脸亮度形成基准密度，就失去了实际照明情况的真实效果。

在“特写”画面中，人脸常占据整个画面，所用光效则常常是为了突出人脸的某一局部，这样的画面在曝光上也应采取近测量光法。假如拍摄人眼，这时量光应当以眼睛周围的脸部亮度作为依据，并按照这一亮度值曝光。

也还有另外一种情况，即人脸可能处于画面中近位置，而主题是要说明其他人或这个人所关心的事物。那么在量光、定光上就可以以其他景物为依据，而不依据近景人脸的亮度，可使近侧人脸出现较暗的效果。就是说，在拍摄带有前景的人物时，画面中的主体是前景人物，就按主体的亮度值确定曝光，使前景人脸略暗，而主体则清晰，层次丰富。

拍摄工艺美术品，由于产品的表面精细，所以摄影者多用于近景和特写来表现物体的质感、立体感。就工艺品来讲，其品种繁多，制作材料不同，不同的材料又具有不同的质感特征。如，羽毛画和贝壳画，玉器制品，银器制品，象牙雕刻，玻璃器皿，陶瓷制品和木雕刻等等。材料不同，它们本身的质感截然不同。这些质感特征也就说明了不同工艺品所具有的独自的特点。

摄影中要把这些工艺品的质感、立体感表现好，关键在于拍摄时的用光和曝光。拍摄时用光合理、曝光正确，就会很好地把工艺品的美感表现出来。拍摄表面粗糙的工艺品，宜采用垂直散射光照明，光源照射方向应垂直于被摄体表面。而拍摄透明的工艺美术品，多采用逆光布光，亮面与暗面的光比不要过大，免得失去细部的层次。在拍摄中为了更好地表现出工艺品的质感和立体感，在量光、定光上多采用照度计量，按照度值控制曝光，这样可以充分体现出物体本来的明、暗关系。只有在曝光时，其量光方法合适，被摄对象才能很好地表现出它的质感及正常的色彩还原。如果曝光过度和曝光不足，都会使被摄对象的细部层次受到严重损失。

拍摄中近景画面时，需要注意的问题：

（1）拍摄角度的选择；

（2）光线效果的处理；

（3）景物之间色彩的谐调与搭配；

（4）背景的影调、色调处理；

（5）主体的神情抓取。

2. 远、全景画面的拍摄

拍摄一部故事片、一部电视剧、专题和新闻节目，要根据主题需要向观众交代场景、地点、气势等不同的内容，都常采用大远景或全景表现。全景拍摄的好与坏，直接关系到影片的成败。远景和全景都包括有较大范围，在这一范围内，经常遇到各种各样的不同亮度的景物，且亮度范围较大，阶调、色调丰富，这就给曝光带来了很多问题。

拍摄远景和全景时，要求恰当地再现整个画面的影调、色调，可以不特别强调控制某些局部的密度。因此在量光、定光上，计量范围较大的计量工具比较适用。采用前面我们讲过的机位计量方法或是按照度计量方法，去计量这一较大面积的平均亮度值，并按这一亮度值或照度值确定曝光。见彩图 6－2《蓝色小舟》

机位量光比较方便，同时还可以避免计量方向与拍摄方向的不同对计量与拍摄结果的影响。有些镜头的视角和曝光表的受角比较接近，因此计量范围和拍摄范围也容易接近。机位量光虽然具有上述优点，提供了正确控制全景、远景摄影曝光的必要前提，但是在计量时，应当指出，在曝光测定过程中，以人脸反光率为基准调整了实用感光度后，则计量范围之内的平均亮度就应当接近（反光率为 30％左右）人脸亮度。因此在机位量光时，就应当使计量结果尽量符合上述要求，其中包括适当改变计量方向，调整计量的曝光表的俯仰程度。还应当参考同一照明条件下近测人脸的亮度值来确定曝光。

在机位量光拍远景、全景时，如果没有人物活动，或者画面中人物处在一个侧面或后侧位置，则可以临时安排一个反光率适当的人物正对摄影机，作为计量对象。以便得到一个可以供定光参考的亮度值。在拍摄全景时也可以计量自己的手背来代替人脸亮度或者是计量近似人脸反光率的灰板的亮度，作为确定曝光的参考。

如果机位所计量的亮度值略高于人脸亮度值（即环境比较明亮），为了表现这种明亮效果，可以依据人脸亮度值确定曝光。如果环境特别明亮，机位计量结果显著高于人脸亮度，就应当根据人脸亮度值推旋曝光组合，再参照机位量得的亮度值适当缩小光孔，或按低于机位所量的亮度值确定曝光。以便既得到明亮的效果，又不至于（因按人脸亮度曝光）使整个画面过亮。

电影、电视画面的影调不仅受曝光控制的影响，而且还和整个画面的亮度平衡有很大关系。因此，应当通过调配景物、局部调节照明，安排好整个画面的亮度分布。其中包括对画面中比较明亮、空旷的部位的控制。结合内容适当地利用前景、投影调配一定的景物，以丰富这些部位和整个画面的影调。对画面中大面积过暗的部分，则可以采用增加局部照明，调配一定的明亮物体，或用灯光（反光板）勾划一定的光亮轮廓和处理某种光效，以突破暗成一片的状况。

在全景画面中，当环境和人物亮度差别较大时，要调节人物照明使其与环境亮度平衡，然后根据拍摄主题的要求确定曝光。这样，才能创造出主题更加突出，艺术效果更加完美的画面。

例如：当夏日某晴天上午 11 时，人在树阴下观看江面风景。这时，树阴下的亮度与江面水的波光的亮度差十分悬殊，光比极大。亮度间距远远超过底片有效宽容度所能容纳的亮度范围。这时用两种不同的曝光标准进行选择曝光，可以获得两种不同效果（在没有考虑到画面亮度平衡时）。

按树阴下人物的脸部亮度曝光，计量人脸亮度，并按这一亮度值推旋曝光组合，近景树阴下的人物亮度产生基准密度。由原来底片感光特性曲线的趾部（曝光不足部分）向直线部位偏移。因而近景树阴、人物影调明亮，层次丰富；而中远景江面部分则严重曝光过度，底片感光特性曲线的直线部分向肩部偏移，使底片密度宽不能容纳，江面波光影调严重并级，层次完全丧失。

另一种方法是，用机位测量这一画面范围的亮度值，并按中远景江面的亮度基准推旋曝光组合。同上述道理，江面曝光正确，层次丰富，在感光特性曲线上形成基准亮度。而近景树阴下人物由于曝光不足成为剪影效果。

上述两种量光、定光的选择不同，形成了两种完全不同的艺术效果。前者突出近景人物，后者突出波光。前述两种定光方法在曝光技术上都是可行的，只是根据突出的重点不同，预期的影调效果不同，选择量光、定光的方法也就不同。

上述例子，要想达到两者影调、层次都能控制在底片的有效宽容度之内，把亮度部分和低亮度部分压缩在底片有效亮度范围内，就要采取用调节人物照度使其与环境亮度平衡的方法，这时在按人脸和环境两个亮度的平均值推旋曝光组合，就能把两者均控制在有效的宽容度之内。

二、如何拍好日出、日落前后的景物

外景自然光的变化规律，是宇宙运动的结果，是地球自转运动和自然天体、气象运动的结果。整个地球是在由太阳光和天空反射光组成的自然光的照明下。随着地球的自转运动，不断地改变着太阳光的投射角度，而这一投射角度的变化，则不断地改变着太阳光的照明效果。从而形成了晨曦、日出、上午、中午、下午、傍晚、黄昏、初夜以至深夜。一天光线的变化如图 6－1 所示。

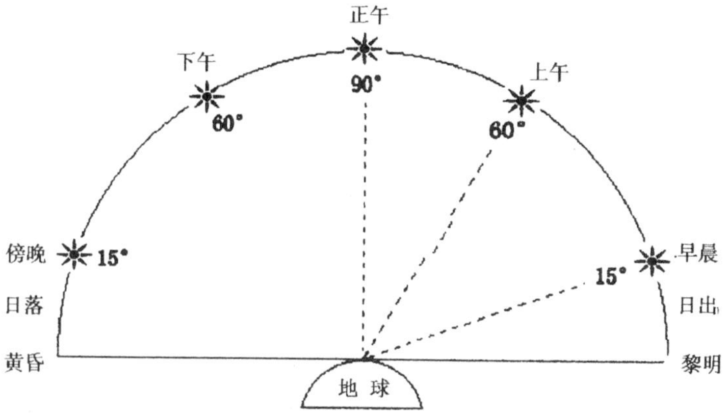

◁ 图 6－1 一天中光线的变化 ▷

从上图可以看出，随着地球的自转运动，太阳处于地球上空的位置不同，因而会由于一天内的时间不同，形成不同的光线效果。从东方发白至日出之前的黎明，从太阳落山到天空未黑时为黄昏；当太阳从地平线升起到 15 度角高度之间为早晨，当太阳从离地面 15 度角的高度到地平线以下为傍晚；当太阳与地平线的夹角由 15 度上升到 60 度角时为上午，当太阳从 60 度角下降至与地平线为夹角 15 度时，为下午；当太阳由上午 60 度角移至下午 60 度角这段时间为中午，当太阳与地面为垂直照明时为一天的正午。

随着地球的自转运动，不断改变着光线的投射方向。可以由顺光变成逆光，或由逆光变成侧光再变成顺光。一天中，太阳由东方升起，然后由西方落下，循环往返。这样，景物的受光面及背光面以及受光面背光面的面积也随之变化。

随着地球的自转运动，光线的性质也发生着变化。由日出前的天空散射光照明到日出后的直射光照明，再由日落前的直射光照明到日落后的散射光照明直至天黑形成无光照明。这一丰富的变化，对摄影造型的影响很大。

随着地球的自转运动，一天中光影的投射方向和光影的长度都会发生明显的变化。随着太阳光投射高度的变化，早晚时光影长，上午、下午光影变短，而正午时光影最短。由于光线投射方向的不断变化，因此，光影的方向也随之变化。

地球的自转运动，也会不同程度地影响着明暗反差，随着光的投射角度的改变，景物的明暗反差也随之发生变化。太阳光的投射角度在0度或0度以下时，是散射光照明，此时靠近地面的天空较亮，正顶天空较暗，地面上景物被微弱的天空散射光照明；普遍亮度较低，缺少细部层次，反差弱。当太阳从地平线升起至15度角的高度或太阳离地面15度角即日落这段时间，由于太阳光的投射角度比较低，各种垂直于地面上的物体被照得明亮，并且形成很大的投影。当空气中有微粒介质时，天边形成晨雾或暮霭，阳光被大量散射，光线较为柔和，景物间的明暗反差也比较弱。随着太阳与地平面的夹角的不断变化，太阳的投射角度扩大，此时太阳的照度增大，阴影部位不能获得足够的散射光，景物明暗反差显著增大。

同样，由于地球的自转运动，太阳光的光谱成分也发生着明显变化。由于太阳光光谱成分的变化，在一定程度上影响到景物的色彩。比较显著的有三个方面：一是日出前和日落后，景物被天空散射光照明，此时的光源色温偏高，光谱成分中有较多的蓝紫光，天空呈浅蓝紫色，景物的色彩受到微弱的浅蓝紫光的影响。二是日出后和日落前短暂的时刻，景物色彩丰富，冷暖对比鲜明。日出后与日落前两个不同时间明显的差异在于景物的色彩感受不同。日落前（傍晚）时，地面景物在一天的日照之后，温度较高，空气中的尘埃和水蒸气较多，对太阳光的反射、折射能力增强，太阳光的光谱成分比日出后的早晨具有更多的橙、红光，因此景物的色彩比日出后的色彩偏暖。而日出后的一段时间，空气比较清新，大气中的悬浮物多为水的微粒组成，此时太阳光的光谱成分中橙、红光也没有落日时那样暖。日出后所摄彩色画面的色调，多为金黄色，而日落前所拍摄的画面效果，景物的色彩多为橙、红色调，这也是由于空气中介质不同，对光的投射、反射的程度不等，色光的纯度有较大区别造成的。三是，夜暮天暗时，由于没有光源照明，景物表面色的特征也逐渐随之失去。

本章着重从上面提到的三个方面，即日出前、日落后这段时间和日出后、日落前及夜暮天黑的两个时间段进行分析。对其他时间太阳光的照明特点和造型效果不再论述。

外景自然光具有极为丰富的光线效果。许多光线效果都是摄影的表现对象，如黎明、黄昏、日出、日落、雪、雨、雾等等。每一种光线都有它的造型效果和审美价值。摄影人员必须根据影视作品的内容和表现形式的要求，在纷杂多样的自然光中进行选择，使画面上的光线造型更富有表现力。

1. 黎明、黄昏的拍摄

黎明和黄昏，这一时段太阳处于地平线以下。此时的光线特点是：由于天空的亮度受太阳位置的影响，距太阳较近的天空就很明亮，距太阳较远的天空则较暗，亮度分布很不均匀。另外，日落后或日出前有余辉，天空有局部的暖色调，而距日落日出较远的天空，已不受余辉的影响，天空呈一定的蓝色调。同时，此刻照明效果的变化非常快，延续的时间不长。地面景物由于得不到阳光的直接照射，平均亮度偏低，暗部没有细部层次，景物间的对比弱、反差小。当画面中有天空出现时，由于此时天空的亮度较高，所以天空与地面景物的亮度间距又容易过大，此时景物在画面中常常被处理成剪影或半剪影的状态。

剪影是利用较为明亮的景物作为背景，将暗色调的主体衬托在亮背景的前面，使暗主体在画面中形成没有影调细节的黑影像。而半剪影的画面效果，拍摄条件与拍摄剪影时基本相同，所不同的就是拍摄半剪影时，景物的亮度范围没有拍剪影时那么大，所摄画面中的暗主体在亮背景的衬托下有最低限度的质感再现；画面效果既能产生明暗对比鲜明的轮廓形态，又能在低亮度的暗调光影中再现物体的细部和人物神态。而剪影的画面效果是明暗对比，这种画面形象的表现力，主要取决于主体的形态、动势、动感和鲜明的轮廓。

利用这一时期光色的特殊效果，当天空出现霞光、彩云时，日出、日落方向的天空会呈暖色调，这时也是拍摄朝霞和晚霞的极好机会。

霞是由于阳光照射接触到地面空气中的尘埃、水滴和气体分子而形成的。拍摄朝霞、晚霞最理想的时间是在太阳露出地面之前和太阳刚刚落入地面之后的暂短时间内。这时，天空稍暗，云彩的边缘却透露出明亮、金黄色的轮廓。有时，也将太阳同时拍摄在带有云霞的画面里，但必须在阳光亮度不高，没有产生光晕现象，或太阳躲在云层中时，所摄画面效果最好。拍摄云霞，如果利用潮湿的地面或江河、湖泊的水面，表现出景物的倒影，将会使画面更加绚丽多彩。

拍摄黎明、黄昏、朝霞或晚霞时，如何控制画面的曝光也是十分重要的。要根据上面论述的此时此刻的亮度特点以及创作者的主观意图来决定画面的曝光。一般来讲，拍摄黎明与黄昏时的风光全景时，由于景物之间的明暗对比较弱，亮度分布较均匀，常依据景物的平均亮度值确定曝光组合。当景物的亮度分布不均匀时，多依据主体物的表面亮度确定曝光。拍摄剪影、半剪影画面时，多以画面中较为明亮的景物确定曝光。见彩图 6－3《日出》。

拍摄各种霞光的曝光控制，一般不要以太阳所在方向的最高天空亮度为依据，要适当兼顾地面比较暗淡的景物亮度，通常以与太阳两侧成 30 度角左右的天空亮度作为确定曝光的依据。其目的是在不影响云霞亮部层次表达的前提下，充分利用感光材料或光导材料的宽容度，使景物的暗部层次也得到一定的表达。

需要注意的是，不要由于过分强调暗部层次的表达，而使画面中的主要部分的云霞曝光过度而失去应有的层次。

2. 日出、日落时的拍摄

旭日东升、夕阳西下，是大自然中最瑰丽的景象，也是影视作品中经常表现的内容。日出、日落时的景色变幻多端、瞬间即逝。

日出、日落，是指太阳直接表现在画面中，刚刚升起或即将西下的太阳就是主要的拍摄对象。这时，景物的亮度特点是太阳本身以及太阳周围的天空很亮，地面景物以及距离太阳较远的天空较暗，自然景物的明暗分布很不均匀，画面上的明暗反差大，暗部层次少，景物细部分辨不清，明亮部分有较清晰的影调层次，这是日出、日落时显著的光线特点之一。除景物明暗之间有较大差别之外，在明亮部分的内部，如天空与初升的太阳或天空与行将西沉的太阳之间也有强烈的反差。因此，拍摄日出、日落时，最重要的是选择适当的拍摄时机。日出时，太阳由地平线升起，渐渐由红变白，随着高度的增加，太阳的亮度也越来越高。拍摄时间太晚，太阳亮度过高，镜头因受到太阳的直接照射，而会在画面中产生光晕。所以，拍日出、日落，一般多在太阳不刺眼时进行，这一时间最为理想，能有利地表现出早晨和傍晚的时间特征。

日出、日落时的另一特点是色调暖。这是由于太阳光照射在地面上，光波通过地球表面的大气层，滤掉了较多的蓝紫光，透过较多的橙红或金黄色光，所以日出、日落时的景物在阳光照射下呈暖色调。

拍摄日出、日落或早霞、晚霞，一般都不宜依据照度确定曝光，只能有选择地计量上述拍摄范围之内的亮度。确定曝光也要根据当时的情况而定，一般情况下，当所摄画面中有光源（太阳）存在时，如果人眼看太阳不刺眼，则为较理想的拍摄时机，可以直接以太阳的表面亮度确定曝光。当太阳的 亮度与周围天空的亮度差别不大，可以依据这一范围内的平均亮度作为确定曝光的依据。见彩图 6－4《黄山日出》。当太阳的亮度偏高时，这时拍摄要慎重。如果要拍摄，则只能以太阳周围天空的亮度作为确定曝光组合的依据，只有这样才既可以恰当地表现天空影调，又能显现出太阳的明亮特点。

根据日出、日落时的光线特点，为了拍好这一光线照射下的景物，摄影人员需要注意以下几点：

（1）日出、日落时光线变化很大，几乎是每分钟光线都有变化，所以拍摄时要根据光线变化的情况，不断测量光值，借以取得正确的曝光。测光时，一般不宜采用照度值确定曝光，只能有选择地计量拍摄范围内的景物亮度。当太阳正位于地平线上的时候，太阳的亮度与周围天空的亮度比较接近，就可以依据太阳的亮度直接确定曝光。这样既能表现好初升的太阳，又能使天空影调不失去层次；只是大面积的地面景物由于亮度偏低、曝光不足而使画面形成剪影或半剪影的效果。如果太阳高出地平线，太阳的亮度显著高于周围天空亮度，则不能直接计量太阳的亮度作为确定曝光的依据，以免造成曝光不足。使用电视摄像机拍摄时，镜头长时间对准太阳，很容易烧坏摄影管（CCD 除外）靶面；这时拍摄，多以太阳周围的天空亮度作为测量对象。

（2）拍摄日出、日落时不能采用自动光圈，而应用手动光圈控制曝光，这是因为日出、日落时太阳的亮度较高，而太阳周围的天空或地面平均亮度偏低，而太阳周围的天空或地面平均亮度偏低，这时由于景物亮度分布不均匀。如果采用自动光圈，按平均亮度确定曝光，会因此造成该画面中占局部亮度的太阳曝光过度，而失去应有的层次。所以应该用手动光圈，按主体物的亮度确定曝光。

（3）控制好画面的色调，拍摄日出、日落时的景物，由于此时光源的色温偏低，景物呈现出暖色调效果。如何使所摄画面的色调偏暖呢？实际拍摄时，应根据感光材料标定的色温值或摄像机的平衡色温值，采用适当的方法达到所需要的暖色调。具体方法有以下几种：

△当使用日光型彩色片此刻拍摄时，由于胶片的平衡色温为 5 500K，而日出、日落时光源的色温为 3 000K 左右，在彩色摄影中，当光源的色温低于彩色片的平衡色温时，画面的色调偏橙红。所以使用日光型彩色片在日出、日落时拍摄，不用加任何滤光片直接拍摄，所摄景物在画面中呈现暖色调效果。

△当使用灯光型彩色片在此刻拍摄时，由于灯光型彩色片

的平衡色温为 3 200K，如果不加滤光片直接拍摄，画面色调没有暖色效果而呈现一般色调。如果想形成暖色调效果，只需拍摄时在镜头上加用校色温雷登 85 滤光片，将光源的色温降低后，所拍摄的日出、日落时的景物在画面中呈现暖色调效果。

△使用电视摄像机拍摄日出、日落时的景物，为了使其在画面中呈现暖色调，可以采用两种方法，一种是在 5 500K 的外景自然光条件下采用 5 600K 的滤光片档正常调整白平衡，之后再拍日出、日落时，摄像机不再调白平衡，利用上述的调白平衡结果直接拍日出、日落时的景物。所摄景物在画面中色调偏暖。另一种方法是在拍摄日出、日落时，按当时太阳的色温选择 1 号滤光片（3 200K）进行正常的白平衡调整。拍摄时不采用 1 号滤光片，而将 3 号滤光片（5 600K）一档搬到镜头后面，再进行拍摄，也可以获得暖色调效果。

(4) 在画面中要想使太阳形象突出，可使用长焦距镜头。因为长焦距镜头压缩空间，可把太阳景物放大。在拍摄中使用测光表计量光值时，要注意镜头视角与测光表计量受角的一致，以免造成曝光失误。当使用通过镜头的内测光的机内测光表时，则可以直接按计量结果控制曝光。

(5) 在拍摄日出、日落时，当太阳作为主体形象处在画面中时，镜头不宜作过于剧烈的运动。特别是镜头的摇和横向移动，以免破坏画面的造型效果。

(6) 拍摄日出、日落时，要处理好地平线。一般说来，不要将地平线置于画面的中心而把画面分割成两半，这不符合审美要求。应根据被摄体的需要，按黄金分割线控制和掌握。拍摄时地面景物最好采用较明亮的河流或明亮的铁轨，打破地面的亮度结构，增强画面的空间感。

(7) 拍摄日出、日落，特别是拍摄剪影或半剪影画面时，要注意地面上的暗主体，不宜与无关紧要的暗背景重叠，以免影响主体物的轮廓再现。

(8) 拍摄日出、日落，要事先掌握太阳升起或降落的具体时间，以及具体的位置。一般说日出于东、而落于西，而实际上太阳只有在春分和秋分这两天（即 3 月 12 日和 9 月 23 日）才是如此。在其他日子里，太阳每天以 1.258 度角的速度在移动，而且移动的方向也有变化。因为日出变化快，所以拍日出前，一定要做好准备。日出持续时间没有日落时间长，日落时，常常是太阳还未到达地平线之前，其云彩效果就出现了，而太阳在落去之后其余辉还会保留一段时间。拍摄日出、日落，一定要抓紧时间，以免失去良机。

在电影、电视剧摄影摄像中，为拍摄好黎明、黄昏时的外景，使同一画面中既表现出较好的天空影调，又恰当地再现地面景物，特别是正确表达人物的活动，并且使上述几个方面在同一画面中有很好的配合。往往是先以某一天天空亮度值作为基础，并根据这一亮度值安排好地面景物与人物照明，控制其亮度。等待黎明、黄昏时急骤变化的天空亮度达到预计的亮度值进行拍摄。为在这一时间内多抢拍几个“镜头”，在拍摄黎明外景时，可以在拍摄第一个镜头之前，先在照明人物的灯前加柔光纸，待到继续拍摄下面的镜头时，天空亮度已经提高，这时取下灯光前的柔光纸，以保持天空亮度与主要人物亮度的明暗反差不变。而在拍摄黄昏外景时，一般是事先准备好柔光纸，在拍摄前面的镜头时不用柔光纸，当天空亮度降低时，为了保持此时天空与人物之间的反差适中，可以把事先准备的柔光纸加在灯光前面，以便延长拍摄时间。上述两种不同场合的拍摄，由于画面中的主体是人物，因此，拍摄时，应按人脸的亮度值确定曝光组合。

应当指出，所谓拍摄日出、日落或早霞、晚霞不宜按照度值确定曝光，是指拍摄画面中没有人物活动的“空镜头”时，如果被摄画面中有人物活动，而人物为画面中的主体时，则应根据具体情况处理。拍摄时，既可以按照度值确定曝光，也可以按某一景物的亮度值确定曝光。

三、雪、雨、雾景的拍摄

我们的祖国，幅员辽阔，四季分明，雪、雨、雾景是一年四季中非常多见的自然现象。每当冬季到来，南方还是一片郁郁葱葱、细雨蒙蒙下个不停时，北方已经是白雪皑皑。在这样多变的自然环境中，发生着各种各样的事情。如何拍好雪天、雨天、雾天条件下的景物，是值得我们注意的一个问题。

1. 雪景的拍摄

雪景有两种，一种是阴天或正在降雪时的雪景，另一种是晴天之后的雪景。两种雪景具有共同的特点是，自身反光率很高，起伏变化不大，其不同点就在于他们不同的照明条件。阴雨天景物被散射光照明，起伏变化小，灰蒙蒙一片，影调平淡，缺少层次；而晴天的雪，由于有阳光的直接照射，在一定条件下，当有其他暗色调的景物介入时，又容易使景物间的亮度范围过大。怎样将这些复杂多变的自然景观记录下来，需要摄影人员对当时的环境和创作意图进行分析后加以控制，从而收到满意的画面效果。

阴天拍摄雪景，尤其应注意尽量多地展现景物本身的阶调层次，以及合理的明暗配置，选择较暗的景物为背景，可以获得较好的画面效果。暗色调的背景与明亮的雪花对比，形成适中的反差，通过对比，使雪花更加突出。如果以亮色调的物体为背景，就会使白色的雪花和明亮的背景混为一色，很难突出雪花。

拍摄漫天飞雪的场景时，如果使用照相机拍摄，快门速度不要太高，一般在 1/60 秒以下为宜，这样可以有意识地使飘落时的雪花在画面中形成一条痕迹，通过这一条条白色斜线，增加画面的动感，更好地烘托气氛。

利用照相机在降雪天拍摄有人物活动的中近景画面时，在注意抓取瞬间的前提下，如条件允许最好能在镜头的上方进行适当的遮挡，以免靠近镜头的雪花形成大面积模糊的影像造成人物面部前一片白的光斑，破坏人物形象的完美。适当进行遮挡，还可以防止雪花沾在镜头上，影响影像的清晰度。

阴雪天拍摄雪景如何控制画面的曝光是值得注意的。为了达到准确控制的目的，首先应对影响曝光的各种因素加以分析，之后根据被摄对象的具体情况和创作者的意图来决定。拍摄雪景时，经常出现的技术问题就是曝光问题。曝光过度，会使画面的雪白花花一片，亮部层次得不到恰当的表现，缺乏雪的质感。如果曝光不足，又会使画面中的雪变得阴沉灰暗，暗部层次受到损失，同样缺乏生气。所以，在拍摄雪景时掌握准确的曝光尤为重要。

拍摄阴雪天条件下的景物，确定曝光的依据，应该采用测光表计量亮度或景物接受的照度。并根据创作意图，确定合适的曝光。一般是，在拍摄远全景画面时，由于景物的亮度分布比较均匀，画面中主体不十分突出，所以多以景物的平均亮度值确定曝光。当拍摄有人物活动的中近景画面时，应以画面中人脸的亮度值确定曝光，这样既可以保证主体人物有较好的表现，又不会使大面积的白雪失去层次。

阴天雪景，由于没有阳光的直接照射，亮度范围不大，景物间的明暗对比弱、反差小，只是白茫茫一片，缺乏光影变化，显得平淡乏味。因此，要拍好阴天条件下的雪，摄影人员在拍摄时，为了表现好雪天的景物，加大景物间的对比，选择拍摄的景物时应尽量选择那些具有丰富的影调变化、色调变化的景物为拍摄对象，利用景物间的明暗对比、色彩对比，加大画面的反差。或者是在有条件时人为地对被摄体进行合理的明暗、颜色搭配，以便构成合理的反差，真实、生动地表现丰富的现实生活。见彩图 6－5《雪景》。

晴天之后拍摄雪景，巧妙地运用光线十分重要。光线作为摄影艺术的表现手段必须认真研究。就拍摄有阳光直射的雪景而言，一般不宜采用顺光或顶光，因为大面积的雪在直射光照射下，反光率很强，景物的亮度极高，如果在顺光或顶光下拍摄，画面会缺乏明暗的对比及应有的层次。所以，拍摄雪景一般多用侧光、侧逆光或逆光，这样，会因光影的变化，景物的受光部分与背光部分及其投影间的明暗对比，而形成合理的反差，表达出雪的质感和丰富的影调层次。

早晚光线斜射，是拍雪景的极好时机。不论是侧光、侧逆光或逆光拍摄，景物均有较长的投影。利用影子可打破画面中雪地空旷、单调的感觉，而平添些生气。早晚光线色温低，地面受光照射的景物色调偏暖，而没有被阳光照射的阴影部分，蓝紫光较多，景物呈冷冷的效果。早晚拍摄还可以利用画面中受光部分与背光部分的冷暖色调，构成鲜明的对比，以增强画面气氛。早晚光线由于天空散射光较弱，景物阴影部分的辅助照明相对减少，因此不宜把连成片的大面积阴影，摄入靠近镜头的前景部位，以免造成画面影调低沉。

在逆光条件下拍摄雪景，一般可不用辅助光。因为冬天的光线比较柔和，雪的反光率较高，所以除早晚外，景物的反差不会太强烈；但拍摄带有人物活动的中、近景时，应对暗部进行适当的辅助照明。利用照明灯具或反光材料提高暗部亮度值，压缩景物的亮度范围，使景物与人物之间得到亮度平衡，只有这样才能得到较好表现。

在白雪覆盖景物的条件下，为了避免远全景画面单调平淡，拍摄时应注意选择和配置适当的前景，一般情况下，比较暗淡的景物宜作前景。这样，在侧光或逆光照射下，它既可以造成景物间的明暗对比，又可以通过前景形成的线条透视或影调透视，增强画面的空间感，加强作品的感染力。在被摄景物中，如果没有天然对象作为合适的前景，可利用人和动物在雪地上留下的脚印，或车轮轧出来的直线、曲线的车辙作前景，以增加画面的美感。有时还可以把观众的视线引向主体或画面深处。在完全没有前景或只有极少前景的情况下，还可以人为地选择一些合乎画面要求的较暗的物体作前景，以构成适中的反差。最后实在不行，还可以根据创作需要拍摄出以明亮色调占画面主导地位的高调画面。

拍摄雪景时，对于前景的选择和处理应掌握以下原则：

(1) 前景要与主体配合得当，无论任何时候、任何条件下，都不能有损于主体的表达。

(2) 前景不能与主体混淆，影响主体的突出。当透过前景观察主体时，前景的线条不能过于繁杂，以免影响主体的突出。

(3) 前景要讲究形式美，要具有一定的装饰性，美化画面，在构图上，不要破坏画面的完整性。

拍摄晴天条件下的雪，控制好画面的曝光也非常重要，曝光过度或不足，都会影响到雪景的画面效果。在阳光照射下，雪的反光十分强烈，如果按冬季中一般景物来估计曝光，就会造成曝光过度，曝光过度就会使白雪没有层次。假如曝光不足，又会使白雪不白，形成灰蒙蒙一片。在多数情况下，拍摄雪景比拍摄一般景物，要减少1～2级光圈；当然，也要根据雪景中的亮度分布与变化来灵活掌握。使用测光表计量时，要注意到雪的受光部分在画面中是否属于最亮部位，所以，一般不能以雪的亮度来确定曝光。

拍摄雪景时确定曝光的依据应该是：在拍摄较大面积的远全景画面时，可以根据雪景中的阴影部分的亮度确定曝光量。因为雪景中的阴影部分，在散射光照射下，其亮度与人的肤色亮度相近，这样，既能表现出雪的明亮效果，又能比较丰富地表现雪的层次。如选取带有人物活动的中近景画面时，由于人物与白雪之间的亮度间距过大，因此，在拍摄时，首先应对两者之间的亮度范围进行压缩，给人物增加适当的辅助光，提高暗部亮度，压缩了人与雪之间的亮度范围，然后根据人脸亮度确定画面的曝光。

树挂的拍摄：树挂是北方比较常见的自然现象。有人称其为“雪凇”。树挂出现的时候，景物被冰霜覆盖着，呈现出银色的世界，粗粗细细的树枝被冰凌包起来，千姿百态，宛如玉树绽花，景色极佳。

有树挂的天气，通常都会伴有晴天出现，但清晨常常有雾，能见度较低，景物朦胧一片。这时不要急于拍摄，待到八九点钟，雾气逐渐消散，天空和景物都清晰可见，树挂又未融化脱落之前，则要抓紧时机拍摄。

拍摄树挂适合采用顺光或侧光，而不宜采用逆光。因为逆光会使洁白的冰凌枝条变得灰暗，有损树挂光彩的再现。

拍摄树挂时，通常以阴影部位的亮度作为确定曝光的依据。因为树挂将大部分景物的表面变为白色，如果以大面积景物的 平均亮度或以受光面景物的亮度确定曝光，则会使银色的树挂变为灰色，造成画面影调黯然失色。按阴影部位确定曝光，是因为树挂景色中的阴影部位的亮度，基本上接近了该条件下的人脸亮度。因此，很多人在拍树挂时，直接按当时条件下的人脸亮度确定曝光。

拍摄树挂时需要注意的问题：

(1) 大多数情况下，风从哪边吹来，枝条的迎风面便结冰较厚，树挂就密些；反之，背风面就稀疏，拍摄时注意角度的选择。

(2) 拍摄树挂如同拍摄雪景一样，着眼点往往放在景物的明亮部分，但对画面中低调景物的选择和安排也非常重要。拍摄时注意选择具有影调变化或色调变化的景物，利用明暗、颜色间的对比，既可以起到互相衬托的作用，又可以使画面更加和谐、完美。

(3) 拍摄树挂不宜远途寻觅，最好就近拍摄。机不可失，时不再来。

2. 雨景的拍摄

雨是一种比雪更多见，分布地域更广的自然现象。影视工作者在节目制作过程中，都不可避免地会遇到这种场景。不能说晴天我们能拍好，阴雨天我们就不能拍了。近几年来我国很多地区发生了洪涝灾害，军民奋战在抗洪第一线上的场面，我们不会忘记。电视记者在各地拍摄新闻，不管细雨蒙蒙还是大雨倾盆，他们顶风冒雨，不顾疲劳，积极抢拍下一个个动人的场面，激励着全国人民。影视工作者克服了很多困难，利用阴雨天的特殊环境，去表现现实生活。荷兰著名纪录片大师伊文思曾专门以《风》和《雨》为题拍摄的纪录片，对风、雨自然景观的表现赋予极其丰富的内涵。因此，如何拍好雨天景物是值得探讨的课题。

雨天景物的特点，是景物被天空散射光照明，除天空本身的亮度较高之外，地面景物由于得不到阳光的直接照射，平均亮度偏低，显得灰暗，层次不分明。同时，天空与地面之间景物明暗悬殊过大。根据上述情形，雨天拍摄一般不宜选用大面积天空为背景，而多以较暗的物体，如绿树、山峦、隐约能见的建筑物为背景。这种暗背景既有易于表现影调较亮的主体，又可以衬托出明亮的雨丝。

根据雨天景物之间对比弱、反差小的特点，在拍摄时需要扩大景物间的亮度范围。通常采用的方法有：摄影人员在实际选景时，尽量选择那些具有丰富的影调变化或色调变化的景物作为拍摄对象，利用景物自身的明暗对比或颜色对比，来扩大景物的亮度范围，使画面中既有明亮的高光部分又有较暗的部分。见彩图 6－6《雨景》。另外，创作者在有条件时，还可以根据创作的需要，人为的对被摄对象进行合理的明暗搭配，以便构成适中的反差。譬如，拍摄细雨蒙蒙的都市街景，街道两旁的建筑为深暗色调，湿润的地面也是深暗色调，整个场景便没有明显的对比；如果拍摄时不进行适当的调整，拍摄后，画面中的景物就会灰蒙蒙一片；而若在这一场景中选取两把颜色鲜艳的雨伞，则构成了对比，其效果也就不同了。

阴雨天拍摄，为了达到扩大景物亮度范围和丰富层次的目的，除人为地弥补先天不足的条件外，还可以通过选择拍摄角度，确定画面范围，充分利用前景和地面的反光，丰富画面的影调。

在下雨时，地面湿润，或多或少地存有积水，利用积水的镜面反差，还可以在水中形成景物的倒影，这种倒影能增加画面的层次。比如，1999 年 9 月 30 日傍晚国庆 50 周年前夜，笔者驱车于东西长安街上，当时雨下得很大，为了庆祝中华人民共和国建国 50 周年，长安街旁和天安门广场周围的所有建筑，华灯齐放，将现代化的都市装点得五彩缤纷。由于地面上积水的镜面反射，将地面上的建筑物和彩灯倒影在积水上，从而构成了一幅幅上下交相辉映，浑然一体的精美画卷。这一场面到现在还历历在目。由于不能停车的原因，这一千载难逢的精彩场景没有记录下来，至今仍使笔者后悔莫及。

无论是大雨或小雨，都会使景物变得朦胧，能见度较低，尤其是远景常常会被烟雨所吞没。当通过影调对比，利用影调透视关系表现景物的空间深度受到影响时，可以借助于线条和线条透视的关系，尤其是多用斜线来表现和加强雨景的空间感。

阴雨天气适合拍摄简洁、外形轮廓线条明显、有起伏、亮度间隔较大的景物对象。对于那些杂乱、琐碎的景物不宜在雨天表现。

在具体拍摄雨景时，表现手法多种多样。拍摄时可以透过流淌雨水的门、窗、汽车玻璃作前景，造成朦胧而近似于模糊的画面效果，表现下雨的场景；有时为了创作上的需要，拍摄时在前景玻璃上薄薄地涂上一层凡士林或其他油质的东西，使水珠容易挂在玻璃上，加强雨天的效果。

雨天拍摄彩色画面，由于阴雨天景物被天空散射光照明，蓝紫光成分增多，光源色温偏高，因此在拍摄彩色片时，画面中景物的色彩常常偏蓝、青色调，若要想获得景物的色彩还原，拍摄时需根据彩色片的型号和实拍现场应用的光源色温，利用调色温的滤光片进行调整。在电视节目制作中，因为使用摄像机进行拍摄，当在阴雨天时，可以通过白平衡调整，使景物在画面中得到正常还原。具体如何调整、怎样调整，请参见《光源色温与画面色彩控制》一章的相关内容。

雨天拍摄，所有画面容易出现曝光过度。原因是摄影者常常忽略了散射光中存在着较多人眼不敏感的蓝紫光成分，而这些光对黑白彩色胶片来讲，又都很敏感，所以常常造成曝光过度。雨天的光线变化很大，少云的细雨亮度高，多云的大雨亮度低，但景物间的亮度差异不大。如果所拍画面曝光过度，就会使画面的影调层次更少，灰雾更大，不宜表现雨中的景物。

雨天拍摄如何准确地控制画面曝光是非常重要的，它决定着画面的成败。因此，在拍摄雨天的景物时，不能只靠经验估计曝光，而要通过测光工具，随时测量景物的亮度，并依据所测量的光值，根据创作意图确定合适的曝光量。一般情况下，拍摄远全景画面时，当景物亮度分布比较均匀时，则多以景物的平均亮度值确定曝光；当景物亮度分布不均时，则应以画面中主体物的表面亮度确定曝光。拍摄带有人物活动的中近景画面时，多以人脸亮度值确定曝光。

3. 雾景的拍摄

雾是一种十分富有造型表现力的因素。被雾笼罩着的景物，远近不同，隐约可见，使过去在直射光照射下的繁杂景物变得简单明了，充分表现出空气透视的特点。

雾和云一样，都是大气变化过程中常见的自然现象。空气中的水蒸气遇冷结成小水滴，它们聚集在一起，达到相当密度后，悬浮在低空的为雾，飘浮在高空的为云。雾的种类很多，它不仅有浓度大小的不同，而且在空间存在的状况也因气候、地形、季节等因素的影响而有所不同。平地上的雾，大多出现在晴天的早晨（因此有人说：早晨有雾，必是晴天），分布均匀，比较稳定，能够持续到太阳出来以后的一段时间，当气温升高到一定程度时雾才渐渐消失。山中的云和雾往往很难区分，山下看是云，山上看则是雾，远处的像云，近处的像雾，在风的驱使下飘移不定，瞬息万变。

雾景，在人们看来是很美的，也是摄影人员所乐于追求的。但要把它拍好，把特定的气氛表现出来，却不容易。

抓拍雾景必须具备的基本条件：

(1) 选择适当的拍摄时机。拍摄时机有两种含意：一种是从广义上去理解，即指季节的不同，天气条件的差异，一天中光线的强弱、方向、色温等的变化；另一种含意是指具体的拍摄时机。雾天在地面上拍摄，最佳的拍摄时间为上午八九点钟，待雾开始飘散，景物在侧光、侧逆光或逆光照射下，呈现出浓淡相宜的丰富阶调时，为理想的拍摄时机。在山区拍摄，当雾消云散，群峰在云雾缭绕之中，经常可以抢拍到富有诗情画意的奇景，因为雾天景物常常有写意的效果，它使画面含蓄、幽深、淡雅，有水墨画的特点。

在地面上拍摄，当浓雾笼罩的时候，能见度很低，尽管人们的眼睛有时候还能看到远处的一些隐约的景物，但表现在画面中，往往很难看清。所以在大雾天气不宜拍摄，但也不是绝对的，如果在大雾天气条件下拍摄，拍摄时需考虑前景的运用。

(2) 雾天拍摄时，需充分利用暗前景。拍摄雾天景物与拍摄雪景一样，景物多是白蒙蒙一片，在处理画面布局时，前景的运用非常重要，特别是在浓雾条件下，前景除了平衡和点缀画面、增加美感之外，还有一个很重要的作用就是丰富层次、扩大对比，通过影调透视加强画面的纵深感。见彩图 6－7《雾》。

(3) 准确地控制曝光。雾天景物的反差小，但平均亮度却比正常景物的亮度高。准确的曝光很重要。拍摄时曝光过度，景物的亮部层次得不到表现，白茫茫一片；而曝光不足，又会使画面灰蒙蒙一片，缺少层次。雾天拍摄确定曝光的依据，可以根据测光系统计量的光值，并同时考虑到景物的亮度分布，以及摄影创作人员的拍摄意图来确定曝光。一般情况，采用平均测光，测光之后拍摄时，为了获得明快的影调效果，在所测光值的基础上，开大光圈 1 级拍摄，实现在淡雾的条件下，形成简洁、明快的画面效果。

雾天大气中的介质多、密度大，不同程度的透视现象较之晴天要明显得多。所以，雾的存在直接影响着影调透视的形成。在多数情况下，被摄对象距离镜头愈近，影调愈深；距镜头愈远，影调逐渐变淡，以至消失。此外，距离愈远，景物的明暗反差、轮廓的清晰度、色彩的饱和度都会随之降低。摄影人员应该注意利用这些变化，在画面中表现出具有空间感的景物，利用景物的虚虚实实及浓淡相间的雾天，拍出写实或写意，具有水墨画特点的优秀作品来。

雾不但可以改变景物的透视变化，使被摄景物变得可近可远；改变景物的色彩，使其可深可浅；调节景物的反差，使其可浓可淡，还可以用它来表现光柱的效果。比如，林中的早晚，光线穿过枝叶的缝隙照射雾气和炊烟，在暗背影的衬托下，可拍出光芒四射的画面来。丰富了画面的反差。在没有天然烟雾的条件下，为了达到上述效果，有时人为地施放专门生产的烟雾剂，也可以形成理想的画面。

需要说明的是，一般情况下，雾天不宜拍摄大面积的天空，除非根据题材和创作的需要拍摄高调画面。雾天拍摄曝光不宜过度。在云雾浓度适中、景物本身影调丰富时，不要滥用滤色镜（特殊情况除外）。

四、逆光摄影时如何控制曝光

逆光、侧逆光摄影最能表现出被摄景物的轮廓形式、立体形态，并有较强的纵深感。因而在摄影造型处理中，逆光和侧逆光都具有较强的表现力。见彩图 6－8《逆光》。

能够表现光亮轮廓和突出被摄对象的立体形态，这是由光线照明方向所决定的。逆光和侧逆光只能照射景物的轮廓边缘部分，因而自然会表现出光亮轮廓，并使略为凸起的部分较为明亮，使略有低凹之处形成暗影，因而也就最能表现出被摄对象的起伏感和质感。

之所以能够表现出较强的空间深度，是由于空间所散布的微粒对光线的散射，及微粒本身所具有的一定亮度。空气中的微粒，包括水气和微尘。这些微粒在顺光照明之下，它们所散射或扩散的光线不易察觉。当以逆光和侧逆光照明时，则表现得比较明显，再加上胶片本身对短波光的蓝紫光感受比较灵敏，因而其明亮程度就会增加。这种补加亮度，自然会使远景表现得比较明亮，而且愈远愈亮。这一特征正符合人眼观察远景时的感受，因此逆光和侧逆光最能表现纵深的空间效果。

逆光和侧逆光条件下的摄影曝光，要区分几种不同的情况。采用不同的量光、定光方法。

1. 逆光照明下的测光

这是指逆光照明下的被摄景物充满或大部分充满画面范围，画面中没有较大面积的亮调物体。如逆光照明下的树林、山麓以及俯拍的地面景物等等。在这种情况下，如果使用的摄影机是通过镜头直接内测光的曝光表，就可以直接计量，在计量的基础上加以修正。修正时要分析画面中亮、暗景物的比例，根据亮少暗多的不同比例关系，确定出在原来测光的基础上补偿一级光圈选出适当的曝光组合。如果没有内测光表，就可以采用顺光摄影时的量光原则，并加以修正，但要注意在计量时，要防止太阳的直射光直接投射到光电池上，这样才能表现逆光照明下的影调特点，色彩也丰富。

2. 逆光照明下的开阔风景

当天空的面积约占画面的三分之一且在逆光的情况下，可以直接按照相机内中心重点测光和曝光表指示的数据曝光，因为它偏重于测量画面中心或中心偏下的部位，对拍摄这类风景是合适的。如果机内没有测光装置，可以使用手持曝光表。在测光时，要将曝光表稍向地面倾斜进行测光，使它尽量少受天空部分明亮影调的影响，以致于造成地面景物的曝光不足。

3. 有深暗前景的逆光景物

一些逆光照明下的景物，在画面很明显的部位有极暗的前景。这时如果有机内曝光表，就不能按照通过镜头测光系统指示的数值直接曝光。因为大面积暗调的前景反射光线很少，会明显地使曝光表测出的亮度值偏低，而导致中景及远景曝光过度。在这种情况下，应该只对准明亮的中景和远景测光。没有机内测光系统的摄影者，也应对准主体用曝光表去计量，并依据它们的亮度值确定曝光，并将暗调的前景作为剪影或半剪影效果处理。

4. 有耀斑水面的曝光控制

逆光的水面往往反射出很明亮的耀斑，被摄物体则处在阴影之中，亮度分布很不均匀，使我们难以确定如何使用曝光表测光。在这种情况下，曝光宜少不宜多，因为水面耀斑的反光很强，亮度很高，如果曝光稍一过度，耀斑的细部层次就会受到明显的损失，并严重失去质感。在这种场合下，按亮度曝光适当兼顾一下暗部景物，把暗部处理成半剪影效果。

5. 侧逆光照明下的静物

用逆光拍摄静物常常容易表现出它们的立体感、质感。这时，被照明的静物正面大面积呈现较暗的影调，为侧逆光照明所产生的亮面只占较小的面积。在这种情况下，应当用曝光表近测静物表面较暗的亮度，根据指出的读数值再适当缩小半级或一级光圈曝光。这样，才能再现出侧逆光照明下应有的影调效果，获得较强的质感、立体感。如果测量静物表面较暗的部分，而直接根据读数曝光，就必然会把较暗的部分，再现成中等明暗程度，从而破坏了原来的影调效果。

摄影者在长期的摄影实践中，应当善于积累摄影曝光经验，掌握不同照明条件下的亮度分布，从中分析出正确曝光的亮度值。在以上谈到的各种景物亮度的曝光，都是在有计量工具的情况下进行的。但是，摄影中常常会遇到一些特殊情况而不能应用测光表来进行计量。这时，就要靠我们平时积累的曝光经验，对各种景物亮度进行综合分析之后，确定出正确的曝光组合，以便更好地保证画面的技术质量。

如在新闻摄影中，由于被摄体场面变化较多，照明条件不能固定不变，特别是时效性较强的题材，往往在很多场合下不允许摄影人员对每一场景的亮度变化进行计量。在这种情况下，就要依靠平时积累的曝光经验来确定曝光。这些经验的积累，不是一天或几天就能做到的，而是在长期的摄影实践中，对各种景物的亮度进行分析、总结，方可形成一些规律性的东西。

积累曝光经验、估计曝光的方法和途径不外乎有两点：室内、室外景物亮度的变化。

在外景摄影中，对自然光照明的变化要有充分的估计，并要注意参考以下因素。一天当中太阳入射角的变化，景物所接受的照明方向的变化，各种景物在同一照明情况下反射光的强弱变化，各种天气、海拔、纬度以及一年四季的变化等等都直接影响着曝光控制。但是，如果摄影工作者一旦掌握了它们之间的变化规律，也就容易在各种情况下做出正确的判断。在摄影中，必须通过各种条件下的具体实践，并注意总结曝光上的经验。只有这样反复练习，才能摸索出一条控制曝光的路子。

室内的光线变化比室外更为复杂，因为拍摄的内容不同，场景不同，房间有大有小，室内景物的反光率不同，更重要的是房间窗户的大小和多少都会影响曝光，再加上室外自然光的变化（阴天、晴天、太阳入射角、四季变化）等等因素，都是估计曝光时应该考虑到的；同时还包括室内灯光的亮度变化，以及被摄景物与光源之间的距离，照射方向、照明强度和灯具的发光效率。掌握这些亮度变化也同上面所讲的方法相同，需要反复实践、细心观察、勤记勤想。对不同条件下的照明情况所形成的画面影像进行对比，从而积累丰富的曝光经验，并利用到摄影实践中去。这样，在各种复杂的照明场合下，都能找出适合这一主题的景物亮度，作为确定曝光组合的依据，实现自己的拍摄意图，完成画面的艺术造型。

思考题

1. 怎样拍好不同景别的画面?
2. 怎样拍好日出、日落?
3. 怎样拍好雪天景物?
4. 怎样拍好雨天景物?
5. 怎样拍好雾天景物?

第七章 滤光器的基础知识

滤光器又称“滤光镜”、“滤色镜”或“滤镜”。它是摄影人员进行摄影艺术创作过程中，非常重要的辅助器材。这些不同性质的滤光器，可以使创作者所拍摄的画面获得不同的艺术造型效果。如彩色摄影中，使用不同型号的胶片或电视摄像机，能够在不同性质的光源条件下，利用调整光源色温用的滤光器，既可以客观地再现大自然中千变万化的色彩，真实再现被摄景物的本来面目，还可以根据创作者的主观意图，运用有色滤光器，按照摄影人员的艺术想象来反映被摄体。拍摄后虽然景物的真实色彩已不复存在，但画面中所营造出的特定氛围，已经使画面效果形成了一种新的色调和气氛，具有较强的戏剧效果，从而获得了摄影者预期想达到的最为理想的艺术效果。又如在黑白摄影中，使用不同的滤光器可以形成不同的影调效果，符合艺术造型的需要。因此摄影滤光器可以极大地丰富摄影创作，赋予画面更多的内涵和意境，增强画面的艺术表现力和感染力。所以，摄影人员必须充分地了解和掌握各种滤光器的性能及使用技巧等知识，才能创作出更好的摄影作品。

一、光与色

光，是一种物质，是人类社会及自然界不可缺的物质。因为有了光，人类才能认识世界。光是摄影的基本条件。在英文中，摄影的本意为光画，即用光作画。由此可见，光与摄影的密切关系。没有光，也就没有摄影。

从物理学的理论讲，光是一种电磁波。光“一般指能引起视觉的电磁波，这部分的波长范围约在红光的0.77微米至紫光的0.39微米（亦即7 700～3 900埃）之间。波长在0.77微米以上至1 000微米左右的电磁波称‘红外线’，在0.39微米以下至0.04微米左右的称‘紫外线’。红外线与紫外线不能引起视觉，但可以用光学仪器或摄影来察见发射这种光线的物体，所以在光学上光也包括红外线和紫外线。”（见《辞海》1855页，上海辞书出版社）从以上解释可以得知可见光的波长范围约为0.77微米至0.39微米（即770～390毫微米）之间。超过这个范围，人眼就看不到了，所以光是人眼视网膜受到刺激后引起注意的那部分电磁波。而可见光在电磁波谱中仅占极小一段波长范围。电磁波谱中可见光波使用的单位是微米、毫微米或埃（注：1微米=1 000毫微米=10 000埃）。如图7－1所示。

在可见光范围内，不同波长的光，可使人的眼睛产生不同的颜色感觉。当可见光的波长先后由长波光变化至短波光时，可使人眼依次产生红、橙、黄、绿、青、蓝、紫等色彩的感觉。不同波长的光波所对应的视觉颜色如表7－1所示。

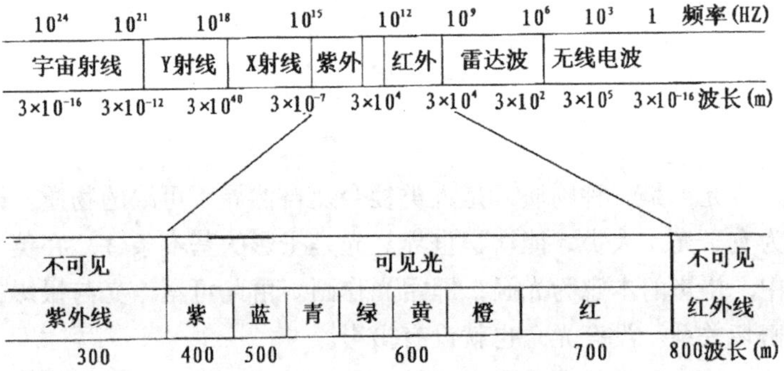

◁图 7－1 电磁波谱和可见光谱▷

〔表 7－1〕 **光波波长与颜色**

波长范围(nm)	颜　色	波长范围(nm)	颜　色
380～430	紫	550～570	黄绿
430～450	靛蓝	570～590	黄
450～485	蓝	590～620	橙
485～495	青	620～650	红
495～550	绿	650～780	深红

同一波长的光，具有相同的颜色，称为单色光。由不同单色光彼此混合而成的光，称为复色光。

颜色一般可用下列三个基本特征（也称三个基本属性）来表示：即，色别（也称色相）、色饱和度（也称纯度）、色明度。

色别指的是色与色之间的主要区别，用光的波长来表示。光谱中单色光的色别取决于波长，复色光的色别可用具有相应视觉颜色的单色光的波长来表示。光谱中的红、橙、黄、绿、青、蓝、紫等色被称为不同的色别。在摄影中又常常把色别分为暖色和冷色两大类。其中偏红黄色调的称为暖色调，如红、橙、黄、绿等色；偏蓝青色调的称为冷色调，如蓝、紫、青、青绿等色。冷暖色调在影视艺术创作中可以创作出富有特色的艺术作品。

色饱和度，也称色纯度，是指一种颜色与相同明度的消色（即白、灰、黑色）之间差别的程度。当某种色彩与消色对比，消色成分愈高该色彩饱和度愈低，颜色也就越不鲜艳；当色彩成分愈高，该色的饱和度愈高，颜色也就越鲜艳。在所有的色彩中，最饱和的色是光谱色。

色明度，是指颜色的明暗、深浅。色明度取决于物体表面的反光率。反光率高的颜色明度大，反光率低的颜色明度小。在所有的颜色中，消色中的白色物体明度最大，黑色明度最小，不同的灰色在黑与白之间，所有的颜色也在黑与白之间。电视中的彩条就是以此为依据排列的：白、黄、青、绿、品红、红、蓝、黑，明度从高至低；而电视摄像机上的寻像器里出现的彩条，是以消色排列，成为白、灰、黑，在白与黑之间排列着六种不同反光率的灰色。

在光谱色中各种色光的明度是不一样的，各种高饱和度光谱色之间在视觉上存在着明显的明暗差别。各色中，黄绿色的明度最高，显得最亮，其他色依次为黄、橙、绿、红、蓝，而紫色的明度最低，也就最暗。如果将人眼对不同色光的视觉敏感度相对亮度定为100%，则同功率的其他各色光在人眼视觉中的相对亮度百分数，即为该色光的视见函数（也称光谱光视效率）。光的波长范围自400毫微米至760毫微米，在这个范围内，不同波长的光波在正常人眼中所引起的视觉敏感相对亮度（即视见函数）如表 7－2 所示。

〔表 7－2〕不同波长光波在人眼视觉敏感相对亮度（视见函数）

光的颜色	波长（毫微米）	视见函数	光的颜色	波长（毫微米）	视见函数
紫	400	0.0004	橙	600	0.531
	410	0.0012		610	0.503
	420	0.0040		620	0.381
	430	0.0016		630	0.265
蓝	440	0.023		640	0.175
	450	0.033		650	0.107
青	460	0.060	红	660	0.061
	470	0.090		670	0.034
	480	0.139		680	0.017
	490	0.208		690	0.0082
绿	500	0.323		700	0.0041
	510	0.503		710	0.0021
	520	0.710		720	0.0010
	530	0.862		730	0.00050
黄	540	0.954		740	0.00025
	550	1.000		750	0.00012
	560	0.995		760	0.0006
	570	0.952		770	0.0003
	580	0.870		780	0.00015
	590	0.757			

从表中列举的视见函数可以看出，各色光在人眼视觉上所引起的视见程度不同。在明亮环境下，人眼对波长为 555 毫微米的黄绿光最敏感，将它视为 100%，即视见函数为 1。而对红光和紫光的敏感度最低。在阴暗环境下，人眼对波长约为 510 毫微米的绿光最敏感，对红光和紫光的敏感度最低。(注：人眼在环境亮度大于 3 烛光/米^2 下的视觉称为“明视觉”，在小于 0.05 烛光/米^2 下的视觉称为“暗视觉”。)。

根据不同波长光波的视觉颜色对人眼的视见函数，绘成明视曲线和暗视曲线，如图 7－2 所示。

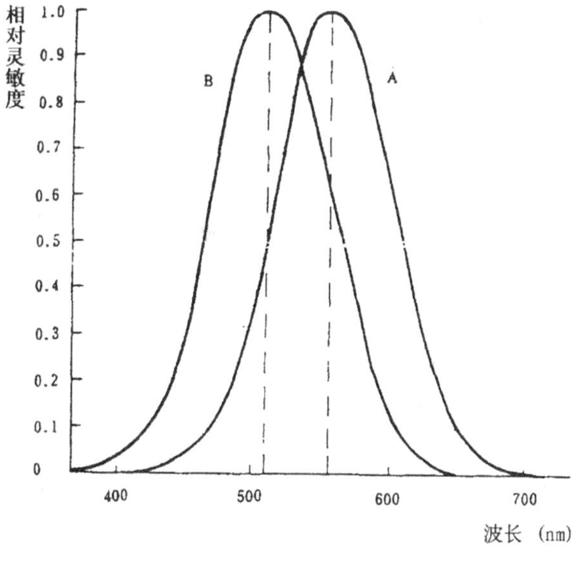

◁ 图 7－2 视见函数曲线 ▷

上述曲线除了形象地表示出人眼对不同波长光波的敏感程度外，还提供了在摄影、摄像及照明中将色光表现为明暗影调对比的客观依据。

二、光的加色效应与减色效应

1. 光的加色效应

从生理学的角度讲，明视条件下的视觉特性，主要是人眼视网膜上的锥体细胞对色光的反应。它对弱光极不敏感，但具有辨别强光颜色的能力；而暗视条件下的视觉特性，则主要是由柱体细胞所起的作用而形成的。柱体细胞对光线的强弱非常敏感，它可辨别在照明条件下的阴暗物体，但它没有辨别颜色的能力。正因如此，人眼在光线很弱的夜晚，很难辨别物体的颜色，一切物体似乎都是黑色或深灰色。人眼在日常生活中，能够观看到五彩缤纷的景物，主要是人眼视网膜上锥体细胞所引起的感觉。锥体细胞共由三种感色单元组成。三者被分别称为“感红单元”、“感绿单元”、“感蓝单元”。

感红单元：感色波段自 600 至 700 毫微米，对波长为 650 毫微米的光波最敏感；

感绿单元：感色波段自 500 至 600 毫微米，对波长为 550 毫微米的光波最敏感；

感蓝单元：感色波段自 400 至 500 毫微米，对波长为 450 毫微米的光波最为敏感。

人的视觉器官所获得的色光，就是上述不同波长的光波对各感色单元分别或同时作用产生的相应感觉。红色是物体发射（或反射、透射）的光波刺激人眼视网膜感红单元的结果；绿色则是刺激视网膜上锥体细胞的感绿单元的结果；而蓝色则是刺激感蓝单元的结果。上述情况，由于刺激人眼的某种感色单元，因此大脑所感受到的分别为红、绿、蓝单色光。

当三种感色单元中的任意两种同时受到刺激，而且两种感色单元受到相同程度的刺激时，大脑则获得中间的色彩感觉。如当三种感色单元中的感红单元、感绿单元受到相同的刺激时，大脑获得黄色感觉；当感红单元和感蓝单元同时受到相等程度的刺激时，则获得品红色感觉；当感绿单元和感蓝单元受到同等程度的刺激时，大脑获得青色感觉。

也就是：

红光 + 绿光 = 黄光

红光 + 蓝光 = 品红光

绿光 + 蓝光 = 青光

两种感色单元同时受到相同程度的刺激，人眼则获得黄、品红、青三种中间色的感光。

如果两种感色单元同时受到不同程度的刺激时，就会随着两种感色单元之间的比例变化，使大脑获得各种不同的色觉。例如，当感红单元视网膜锥体细胞所受到的刺激程度大于感绿单元所受到的刺激程度时，大脑就会获得橙红色的感觉；反之，就会获得黄绿色的感觉。

以此类推：

红光（多）+绿光（少）=橙红光

绿光（多）+红光（少）=黄绿光

红光（多）+蓝光（少）=紫红光

绿光（多）+蓝光（少）=青绿光

总之，两种以上色光同时刺激人眼视网膜锥体细胞，就会引起不同色觉。这种由两种以上的色光混合叠加之后所产生的新的色觉效果，称为“光的加色效应”。如果两种色光按一定比例叠加形成消色光，那么这两种色光则互为补色。如红光与青光，绿光与品红光，蓝光与黄光均互为补色。

三种感色单元在接受到光线时，会在大脑中产生各自不同的色觉信号。当三种感色单元受到同等程度刺激时，人的大脑便获得消色的感觉。这是因为三种感色单元受到的刺激程度不同,而形成不同色觉。当三种感色单元受到相同的强刺激时,大脑即获得白色的色觉；当受到相同的中等刺激时，大脑获得灰色的色觉；而当三种感色单元同时受到微弱刺激时，大脑即获得黑色的色觉。因此说消色物体对可见光具有非选择吸收的特点。

上述情况说明：一定波长的红、绿、蓝色光，按照不同比例进行加色混合，就可以获得全部光谱色以及光谱色之外的品红色光，还可以获得不同程度的消色。所以，色彩学上就把具有上述特性的红光、绿光、蓝光称为三原色光。

三原色光的加色效应，如图 7－3 所示。

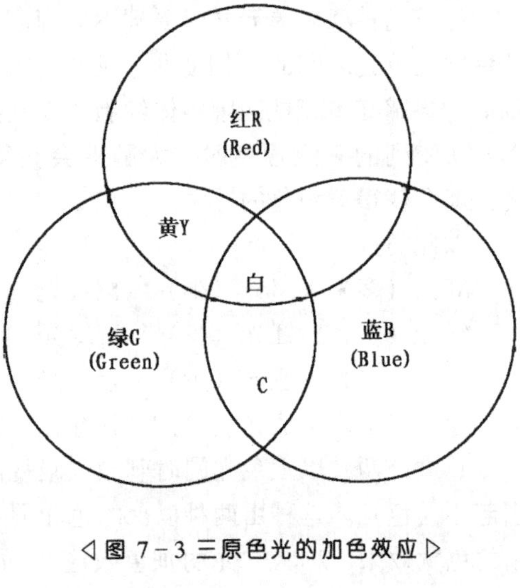

◁图 7－3 三原色光的加色效应▷

1931 年国际照明委员会曾根据有关国家物理实验研究的结果，确定下列单色辐射光波为三色系统基础，波长分别为：红色光为 700 毫微米，绿色光为 546.1 毫微米，蓝色光为

435.8毫微米。此三原色光的视觉函数相对值依次为0.0173、0.9756、0.0041。

将上述三原色光依次按各自不同的相应比例混合、匹配，可获得一系列复合光。

2. 光的减色效应

“光的减色效应”是指从白光或复合光中减去某种色光，而得到另一种色光的效应。

光的减色效应概括起来有以下规律：

(1) 原色（红、绿、蓝）滤光器，只允许和本滤色镜颜色相同的色光透过，吸收其他色光。

如图7－4所示。

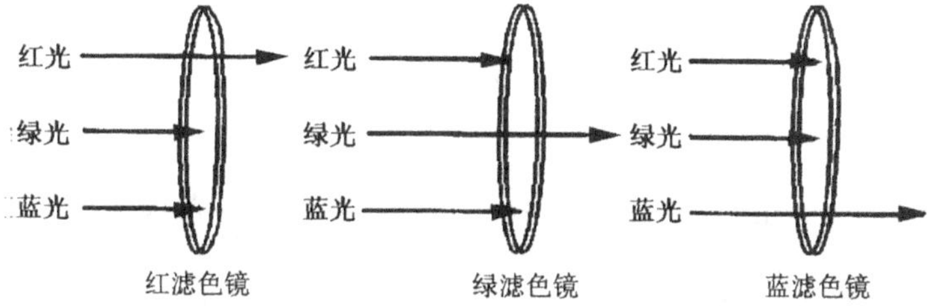

◁图7－4 原色滤色镜透光规律▷

从上图可以看出，白光是由等量的红光、绿光、蓝光混合而成的。当白光通过红滤镜时，它只允许本色光透过，吸收绿光和蓝光。绿滤镜允许透过绿光，吸收红光和蓝光；蓝滤镜允许透过蓝光，吸收红光和绿光。

(2) 补色（黄、品红、青）滤光器，也称中间色滤光器。它允许与本滤色镜颜色相同的色光透过，同时还允许形成这一补色的另外两种原色光透过，吸收其他色光。如图7－5所示。

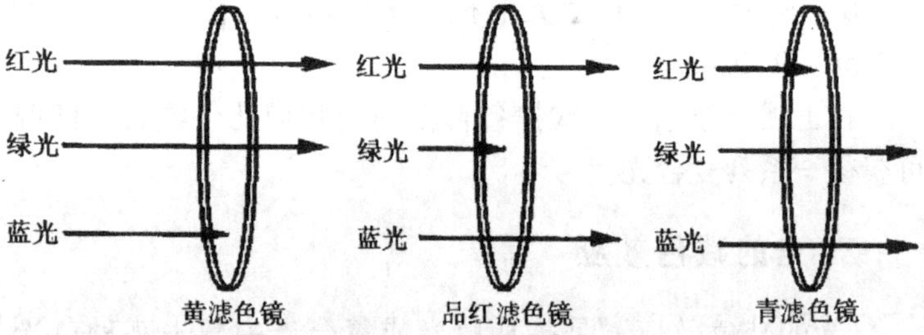

◁图 7－5 补色滤色镜透光规律▷

补色滤镜中的黄滤镜，允许黄光和红光、绿光透过，吸收与黄光互为补色的蓝光；品红滤镜可以透过品红光和红光、蓝光，吸收绿光；青滤镜可能透过青光和绿光、蓝光，吸收红光。

（3）两种补色滤镜叠加使用，只允许形成这两补色所共有的一种原色光透过，吸收其他色光。如图 7－6 所示。

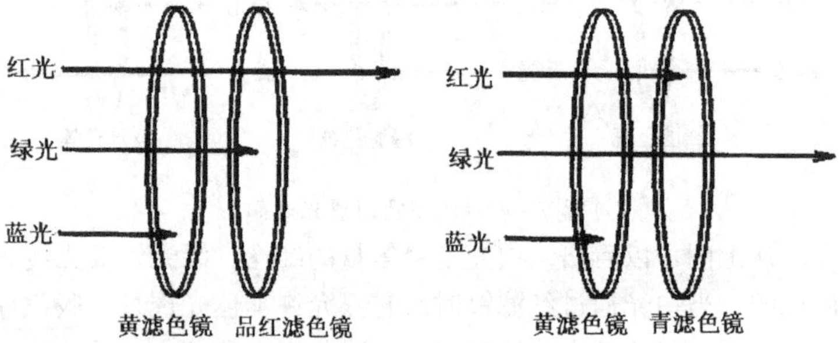

◁图 7－6 两补色滤色镜叠加透光规律▷

（4）两种原色滤镜叠加，各种色光均被吸收，或根据某一种滤色镜的浓淡程度，透过部分色光。如图 7－7 所示。

（5）三补色滤镜叠加，各种色光相继被吸收，最终都不能

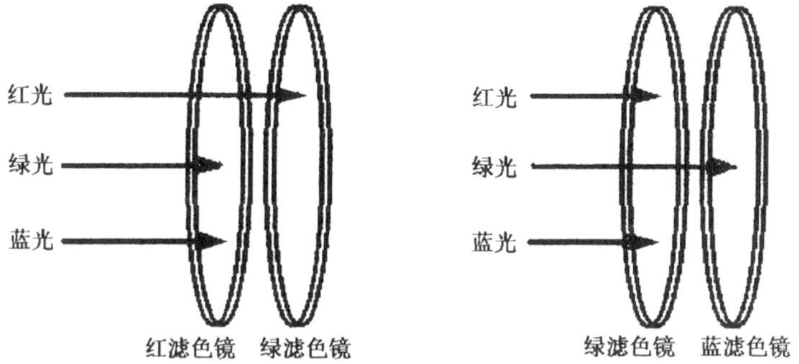

◁图 7－7 两原色滤色镜叠加透光规律▷

透过，而呈现出黑色效果。如果三补色颜色均较淡，叠加后三滤镜本身呈现中性灰色，这时白光还能透过一部分，但强度明显较弱。如图 7－8 所示。

三补色滤镜的减色效应如图 7－9 所示。

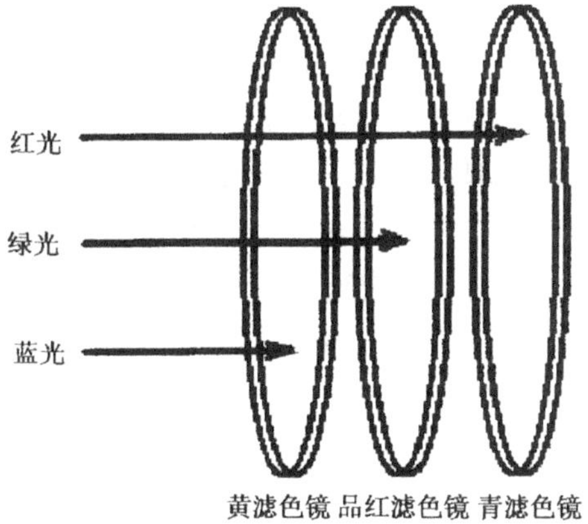

◁图 7－8 三补色滤色镜叠加透光规律▷

从上述滤光器的透光规律可以看出，滤光器不论是装在照相机、摄影机、摄像机的镜头前端或后端，它都会根据滤光器的颜色、深浅程度，对不同波长的光波进行吸收与透过。当滤色镜运用于黑白摄影中，由于滤光器的颜色不同，则会改变景物在画面中的影调、反差。如果加用的滤色镜与景物颜色相一致，那么，拍摄后画面中该景物的颜色就会形成较浅或明亮的影调；如果景物中的颜色与滤色镜不一致，则该景物的颜色在拍摄后的画面中影调变暗。譬如，景物是红花、绿叶，在黑白摄影的照相机镜头前加用红滤镜，其结果是画面中的红花由于与滤色镜颜色一致，形成白花影调效果。而绿叶由于红滤镜吸收绿光而不能通过滤镜，形成黑叶影调效果。当有色滤光器运用于彩色摄影摄像中，画面效果会根据所加滤色镜的颜色而形成与滤镜颜色相一致的色调。它同将有色灯光纸，加在灯具前进行照明时的视觉效果相同。这些都为我们运用各种滤光器调节和控制画面色调、影调，创作出更富有艺术表现力和感染力的作品，打下了坚实的基础。

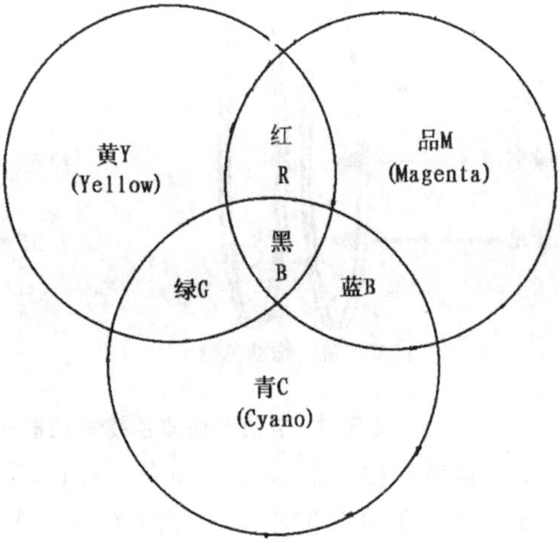

◁图 7－9 三补色滤光镜的减色效应▷

三、滤光器的类型

滤光器是一种可以对所通过的光的性质进行精确调节、控制，从而使所摄画面中全部或局部影像的色调、影调产生变化的工具。这些滤光器具有可以对可见光光谱中全部或部分色光，甚至对部分不可见光或对画面中的高光部位等具有一定程度的选择性或非选择性滤光功能，以减弱、滤掉一些色光，使全部或部分成像光线出现漫射、衍射、折射现象。

如果滤光器对全部可见光光谱中的各色滤光效果并非完全均匀一致，而是有选择性地进行滤光，（如黄、绿、红等滤光器），则把这些滤光器称为选择性滤光器。由于它们可以有选择地滤掉一些不需要的色光，从而在摄影中可以用来控制和调节各色光之间的比例，以及光的色彩平衡，以便更好地再现景物的色调，影调。

如果滤光器对全部可见光光谱中各色光的滤光效果彼此完全均匀一致，呈现为非选择性地滤光，（如中灰片、柔光镜等），则被称为非选择性滤光器。这种滤光器可以非选择性或均匀滤掉一定比例的入射光，使其被有目的地阻止，形成合适的影像效果，提高画面技术质量，增强画面的美感效果。

目前，随着影视事业的不断发展，影视节目的制作水平也越来越高，滤光器这一重要工具就被越来越多的摄影人员所重视。

滤光器的分类大致有以下几种——

1. 按使用的材料分类

（1）光学玻璃滤光器：该滤光器的光学质量好，滤光性能稳定，不易褪色，硬度较高不易划伤，容易维护，但不易制造，因此成本高，价格昂贵，易碎。

（2）有机光学塑料滤光器：该镜光学质量较好，滤光性能较稳定，品种多，易于维护。缺点是不耐高温，硬度稍低，容易划伤。

(3) 薄膜滤光片：该滤光片常见的有明胶滤光片（即有机薄膜滤光片）、醋酸片基滤光片和有色聚酯薄膜滤光片。以上三种滤光片中前两种多用于摄影机、摄像机，而后一种供照明灯具前加用。这些滤光片的特点是轻便，有一定柔韧性、滤光性能稳定、品种多、价格低、不足是易划伤，不宜擦拭，不易维护，不耐高温，使用时间不宜过长，易褪色。

(4) 夹胶光学玻璃滤光器：这种滤光器是将两块光学玻璃与薄膜有色滤光片夹在中间制造而成。它具有两种滤光器的优点，但成本高。

(5) 液体滤光器：该滤光器多用于科学实验。

2. 按形状分类

(1) 圆型滤光器：这种滤光器是根据摄影镜头的口径生产的，多在摄影中直接拧在摄影机镜头前端，不需使用插座。使用时可根据镜头的口径选择适当的滤光器，当镜头的口径与滤光器的口径不一致时，可选择适当的转接环应用。

(2) 长或方型滤光器：这种滤光器的尺寸较大，需借助专业插座才能安装在摄影镜头前面。它可以根据造型艺术的需要，随时选择不同的滤镜形成不同的效果。

3. 按用途分类

按用途分类又常常从两个方面进行分类，一种是从广义的用途去分类，另一种只是从摄影用途进行分类。

从广义上可以分为：

(1) 摄影滤光器：这种滤光器是用于摄影机、摄像机、照相机的摄影镜头的前端或后端，用来调节、控制画面的影调和色调等，以丰富各种摄影题材的表现方法。

（2）照明滤光片：该滤光片安装在照明灯具前，用来改变光源投射到被摄体表面的光的颜色、光的强弱、光的性质等，以便在拍摄之前控制景物的色调和影调。

（3）印片滤光器：这种滤光器是安装在放大机、扩印机的照明光路中的滤光片。用于在后期制作影像的过程中调节、控制画面色调、影调等。

除以上所列举的三类滤光器外，还有供其他设备使用的特殊用途的滤光器。这是从广义的用途上分类。另外，从摄影创作角度对滤光器的用途进行分类，可以分为以下几类。这也是摄影摄像中人们最常用的一种分类方法：

（1）黑白摄影专用滤光器：这种滤光器多为有色滤光器，在黑白摄影中用来调节画面的影调、反差、画面的清晰度、画面的影调透视效果（如黄、橙、红、黄绿滤色镜等）。

（2）彩色摄影专用滤光器：这种滤光器在彩色摄影中用来平衡、转换光源色温，使被摄体的彩色在画面中得到客观再现或根据创作者的主观意图，使被摄体的色彩符合造型艺术效果(如雷登 85、雷登 82 等)。

（3）黑白、彩色通用滤光器：这种滤光器对可见光光谱中各色光可均匀透过、均匀吸收，不影响景物的彩色还原，因此黑白、彩色摄影中可以通用（如中性灰片、偏光镜等）。

（4）特殊效果滤光器：这种滤光器可以在摄影中使所摄画面形成各种特殊的造型效果，具有很强的戏剧性、趣味性，给画面赋予新的内涵，营造出不同的艺术气氛（如晕化镜、星光镜、衍射镜、漫射镜等）。

4. 按透光性能分类

这种分类方法是根据各种滤光器的透光特点，绘成曲线，通过透光曲线观察该滤光器的具体性能。目前，专业滤光器生产厂家出售滤光器时，都为用户提供该滤光器的曲线。常见的滤光器曲线形式有两种，一种是分光透光曲线，一种是密度曲线。分光透光曲线的纵坐标为透光率（0～100%），横坐标为可见光的波长（380～780毫微米）。而密度曲线的纵坐标为密度（密度为透光率的倒数的对数值），横坐标为可见光波长。

摄影者通过滤光器的分光透光曲线或密度曲线，就可以非常清楚地了解到该滤光器对各色光的透光能力和阻光能力，以便根据创作需要和准备使画面形成何种影调、色调，并可以准确地预见到所摄画面的效果。

(1) 截止光波滤光器：这种滤光器是指在可见光范围内吸收部分短波光，使其他光按比例均匀透过。这类滤光器包括UV、黄、橙、红滤镜，从它们的分光透光曲线图可以看出透过和吸收的光线效果。如图7－10所示。

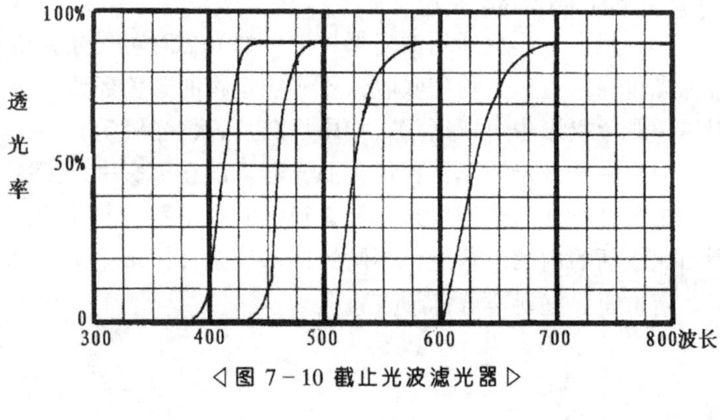

◁图7－10 截止光波滤光器▷

（2）单通光波滤光器：该滤光器对可见光波长范围内的各色光，只透过部分色光，吸收其他色光，从它的分光透光曲线中可以看出该曲线具有明显的波峰和波谷。这类滤镜包括蓝、青、绿、黄绿等，分光透光曲线如图 7－11 所示。

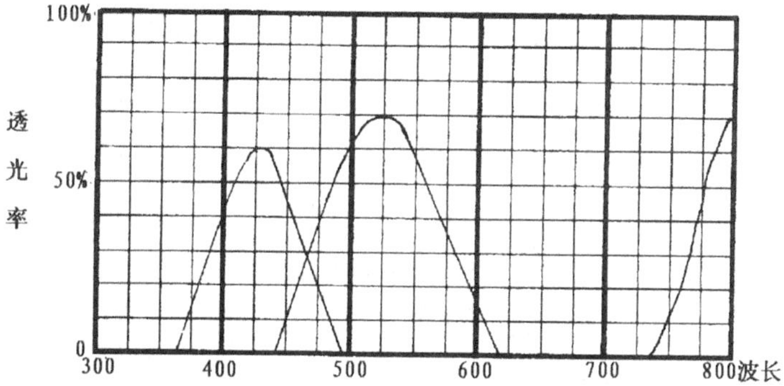

◁图 7－11 单通光波滤光器▷

（3）中性滤光器：该滤光器对可见光光谱中各色光，能均匀地全部透过、又均匀地全部吸收。其透光曲线如图 7－12 所示。

（4）校色温滤光片：该滤光片是彩色摄影中的专用滤光片。其透光特点是：在可见光范围内，该滤光片可用来改变光谱成分的比例，使其符合实际彩色摄影中应用的彩色胶片对光源光谱成分的需要。这类滤光片包括升色温、降色温两类。平衡色温的滤光片，它们的分光透光曲线如图 7－13 所示。

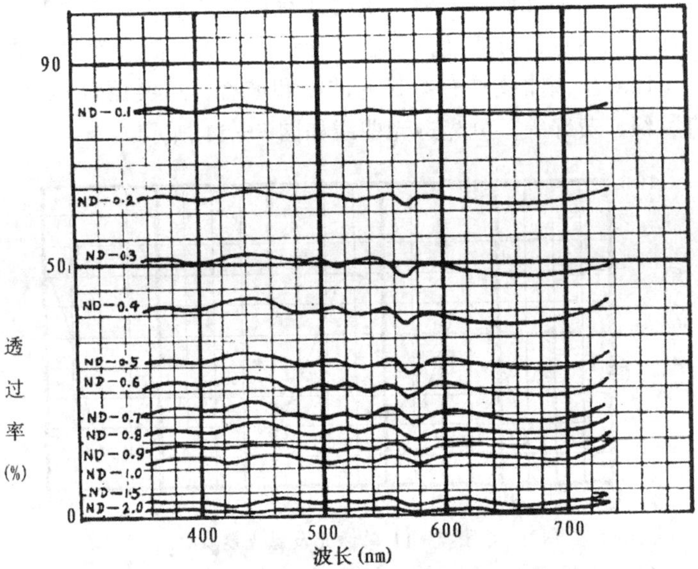

◁图 7-12 中性灰阻光片透光曲线▷

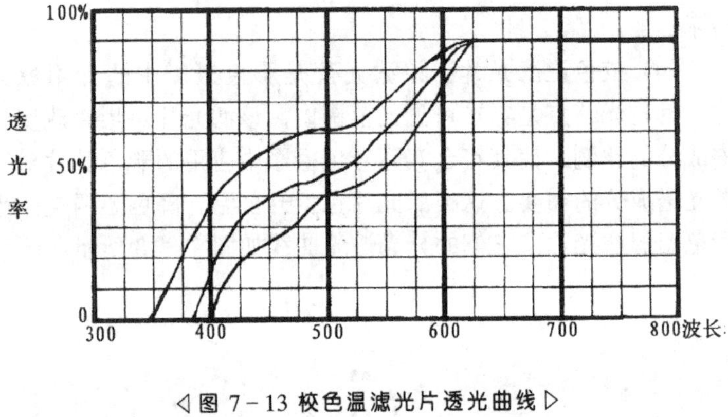

◁图 7-13 校色温滤光片透光曲线▷

四、滤光器的曝光补偿倍数

滤光器作为一种光学器件加在摄影镜头的前端或后端，对来自被摄体方面的光量进行选择性吸收与透过。中性灰阻光片则是对来自被摄体方面的光量进行非选择性地吸收与透过。总之，在摄影镜头前加用滤光器，都会不同程度地减弱光量。因此，在使用滤光器时，必须以原曝光组合为基础，对被吸收的光量作必要的补偿。

滤光器的曝光补偿倍数也称曝光因数、曝光系数。它表示在使用滤光器之后的曝光量相对于未使用滤光器时的曝光量的倍数。滤光器的曝光补偿倍数越大，因数越大；倍数越小，因数越小。通常曝光补偿倍数用阿拉伯数字标刻在滤光器的镜圈上，或者写在说明书上，用它指出该滤光器所要增加的曝光量。通过适当开大光圈或延长快门时间，使曝光量增大，以求获得曝光适中的画面效果。滤光器曝光补偿倍数与曝光补偿级数的换算关系如表 7－3 所示。

〔表 7－3〕 **曝光补偿倍数与级数换算关系表**

曝光补偿倍数	曝光补偿级数
1	0
2	1
3	5/3
4	2
6	8/3
8	3
12	11/3
16	4

1. 影响滤光器曝光补偿倍数的因素

（1）滤光器的密度和颜色。

滤光器密度的大小，决定了该滤光器本身的密度和颜色的深浅。滤光器的颜色不同，其曝光补偿倍数往往不同。如黄滤光器只吸收一种原色光（即蓝光），而红滤光器则吸收两种原色光（即绿光和蓝光），因此红滤光器的曝光补偿倍数就要比黄滤光器的曝光补偿倍数高。另外，同一颜色的滤光器，也往往会因颜色深浅不一导致其曝光补偿倍数不同。颜色深、其密度就大，所吸收的光线能量相对增加，所以曝光补偿倍数一般相对较大；颜色越浅，其密度越小，所吸收的光线能量相对较小，曝光补偿倍数一般较小。

（2）感光材料的感色性。

感光材料（指胶片）的感色性，反映着该胶片对哪些色光较敏感，对哪些色光不敏感。这种对色光的敏感程度，也影响着滤光器曝光补偿倍数的大小。如感光材料中黑白全色性胶片除对蓝紫光尤其敏感外，对其余各种色光都很敏感，而黑白正片（如黑白放大相纸）对蓝紫光最敏感，对红光不敏感。所以称为色盲片或分色片。两种不同的感光材料，当采用同一黄滤光器时，该滤光器的曝光补偿倍数对于全色片来讲相对较小，而对于色盲片来讲就会很大。

（3）光源的光谱成分。

光源光谱成分的变化与不同，决定了光源色温的高低，色温值的变化直接影响着所用滤光器在拍摄时的曝光补偿倍数的大小。

滤光器的曝光补偿倍数通常是在中午日光或标准卤钨灯下测定的。但是，摄影中应用的照明光源是不同的，不同的光源光谱成分不同，因此同一滤光器对不同光源的光谱成分的吸收效果也会有所不同。如正午日光的色温远比早晚或卤钨灯的色温高，早晚的光线和卤钨灯的光谱成分中红橙色光比正午日光要高很多。当使用黄、橙、红滤光器进行黑白摄影时，这些滤光器的曝光补偿倍数相对于在正午日光下拍摄时曝光补偿倍数就稍小些，反之，在这时拍摄使用蓝、绿色滤光器，其曝光补偿倍数相对于正午日光下拍摄时略大。

影响滤光器曝光补偿倍数的因素，除以上所讲过的几个方面之外，还有被摄体的颜色。当滤光器的颜色与被摄体的颜色相同时，该滤光器的曝光补偿倍数就略小；与被摄体的颜色不同时，其曝光补偿倍数就相对加大。总之，滤光器的曝光补偿倍数决不能被看成是固定不变的，在实际拍摄中，应结合具体情况进行必要的调整，以便形成理想的画面效果。

2. 滤光器曝光补偿倍数的测量

滤光器的曝光补偿倍数可以从厂家生产的产品说明书中查到，并标记在滤光器外接环上。厂家提供的曝光补偿倍数（或因数），一般是根据对消色物体曝光时所推荐的补偿值，因此会在实际拍摄中存有许多差异。另外还有一些滤光器生产厂家所生产的产品，根本就没有标明滤光器的曝光补偿倍数，这样就使摄影人员在拍摄不同效果的画面时，难以准确地控制曝光。如果摄影机、照相机具有自动测光系统，也会由于测光元件对各种色光的敏感程度不同而影响画面的曝光，必要时也需要通过实际拍摄来检测滤光器的曝光补偿倍数。

测量滤光器曝光补偿倍数的方法多种多样，可以根据自己的创作意图和所使用的摄影设备的功能进行相应的测量。归纳起来，常用的测量方法有以下几种：

(1) 实拍测量。

实拍测量就是根据自己创作时所依据的实际条件，将滤光器安装在摄影镜头前端进行拍摄。这种方法由于是实际拍摄，因此它可以将影响滤光器曝光补偿倍数的光源的光谱成分、感光材料的感色性等因素考虑进去，所以测量比较准确。

具体测量的步骤是：首先选择一具有丰富的影调变化和色调变化的景物作为拍摄对象（以上景物多为人物中近景，手中拿着标准灰板级谱和色板）。在日光或卤钨灯照明条件下，采用改变曝光量的方式分别拍摄几张画面，如使用感光度 21°的胶片，根据现场测量人脸所指出的光值，不加滤光器拍摄一张，然后将需要测量的滤光器安装在摄影镜头前端，在拍摄条件完全不变情况下，按照增加三分之一级或半级光圈的增大幅度，拍摄 3～4 张画面。

如果摄影人员使用的摄影机、照相机内具有通过镜头内测光系统，一般情况下，应当把滤光器加在摄影镜头前端。由于该测光系统已将滤光器吸收的那部分光考虑在内，所以从这个意义上讲可以不再考虑曝光补偿的问题，可以直接按内测光系统测出的读数进行自动曝光。但是，这样拍摄时，所摄画面曝光常常会出现问题，这是因为内测光系统采用的光电元件对各色光的敏感程度与感光材料的感色性有一定的差异。测光系统中常用的光电元件，如硫化镉光敏电阻，对红光较为敏感，当使用黄、橙、红系列的滤光器后，因透过的红光成分偏高就会导致拍摄后的红色物体，在画面中有些曝光不足。所以，具有内测光系统的设备在使用滤光器时，为了准确地控制画面曝光，形成创作者需要的影调、色调时，也应进行实拍测量。方法是利用手动调整曝光量。如果照相机具有包围曝光系统，采用不加滤光器，按照标准条件拍摄一张，然后将滤光器加在摄影镜头前端，在上述条件完全不变时，人为地调定光圈或采用包围曝光方法进行拍摄，以获得几种不同曝光量的画面效果。然后将上述所拍摄的画面，送冲洗部门按标准条件显影、定影、冲片、印放后，把加用滤光器所获得的画面与没有加滤光器的画面进行对比，从中选出一张与没有加滤光器拍摄得非常接近的画面，该滤光器的曝光补偿倍数就是获得这幅画面时调定的曝光量的级差。例如一块黄滤色镜，在未加滤色镜时调定的曝光组合为快门速度 1/60 秒，光圈f/11。而加用滤光器拍摄后，加大一级光圈拍摄的画面与不加滤光器拍摄的画面接近或一致。拍摄时采用的曝光组合为快门速度 1/60 秒，光圈 f/8，f/8 的光圈比 f/11 的光圈大一级，曝光量加大二倍，那么这块黄滤光器的曝光补偿倍数为 2 倍。

为了方便地查找滤光器的曝光补偿倍数与相对孔径（光圈）之间的关系，列表如下：

〔表 7－4〕 **滤光器的曝光补偿倍数与相对孔径之间的关系**

滤光器的补偿倍数	未使用滤光器时的相对孔径（f 值）							
	2.8	4	5.6	8	11	16	22	32
1	2.8	4	5.6	8	11	16	22	32
1.5	2.2	3.2	4.5	6.3	9	12.5	18	25
2	2	2.8	4	5.6	8	11	16	22
2.5	1.8	2.5	3.5	5	7	10	14	20
3	1.6	2.2	3.2	4.5	6.3	9	12.5	18
4	1.4	2	2.8	4	5.6	8	11	16
5		1.8	2.5	3.5	5	7	10	14
6		1.6	2.2	3.2	4.5	6.3	9	12.5
8		1.4	2	2.8	4	5.6	8	11
10			1.8	2.5	3.5	5	7	10

（续表）

滤光器的补偿倍数	未使用滤光器时的相对孔径（f 值）							
	2.8	4	5.6	8	11	16	22	32
12			1.6	2.2	3.2	4.5	6.3	9
16			1.4	2	2.8	4	5.6	8
20				1.8	2.5	3.5	5	7

总之，滤光器的曝光补偿倍数就是使用滤光器以后的曝光量，相对于没有使用滤光器时曝光量的倍数。拍摄时需要增加的曝光，可以开大光圈，也可以降低速度。开大光圈一级或降低速度一级，所增加的曝光量不变。

(2) 密度对比测量。

这种测量方法是实际拍摄两张画面，拍摄条件与上述实际测量时选取的景物、光源、胶片等完全一致。不同的是，只拍两张画面，一张摄影镜头前不加滤光器，而另一张则在摄影镜头前加装所测量的滤光器，采用相同的曝光组合。拍摄之后，将刚拍好的两张画面在标准条件下进行冲洗，然后再将冲洗好的两张底片在密度计上进行计量。计量时应选择两张底片的同一部位。根据两张底片测量出的密度差，推出该滤光器的曝光补偿倍数。

例，求一块黄滤光器的曝光补偿倍数。选取一人手持一块具有 6～8 级灰板和色板，拍摄时，不加滤光器按中级灰亮度正确曝光（曝光组合为速度 1/60 秒，光圈 f/11）拍一张，然后将黄滤光器加装在摄影镜头前，不改变曝光量，采用不加滤光器时的曝光组合，再拍摄一张，将这两张拍好的底片进行冲洗。冲洗之后拿到密度计上对底片进行测量，两张底片都测量中级灰板的位置。通过密度计测量得出不加滤光器中性灰板的密度值为 1.1，而加用黄滤光器之后，中性灰板的密度值为 0.8，其密度差为 0.3（注：密度，即指中性灰的阻光程度，用阻光率的对数来表示。阻光率是指投射光通量与透射光通量之比。中性灰的阻光倍数为 2 时，其密度为 0.3）。上述中性灰板的具体密度差为 1.1－0.8＝0.3。在摄影中底片上的密度值相差 0.3，其曝光相差一级（曝光量为 2 倍），因此这块黄滤光器的曝光补偿倍数为 2 倍。

（3）直接测量。

这种测量方法是利用测光表或通过镜头的内测光系统，将使用的滤光器放在测光窗口前或使用自动测光照相机，将滤光器直接放在摄影镜头前面，直接测量滤光器的曝光补偿倍数。具体操作方法如下：首先将要测量的滤光器准备好，最好采用顺光照明，将测光表对准一个消色物体表面进行计量，记录下所测量的光值，在测光表位置方向不变的前题下，然后将需要测量的滤光器放到测光表的测光窗口前（如果使用自动测光照相机，可放在相机的镜头前），计量加滤光器之后的光值。根据上述测量的两个光值，对二者间的光值进行比较。比较后二者间形成的差，就是该滤光器大约的曝光补偿倍数。

运用这种方法测量滤光器的曝光补偿倍数，需要注意滤光器的面积必须遮住测光窗口或摄影镜头的口径。当使用通过镜头内测光系统测量普通的偏光镜时，常会产生误差。因为偏光镜的曝光补偿倍数是以非偏振的自然光时的阻光倍数来计算的。

另外需要说明的是，由于这种测量方法没有结合实际拍摄中使用的胶片、光源，因此，对中性灰一类非选择性吸收的滤光器来讲，测出的曝光补偿倍数还比较准确；而对有色滤光器来讲，因为没有考虑胶片的感色性、光源的光谱成分，所以只能做为参考。

综上所述，在三种测量方法中，实拍测量和密度对比测量，因为结合实际使用的感光材料和照明光源，所以具有较高的实用价值，是测量滤光器曝光补偿倍数较为准确的方法。即使如此，摄影者在实际拍摄中，也不能机械地一成不变地对曝光补偿倍数随意运用，而只能作为创作时的参考，根据创作意图进行适当的调节和修正，只有这样，才能真正获得最佳的画面效果。

为了便于大家对摄影中使用的滤光器的曝光补偿倍数有一些了解，下面就常用的黑白摄影滤光器和彩色摄影滤光器的曝光补偿倍数列表如下：(供参考)

柯达雷登黑白摄影用滤光器曝光补偿倍数（或级数）

〔表 7－5〕

滤光器序号	滤光器颜色	日光下曝光补偿倍数（级数）	卤钨灯下曝光补偿倍数（级数）
3	浅黄	1.5（2/3）	1（0）
4	黄	1.5（$\frac{2}{3}$）	1.5（$\frac{2}{3}$）
6	黄	1.5（$\frac{2}{3}$）	1.5（$\frac{2}{3}$）
8	中黄	2（1）	1.5（$\frac{2}{3}$）
9	深黄	2（1）	1.5（$\frac{2}{3}$）
11	黄绿	4（2）	4（2）

（续表）

滤光器序号	滤光器颜色	日光下曝光补偿倍数（级数）	卤钨灯下曝光补偿倍数（级数）
12	深黄	2（1）	1.5（1）
13	深黄绿	5（$2\frac{1}{2}$）	4（2）
15	深黄	2.5（1）	1.5（1）
21	橙	5（$2\frac{1}{2}$）	4（2）
23A	浅红	6（$2\frac{2}{3}$）	3（$1\frac{1}{3}$）
25	红	8（3）	5（$2\frac{1}{3}$）
29	深红	16（4）	8（3）
Δ7	蓝	6（$2\frac{2}{3}$）	12（$3\frac{1}{3}$）
Δ7B	中蓝	8（3）	16（4）
50	深蓝	20（$4\frac{1}{4}$）	40（$5\frac{2}{3}$）
58	中绿	6（$2\frac{1}{3}$）	6（$2\frac{1}{3}$）
61	深绿	12（$3\frac{2}{3}$）	12（$3\frac{2}{3}$）
PL	偏光镜	2.5（1）	2.5（1）

日本保谷黑白摄影用滤光器曝光补偿倍数（或级数）

〔表 7－6〕

滤光器型号	滤光器颜色	日光下曝光补偿倍数（级数）	卤钨灯下曝光补偿倍数（级数）
K2	黄	2（1）	1.5（$\frac{2}{3}$）
G	橙	2.5（1）	2（1）
25A	红	8（3）	4（2）
X0	浅黄绿	2.5（1）	1（0）
X1	深黄绿	4（2）	3（1$\frac{1}{3}$）
PL	偏光镜	3～4（2）	3～4（2）
ND×3	浅灰	2（1）	2（1）
ND×4	中灰	4（2）	4（2）
ND×8	深灰	8（3）	8（3）

思考题

1. 人眼可以视见的波长范围是多少？
2. 人眼感觉最明亮的色光是什么光？波长是多少？
3. 人眼感觉最敏感的色光是什么光？波长是多少？
4. 什么是光的加色效应？什么是光的减色效应？
5. 减色效应的一般规律是什么？
6. 颜色的三个基本特征是什么？

7. 滤光器如何分类?

8. 影响滤光器曝光补偿倍数的因素有哪些?

9. 测定滤光器曝光补偿倍数的方法有几种? 如何测量?

第八章　光源色温与画面色彩控制

在电视节目制作和彩色摄影中，创作人员面对大千世界色彩斑斓的景物，要想使这些丰富多彩的景物，通过拍摄将它们真实地反映出来，一个很重要的技术问题，就是如何使景物色彩按创作者的意图客观地再现或主观地表现在画面中，那么就必须了解照明景物的光源。由于光源色温不同，光谱成分各异，只有了解了光源色温，才能有目的地选择调节光源色温用的滤光片，使景物色彩在画面中得到准确的控制。在彩色摄影中，如果不了解光源色温，拍摄时要想使景物色彩得到控制，那是一句空话。那么，什么是色温？色温与彩色摄影的关系如何？摄影中用哪种滤光片来调节色温？摄像中色平衡调整又如何理解？我们将在这一章中进行论述。

一、色　温

色温，又称“色温度”或“光源色温”。色温是说明热辐射光源的光谱成分的。可以用绝对温度（K）或微倒度（MRD）来表示。

色温是英国物理学家凯尔文（Kelvin），于 1848 年在一次物理实验中发现的光色与温度的关系。他把黑体（又称“绝对黑体"，也称"完全辐射体"）放在密封容器中加热，从绝对零度（-273.16℃）为计算起点，温度每升高1℃，色温相应提高1K。所以，后来人们用凯尔文名字的第一个大写字母"K"，作为光源色温的标志单位。

1. 色温的意义

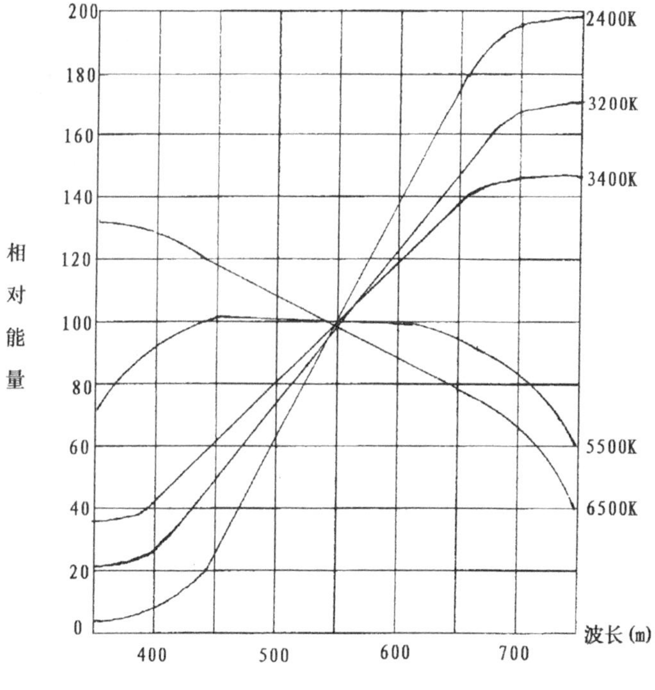

◁图 8-1 完全辐射体在不同温度下光谱能量分布图▷

色温是借用完全辐射体的温度来表示光源的光谱成分的。完全辐射体是指能全部吸收外来电磁辐射而毫无反射和透射的理想物体。它对任何波长的吸收系数为 1，反射系数和透射系数均为 0。完全辐射体不加热时就是黑体。完全辐射体光谱特征是随着温度的升高，辐射的光谱逐渐向波长较短的区域移动，大致情况是：

低温时	只辐射红外线
500℃左右	辐射可引起视觉的波长
1 500℃时	辐射具有全部可见光

就辐射的可见形式能量与总辐射的比例而言：

1 600℃时	可见辐射占总辐射的 2%，紫外辐射极少；
5 700℃时	可见辐射占总辐射的 40%（最高比例）；
6 430℃时	可见辐射减少，紫外辐射增加。

从图 8－1 可以看出，这些曲线都分别以人眼最敏感的 555 毫微米的光波为基础，进行了能量转换。在低温下长波光的比例高，在高温下短波光的比例高。2 400K、3 200K、3 400K温度下波长长于 555 毫微米的光波能量，大于波长短于 555 毫微米的光波能量。而5 500K、6 500K温度下波长短于 555 毫微米的光波能量，大于波长长于 555 毫微米的光波能量。

当实际光源的光谱成分与完全辐射体（也称绝对黑体）在某一温度时光谱成分一致或接近，就用完全辐射体的温度来表示实际光源的光谱成分，这就是色温的意义。

需要说明的是，色温不是物体色的标志，也不是亮度标志，它只说明热辐射光源光谱成分的变化。因为只有热辐射光源才具有连续性光谱，具有连续光谱的光源才能用色温来表示(如太阳、白炽灯、卤钨灯等)。如果不具备连续性光谱，主要是指线性光谱较强的气体放电光源，它们所发射的光的光谱，与各种温度下完全辐射体的光谱成分不完全相同，因此不能用一般的色温概念来描述，只能用“相关色温”来表示。也就是说，当光源发射的光的光谱成分与完全辐射体在某一温度下辐射的光谱成分最接近时，就把完全辐射体的温度称为该光源的“相关色温”（如阴天、气体放电光源）。

表示光源色温的方式有两种。其中一种是用绝对温度来表示，符号为 K（是 Kelvin 的缩写）。绝对温度曾用°K 表示，统一标准后去掉前面的“°”符号，只用 K 来表示。

绝对温度和摄氏温度的关系为：K = ℃ + 273，式中 K 表示绝对温度，℃ 表示摄氏温度。

光源色温还可以用“微倒度”（又称“微倒值”或“麦瑞德值”）来表示，符号为 MIDED 或 MRD。麦瑞德值是微倒度的译音，英文原文为 Micio Reciprocal Degree。用微倒度来表示色温的有效变化时，在整个范围内都具有相同的数值。

微倒度与绝对温度的关系为：

微倒度（MRD）＝1/K×100 000

由于色温用绝对温度来表示，一般为 4 位数。有的多至 5 位数。为了便于记忆和使用国际上的通用单位，微倒度表示色温值，如日光的色温为 5 500K 时，代入下式：

微倒度＝1/5 500×1 000 000≈182

又如卤钨灯的色温是 3 200K，它的微倒度则是 100 000÷3 200≈313。在实际应用中，影视界为了便于读写和计算，广泛采用 10 微倒度（或＋微倒度）作单位，又称“狄卡麦瑞德值”（Deca MIRED 的音译）并标示为 DMV。

一个“＋微倒度”值等于 0.1 倍微倒度，即等于 10 个微倒度，用公式表示为：

＋微倒度＝1/K×1 000 000

如上例中日光色温的微倒度为 182，即可以写成 18＋微倒度，313 写成 31 即可。微倒度值与绝对温度值成反比。色温值越高，微倒度值越低，色温值采用 + 微倒度表示，一般只需 2 位数字，运算比较简单，使用方便。

〔表 8－1〕　**常见色温的微倒度值**

色温 K	微倒度	色温 K	微倒度	色温 K	微倒度	色温 K	微倒度
1 000	1 000	3 000	333	5 000	200	7 000	143
1 100	909	3 100	323	5 100	196	7 100	141
1 200	833	3 200	313	5 200	192	7 200	139
1 300	769	3 300	303	5 300	189	7 300	137
1 400	714	3 400	294	5 400	185	7 400	135
1 500	667	3 500	286	5 500	182	7 500	133
1 600	625	3 600	276	5 600	179	7 600	132
1 700	588	3 700	270	5 700	175	7 700	130
1 800	556	3 800	263	5 800	172	7 800	128
1 900	526	3 900	256	5 900	169	7 900	127
2 000	500	4 000	250	6 000	167	8 000	125
2 100	476	4 100	244	6 100	164	8 500	118
2 200	455	4 200	238	6 200	161	9 000	111
2 300	435	4 300	233	6 300	159	9 500	105
2 400	417	4 400	227	6 400	156	10 000	100
2 500	400	4 500	222	6 500	154	11 000	91
2 600	385	4 600	217	6600	152	12 000	83
2 700	370	4 700	213	6 700	149	13 000	77
2 800	357	4 800	208	6 800	147	15 000	67
2 900	345	4 900	204	6 900	145	20 000	20

为了便于大家对各种光源的色温有一个基本了解，下面将摄影中常用的一些光源的色温概数和相应的微倒度值列表如下：

常用光源的色温或相关色温概数及微倒度值

〔表 8－2〕

类别	光源	绝对温度 K	微倒度 MRD
自然光	日出、日落时的阳光	2 000	500
	日出 1 小时的阳光	3 500	285
	日出 2 小时的阳光	4 700	213
	上午 9 点之后至下午 4 点之前	5 000～5 800	200～172
	正午阳光	5 500～5 800	18～5172
	日光	5 500	185
	晴天的阴影处	6 000 左右	167 左右
	均匀的云遮日	6 400～6 900	156～145
	阴天	6 500 以上	153 以下
人造光	火柴的火焰	1 700	588
	蜡烛光	1 850	541
	标准烛光	1 930	518
	40W－60W 白炽灯（约 12 流明/瓦）	2 600	385
	100W－200W 白炽灯	2 800	357
	500W 钨丝灯	2 960	338
	卤钨灯（溴钨灯、碘钨灯）	3 150～3 200	317～313
	金属卤化物灯	5 600～6 000	179～167
	摄影日光灯	5 500	182
	电子闪光灯	6 000	167
	日光色荧光灯	5 500～6 000	182～167
	三基色荧光灯	3200	313

〔注：阳光和日光（昼光）二者不能混淆，阳光是指太阳直射照明；日光是指直射光和天空散射光的混合光，又称昼光。〕

上表中所列举的各光源的绝对温度和微倒度值都是大约值。因为色温的高低受许多因素的影响。在室外太阳入射角、天空变化、云雾、烟尘等都会使色温升高或降低一些。日光色温变化的一般规律是：

（1）日出、日落时色温偏低，中午色温高。太阳出升和落山时，阳光经过大气层的路径最长，阳光中的短波光容易被大气介质所吸收，而长波光则比较容易通过。所以光线中的红光成分多于蓝光成分。

太阳升起，大约在上午 9 点之后，一直到下午 4 点之前，基本稳定在 5 000K～5 600K 左右。但是日光色温值还会受季节的影响。由于地球的赤道平面与地球的公转轨道面呈一定夹角，因此随着赤纬值的变化，太阳照射地球的角度也随着变化。影响到光源的色温，我们以北京地区冬至一天的色温为例，如图 8－2 所示。

（2）阴天时色温高于晴天时的色温。

阴天时光源要穿过云层，其长波光被吸收和散射，短波光较容易通过，天空散射光色温很高。需要说明的是，阴天光源的性质与完全辐射体发光的性质不同，阴天为线状光谱，应使用相关色温。这种光源在彩色摄影时会影响到画面的色彩还原。

（3）晴天阴影处和海拔高的地区，蓝紫光成分多。

晴天阴影处，主要由天光照明，天光中蓝紫光成分多。高原地区空气相对稀薄、阳光中紫外线多，都会使色温偏高。

在室内，人工光源中的钨丝白炽灯、气体放电灯，也会因使用期限、老化程度、电压、反光镜和散射器件之类的因素，对光源的实际色温产生影响。就拿电压一项来讲，卤钨灯的色温会随电压的变化而改变，对额定电压为 220V 的卤钨灯，若额定电压下的色温为 3 200K 时，在常用色温范围内，电压每

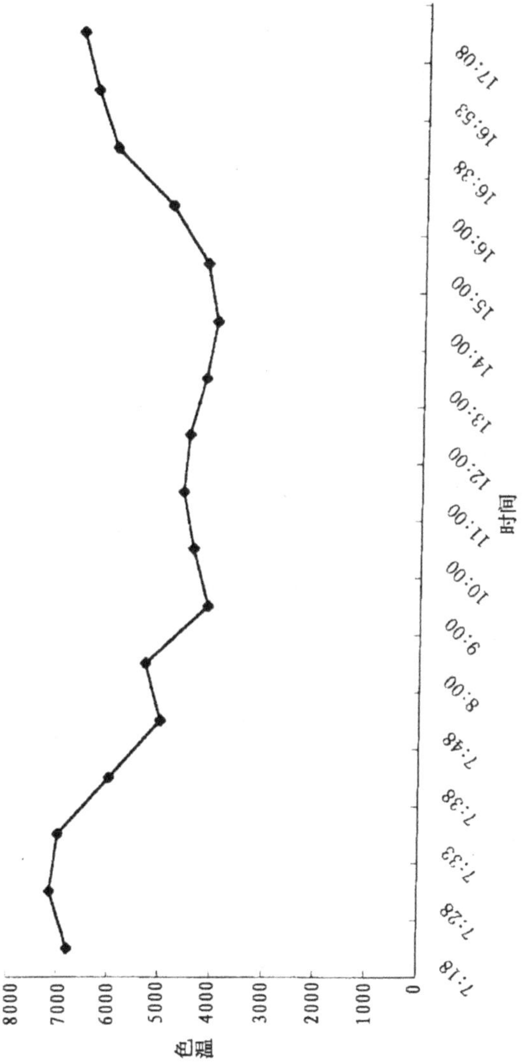

◁图 8-2 1998 年 12 月 22 日冬至一日色温变化曲线▷

降低 1V，则其色温降低约为 5.5K；对额定电压 110V 的卤钨灯，电压每降低 1V，则其色温降低约为 11.5K；对额定电压 24V 的卤钨灯，电压每降低 1V，则其色温降低约为 52K。白炽灯和卤钨灯的色温，随着电压按指数规律变化；其关系可用公式表示：

$$U/U_0 = (T/T_0)^{2.7}$$

即 $T = T_0 (U/U_0)^{1/2.7}$

式中 U_0——光源的额定电压，伏（V）；

U——光源的实际电压；

T_0——额定电压下光源的色温（K）；

T——电压 U 所对应的实际色温。

按照这个公式，可以计算出任何一种白炽灯及卤钨灯在不同电压下的色温值。这种计算方法在没有色温表的前提下是很准确的。气体放电灯中的氙灯，电压在一定范围内变化时，其色温变化很少；镝钬灯的色温，随着电压的降低，色温会有所升高。

从表 8－2 所列举的各种光源可以看出，这些光源都是在实际中常见的，光源色温的高低标志着各自所含的光谱成分不同。如果光源的光谱成分所含红光成分多于蓝光成分，色温偏低，反之，色温则偏高。

下面就几种典型的热辐射光源所含光谱成分的比例列表如下：

〔表 8-3〕 **几种典型光源的光谱成分比例分析**

光源	色温概数（K）	微倒度 MRD	红光	绿光	蓝光
正午阳光	5 500	182	33%	34%	33%
卤钨灯	3 200	313	45%	34%	21%
白炽灯	2 600	385	50%	34%	16%

从上表可以得知，色温的高低意味着光源中所含光谱成分的比例不同。当光源色温为5 500K时，所含光谱成分中红光、绿光、蓝光三种色光的比例大致相同。这时所发出的光在人的视觉感受上为白光，显色指数最高为 100。当光源色温低于5 500K时，光源的光谱成分中绿光成分保持不变，只是红光成分的比例明显高于蓝光成分的比例。随着光源色温值逐渐下降，红光成分的比例不断上升，而蓝光成分的比例则逐渐减少。反之，当光源色温高于 5 500K 时，光谱成分中绿光成分仍不变，而是红光成分的比例逐渐降低，蓝光成分的比例在逐渐升高。因此，光源色温的高低，随着光源的性质不同，而有所变化。辐射光源具有连续性光谱，色温值的高低标志着红光成分与蓝光成分的变化，所以可以用校色温滤光片来调节，使画面正常还原。

2. 色温表与色温测量

在影视作品的创作中，拍摄时现场照明光源常常不是一种灯具，有时同一场景有几种光源照明。这些光源的性质不同、生产厂家不同，人们很难准确地估计出这些光源的色温。特别是那些不具备连续光谱的光源其相关色温如何，很难判断，需要借助计量仪器来测量，这种工具就是色温表。

色温表不但可以测量出光源的色温或相关色温的高低，而且可以根据所用彩色片的类型指出为实现正确色彩还原而需应用的校正色温的滤光片。

目前使用的色温表，按照测量色温的方式可分两种。一种是二色式色温表，一种是三色式色温表。

二色式色温表的测光窗口处有一乳白色漫射屏，屏后一般安装两个彼此独立的测光元件，在每个测光元件前分别装有一块红滤色镜，一块蓝滤色镜。两块测光元件可同步独立进行测光。早期也有二色式色温表内只装有一个测光元件，测光时需分别把红、蓝滤镜先后移到测光元件前方进行测量。如德国高森色温表，其结构示意图和外形，如图 8－3 所示。

高森色温表的使用方法：

(1) 定位：先旋转色温表中央的转盘，使下方的箭头对准彩色片所要求的平衡色温符号。如日光型彩色片要使箭头对准 D (5 400K)，灯光型彩色片则对准 A 或 B（即 3 400K 或3 200K），其上方

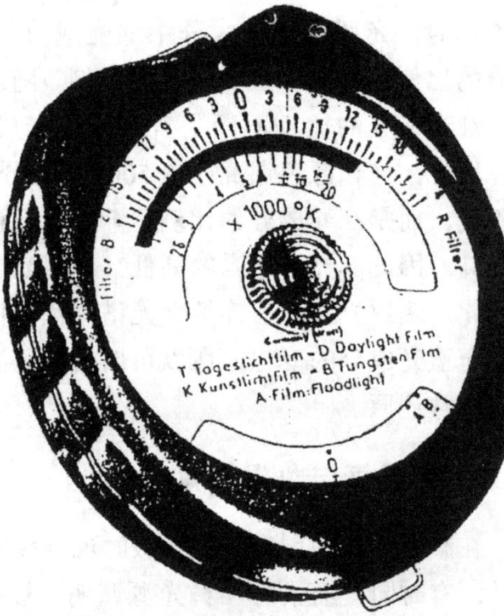

◁图 8－3 色温表结构示意图▷

转盘就会自动指向不同胶片所需的平衡色温值。

（2）计量：把色温表的乳白色漫射屏指向光源，按下色温表的计量开关，就可以测量出实际光源的色温值。注意：计量时不能让手或其他物体遮住色温表的测量窗口，以免影响测量结果的准确性。

（3）确定所需的滤光片：通过测量实际光源的色温值。在色温表的相应位置上指示出所需的滤光片。滤光片为红色系列由 1～24 符号标志“R”，蓝色系列由 1～21 符号标志为“B”，表内使用的滤镜指数采用 10 微倒值表示。

色温表显示的 10 微倒值与所需校色滤光片的对应关系

〔表 8－4〕

色温表的“R”显示	选用滤光片	色温表的“B”显示	选用滤光片
R3	81A	B3	82B
R6	81EF＋81	B6	80D
R9	85C＋81	B9	82C＋82C
R12	85＋81	B12	80B＋82
R15	85B＋81A	B15	80A＋82A
R18	85B＋81EF	B18	80A＋82C
R21	85B＋85C	B21	80A＋80C
R24	85B＋85		

当色温表上设定好了相应的彩色片平衡色温之后，用色温表计量热辐射光源的色温，通过红、蓝滤镜后就可获知此实际

光源发出的光线中所含红光、蓝光的比例为多少。当光谱成分中红光成分多于蓝光成分时，色温偏低，当红光成分少于蓝光成分时，色温偏高；从而根据两种色光的能量比例，指出相应的色温值以及为获得色彩还原需选用的滤光片型号和校色温滤光片的微倒度值。

由于两色式色温表只考虑光源中所含红、蓝色光的比例变化，忽略了光源中所含绿光成分的变化，因此，在特殊的照明场合或采用非连续光谱的光源照明时，按测量结果调节色温后，景物的色彩还原不准确，为了这在种情况下也能获得满意的画面效果，可采用先进的三色式色温表。

三色式色温表的测光窗漫射屏后面，有三个独立的测光元件。每个测光元件前面加一片滤光片（即红、绿、蓝三块滤光片），三个测光元件便可同步独立测光，并且有与彩色片相似的光谱反应。如日本产美能达ⅢF 型 色温表。当该表对光源色温进行测量时，红、绿、蓝三块滤镜后的测光元件可以进行三原色同步测量，并获知此光源所发出的光线中红、绿、蓝各色光能量的大小，从而由表内微电脑根据光源中所含红光、蓝光的比值，指出该光源相应的色温高低，以及为校正光源色温与彩色片平衡色温之间的差异，而应加用的校色温滤光片（LB）的微倒度值（MRD）或滤光片型号。还可根据光源中所含绿光、红光的比例（G/R），指出为更理想地再现景物色调应该加用的彩色补偿滤光片（CC）的相应指数（显示“+”号时需加品红 CC 滤光片，显示“－”号时需加绿 CC 滤光片）。

美能达ⅢF 型色温表的性能指标如下表所示。

〔表 8－5〕　**日本美能达ⅢF 型色温表的技术性能指标**

类　别	性　能　指　标
型　号	彩色摄影用三色或数码色温表
测光部	采用三只硅光敏元件分别测量光源中所含红、绿、蓝三色光的强度，测光部可以向右旋转 90 度，向左旋转 180 度。
测量模式	连续光（AMBI，也称正常光） 闪光（有线 CORD，无线 NON.C）
测量范围（ISO100）	连续光：EV3～EV16.3 闪光：f/2.8 至 f/180（于两个范围内 Lo：f/2.8 至 f/22，Hi：f/22 至 f/180）
闪光测量时快门速度调校范围	1/500 至 1 秒，以每次一级递增 另有 F 当仅供测闪光灯时用
显示窗	由液晶显示屏（LCD）显示数字供直读
显示模式	LB 及 CC 指数，LB 校色温滤光片型号及 CC 指数光源色温

（续表）

类别	性能指标
显示范围	LB指数：－500至500微倒度值 CC指数：200至200绿 LB校色温滤光片型号：85B＋81EF至80A＋80D 光源色温：1 600K至40 000K
记忆功能	内有9个记忆频道供储存矫正的数值，用以调整已计算的补偿值（LB指数和CC指数）以达到创作者所需的偏色效果。在实际测量时，表内可直接将实际需要补偿值与预先储存的人为偏色补偿值的叠加结果显示出来。 矫正数值的范围： ΔLB：－100至－100微倒值 ΔCC：100M（品）至100G（绿）
电源	两只5号电池
操作温度范围	摄氏温度－10℃至50℃
储存温度范围	摄氏温度－20℃至55℃
体积	高×宽×厚为160×68×28MM
重量	200克（不包括电池）

美能达ⅢF型色温表的外形结构，如图8－4所示。

图中所示各部件的名称、作用及操作方法如下：

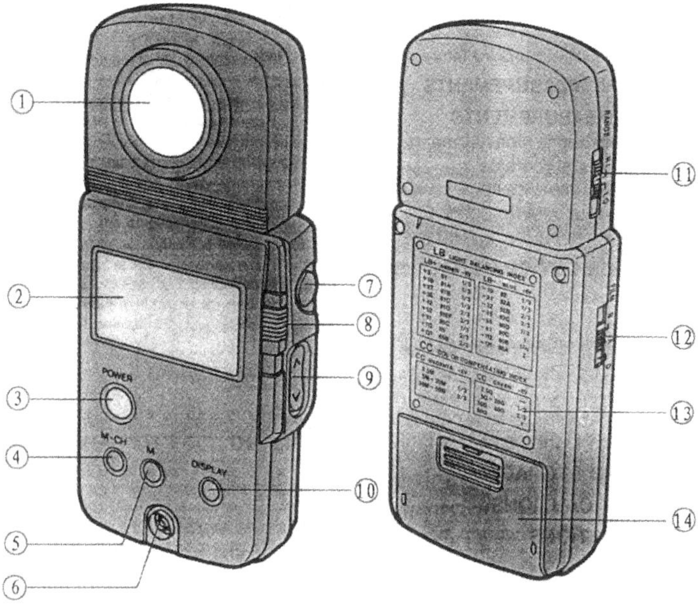

◁图 8－4 美能达ⅢF 型色温表结构▷

①测光窗口。

②液晶体显示屏：该屏显示出所测量光源的色温值及用于平衡色温所需的滤光片和色彩补偿滤光片。需说明的是当准备测量的光源照度超出可容许的测量范围，或要显示的指数超出可容许显示的范围时，则显示屏内的字母 O 或 U，或 LB 和 CC 将会闪动。

③电源开关（POWER）（接通电源后若满 4 分钟未操作，则电源将自动关闭）。

④记忆频道（M－CH）按钮：当持续按着按钮，即能使用上/下调节来选择记忆频道。

⑤记忆（M）按钮（选择了所需记忆的频道后，持续按下

此钮并按动上/下调节键 9，可随意选择要记忆的补偿量大小，此时显示屏上则显示出字母△LB、△CC 及具体补偿量）。

⑥显示模式（DISPLAY）选择钮：显示模式可按下列次序改变，显示所需加用滤光片的微倒度值 LB 和 CC 滤光片指标，显示所需加用校色温滤光片的型号和色彩补偿滤光片的型号，显示被测光源的实际色温值。

⑦同步插座（供在 CORD 模式上插电子闪光灯的闪光同步连线）。

⑧测量按钮：按下此钮即开始测量色温，并可把测量结果显示出来及记忆在表中的微电脑内。

⑨上/下调节控制键：在 CORD 和 NON.C 模式下，按动此键，可根据拍摄时的快门速度值，调节色温表上所显示的快门时间数字，以便输入到色温表内。此时显示屏会显示出字母 TIME 及所输入的快门时间数字，从而能更精确地测量混合光源照明下的色温。若用闪光灯，则需把快门时间调至 F 即可。此键配合记忆频道按钮使用时，可进行记忆频道调整。

⑩测光模式选择开关，有三档方式供选择。自上至下分别是“AMBI”连续光测量档。当选定胶片类型和显示模式后，将测量模式调至 AMBI，然后将色温表对准光源，按下测量开关，便会呈现测量结果。闪光灯测量，当选定适当的胶片类型及显示模式后，将闪灯范围按闪灯的输出量调至高（Hi）或低（Lo），及选定所需的快门速度（由 1 秒至 1/500 秒）。有效闪光测量在感光度 ISO100 时为 f/2 至 f/180。“CORD”档，是备有同步线的闪光测量模式。“NON.C”档，是无同步线闪光测量模式。

⑪闪光灯能量选择开关（用来选择闪光灯测量的范围，Lo：f/2.8 至 f/22，Hi：f/22 至 f/180）。

⑫胶片感光度选择钮（有三档选择：D 适用于 5 500K 的日光型彩色片；B 适用于 3 200K 的 B 型彩色片；A 适用于 3 400K的 A 型灯光彩色胶片）。

⑬电池室，该色温表使用 2 枚 AA 碱性（锰、镍镉）电池。当电池容量不足时，显示屏上显示的数字将开始闪烁，以提醒使用者更换电池。

⑭滤光片换算表：色温表上附带一张校色温滤光片与微倒度的对照表。一般贴在色温表的背面，表上列有微倒度和对应的校色温滤光片编号。

日本美能达ⅢF 型色温表上校色温滤光片和微倒度值对照表

〔表 8－6〕

微倒值	AMBER 琥珀色	＋EV	微倒值	BLUE 蓝色	＋EV
＋9	81	1/3	－10	82	1/3
＋18	81A	1/3	－21	82A	1/3
＋27	81B	1/3	－32	82B	2/3
＋35	81C	1/3	－45	82C	2/3
＋42	81D	2/3	－56	80D	1/3
＋52	81EF	2/3	－81	80C	1
＋81	85C	1/3	－112	80B	5/3
＋112	85	2/3	－131	80A	2
＋131	85B	2/3			

〔表 8－7〕　**美能达ⅢF 型色温表上 CC 值和 CC 滤光器对照表**

CC＋	品红色 MAGENTA	＋EV	CC－	绿 GREEN	＋EV
	2.5M			2G	
＋2	5M	1/3	－2	5G	1/3
＋4	10M	1/3	－4	10G	1/3
＋8	20M	1/3	－7	20G	1/3
＋13	30M	2/3	－10	30G	2/3
＋18	40M	2/3	－13	40G	2/3
＋23	50M	2/3	－16	50G	1

例如表 8－6 和表 8－7 是日本美能达ⅢF 型色温表上的校色温滤光片和微倒度值的对照表以及 CC 值和 CC 滤光器的对照表。如果没有表中所列举的校色温滤光片时，可以用其他组合方式得到相同微倒度的校色温滤光片来代替见表 8－8。

色温表上所显示出的微倒度是光源色温和彩色片的平衡色温之间的微倒度差值，也就是所需要使用的校色温滤光片的微倒度。校色温滤光片的微倒度，包括数值和数值前面的正负号。微倒度为正“＋”表示校色温滤光片由高色温向低色温转换，是降色温滤光片；微倒度为负“－”表示校色温滤光片由低色温向高色温转换，是升色温滤光片。校色温滤光片可以多块叠加使用，当同时使用两块以上的校色温滤光片时，总的校色温效果等于每块滤光片的微倒度相加，相加计算时就包括正负号。应当说明的是，校色温滤光器的校色温幅度是由滤光片的微倒度值决定的。每一块滤光片有固定的微倒度，而色温校正的幅度，在不同的光源下却有不同的差值。例如，雷登 85B 可将 5 500K 色温转换为 3 200K，两者的色温差是 2 300K，也

〔表 8－8〕 列举雷登校色温滤光片的微倒度

滤光片型号	微倒度	滤光片型号	微倒度	＋微倒度
81	+9	82	-10	1
81A	+18	82A	-21	2
81B	+27	82B	-32	3
81C	+35			
81D	+42	82C	-45	4.5
81EF	+52	80D	-56	5.5
81EF+81	+61	82C+82A	-65	6.5
81EF+81A	+70	82C+82B	-77	7.5
85C	+81	80C	-81	8
85C+81	+90	82C+82C	-89	9
85C+81A	+99	80C+82C	-102	10
85	+112	80B	-112	11
85+81	+121	80B+82	-122	12
85B	+131	80A	-131	13
85B+81	+140	80A+82	-141	14
85B+81A	+149	80A+82A	-151	15
85B+81B	+158	80A+82B	-163	16
85B+81C	+166			
85B+81D	+173	80A+82C	-176	17.5
85B+81EF	+183	80A+80D	-187	18.5
85+85C	+193	80B+80C	-193	19
85B+85C	+212	80A+80C	-212	21
85B+85	+243	80A+80B	-243	24

可将 3 200K 色温转换为 2 255K，两者的色温差是 945K。同一块雷登 85B，用在不同的色温下，其色温转换幅度就不同，

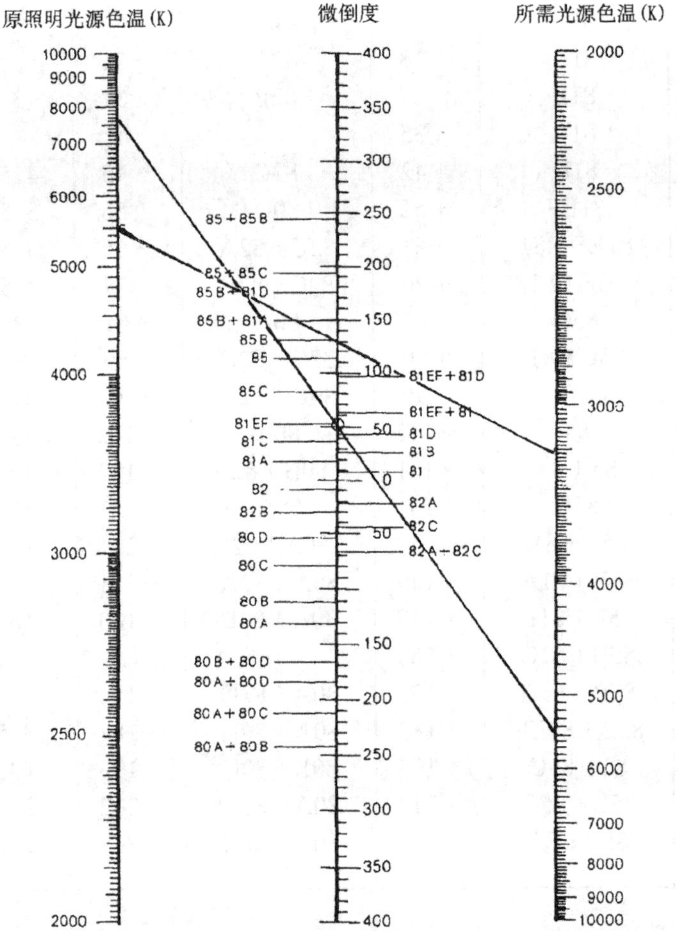

◁图 8-5 色温转换速查图▷

但这块滤光片的微倒度是+131，并没有改变。因此目前使用的色温表和校正色温用的滤光片都采用微倒度的方式表示。实践中为了能够使不同型号的彩色片，在各种光源色温条件下迅速及时选取合适的校正色温用滤光片，可参照图8－5进行查找。

图8－5为光源色温转换速查图。用直线连接图中原照明光源的色温，就可以很快求出应该使用的校色温滤光片的微倒度值和相应的滤光片型号。如，已知现场的光源为日光照明，其色温值为5 500K，拍摄时使用灯光型彩色片，其平衡色温为3 200K。这时在图中先查出左侧标尺的5 500K位置，再从右侧标尺中查出3 200K的位置，将以上两点用直线连接，该直线与中间标尺相交在+131的位置，+131就是色温转换时所需的微倒度值，应该使用的校色温滤光片为雷登85B。

二、光源色温与摄影摄像之间的关系

光源色温与彩色摄影摄像工作的关系十分密切，它对画面的影响主要表现在两个方面：

第一，光源色温的高低直接影响物体颜色的明亮程度，也就是说同一颜色的物体在不同色温的光源照明时，会呈现出不同的明亮程度。例如，白炽灯光中的红光和橙光成分较多，蓝、青光成分较少，因而在白炽灯照明时，橙红色物体显得较明亮，蓝青色物体则显得较暗；而阴天散射光照明下的景物，由于光源的光谱成分中红、橙光成分较少，蓝、青光的成分较多，所以阴天条件下的景物，红、橙色调的物体显得较暗，而蓝青色调的物体显得较亮。

第二，光源色温的高低在彩色摄影摄像中直接影响画面的彩色还原。因为彩色片感色性能和摄像管的感光灵敏度都是以一定的色温为前提而生产的。为了使彩色胶片在摄影后获得正确的彩色还原，使所摄画面的色彩与被摄景物相符，真实自然地再现物体固有的色彩和阶调，则要求该彩色胶片应在色温符合规定的光源下拍摄。彩色 胶片所要求的光源色温，称为该彩色胶片的平衡色温，只有在该色温下拍摄，彩色胶片的三层乳剂才可获得彩色平衡，所拍摄的画面色彩才能正确还原，否则就会出现色彩失真。

常见的彩色胶片有两种型号：一是灯光型彩色片（平衡色温为 3 200K），它一般适用于 3 200K 的光源色温，也就是说这种胶片感蓝层的感光度较高，较少的蓝光成分就可以获得色彩平衡，所以灯光型彩色胶片被设计成对红、橙色光不够敏感（即对红、橙色物体感光较弱）而对蓝青色光非常敏感，以便补偿 3 200K 光源中，由于红橙色光成分较多，蓝青光成分较少而对影像彩色还原的不利影响。二是日光型彩色片，其平衡色温为 5 500K，这种胶片适用于 5 500K 的光源色温。因为在色温 5 500K 的日光中，其所含的红、绿、蓝诸色光的成分大致相同，所以日光型彩色胶片被设计成对红、绿、蓝三种色光的敏感程度也大致相同，在照明光源中所含的三种色光相近的情况下使用，可获得色彩平衡并正确再现景物色彩。

彩色胶片是依据其各层感光乳剂对各种色光的敏感程度不同，再配合黄滤光镜把镜头汇聚来的彩色影像，分解为红、绿、蓝三个影像，并分别以潜影形式记录在该胶片的感蓝、感绿、感红三层感光乳剂上，经冲洗加工变为可视影像。

目前在电视节目制作中使用的摄像机，则是由分光棱镜把镜头汇聚来的彩色影像分解为蓝、红、绿三基色图像，并分别投射到蓝、红、绿三个摄像管或 CCD（电子耦合器件）上，该三个摄像管或 CCD 把蓝、红、绿基色光信号转变为蓝、红、绿基色电信号，进而通过放大电路、导线等，分别激发荧光屏上相应的蓝、红、绿基色荧光像素，使之发光再通过加色原理转变为可视的彩色图像。

摄像机不论是什么型号，只有在 3 000K 至 3 200K 的色温条件下，才能够正确还原景物色彩。这是由于摄像机的三个摄像管的光电靶面中，其蓝色靶面的灵敏度偏高，少量的蓝光成分便可以获得正常的光电信号。因此，所有的摄像机都装有把色温改变为 3 200K 的校色温滤光片。换句话讲，不管光源的色温如何，其光线通过滤光片后，都会改变成 3 200K 的光谱成分投射到摄像管的靶面上。装置在摄像机里的几个色温转换滤光片，是供不同光源的色温而选用的。这种滤光片的构造，因为摄像机型号不同而各有差异，但都是旋转式，装置在镜头与光学分解系统之间，使光源色温与摄像机规定的平衡色温一致，从而获得满意的色彩还原。

彩色胶片与摄像机不同之处在于，彩色胶片的感光乳剂涂层，经加工生产后，对各色光的感光不能改变，而摄像机的三个摄像管的感光灵敏度，可以通过白平衡进行调整，所以有较广泛的适应能力。

总之，在彩色摄影摄像中，光源色温的高低都是以感光材料或摄像机规定的平衡色温为基础的。（日光型彩色胶片的平衡色温为 5 500K，灯光型彩色胶片的平衡色温为 3 200K，严格讲摄像机的平衡色温应为 333 微倒度值。）因此，光源色温与彩色摄影摄像之间的关系，概括起来就是：当光源色温与感光材料或摄像机标定的平衡色温一致（或接近）时，画面中景物色彩正常还原；当光源色温高于感光材料或摄像机标定的平衡色温时，画面的色调会出现偏蓝、偏青现象；反之，当光源色温低于感光材料或摄像机标定的平衡色温时，画面的色调偏橙红。根据上述情况，在摄影中当使用不同色温的光源照明时，常常会遇到光源色温与感光材料或摄像机标定的平衡色温不一致的情况。要使所摄景物的色彩在画面中得到控制，就需要在拍摄时选择合适的校色温滤光片或合理进行白平衡调整，以便达到创作者需要的画面效果。

三、校色温滤光片的类型及其应用

在摄影创作中，使用的彩色胶片不外乎有两种，即日光型彩色片和灯光型彩色片。但是拍摄时应用的照明光源却是多种多样的。它们的色温变化很大（参见前面列举的常见光源的色温值），与彩色胶片的平衡色温存在着较大的差别。如日光型彩色片用于低色温的灯光下拍摄，或者是用灯光型彩色片在外景自然光下拍摄。彩色胶片不可能总是在限定的光源色温条件下使用。如果光源色温差超出允许的范围，则色彩的还原就会失真。因此，为了使彩色胶片能适应于不同光源的色温，就必须用校色温滤光片对光源的色温进行必要的调整。

1. 校色温滤光片的类型

目前用于调整光源的色温滤光片有两大类，一类是用于降低光源色温的滤光片；一类是用于提高光源色温的滤光片。降色温滤光片，系琥珀色，又称“橙色系列滤光片”。由于这套滤光片的颜色深浅程度不同，从而使光源色温相对降低的幅度有所不同。但原则上是，滤光片的颜色越深，降色温的幅度越大，颜色越浅，降色温的幅度越小。根据滤光片降色温的幅度，降色温幅度大的称为“色温转换滤光片”，颜色浅，降色温幅度较小的称为“色温平衡滤光片”。

常见的降色温滤光片主要有：雷登系列的 85B、85、85C、81EF、81D、81C、81B、81A、81 型滤光片。由于滤光片本身呈现的琥珀色的深浅程度不同，其中雷登 85 系列为色温转换滤光片，雷登 81 系列为色温平衡滤光片。以上两种滤光片的密度曲线或分光透光曲线见不同厂家提供的曲线图，如图 8－6、8－7 所示。

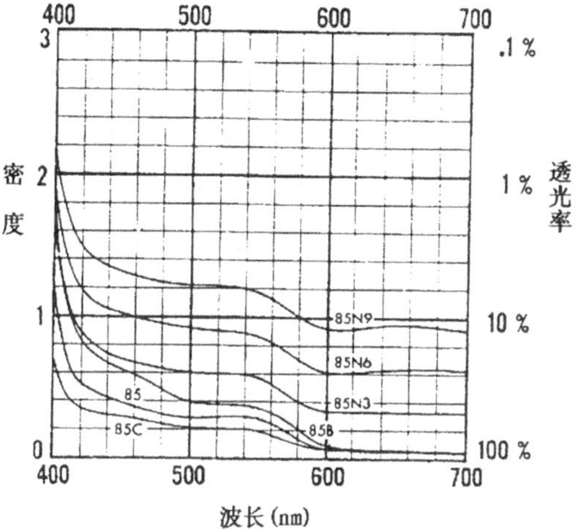

◁图 8－6 柯在雷登 85 系列滤光片密度曲线▷

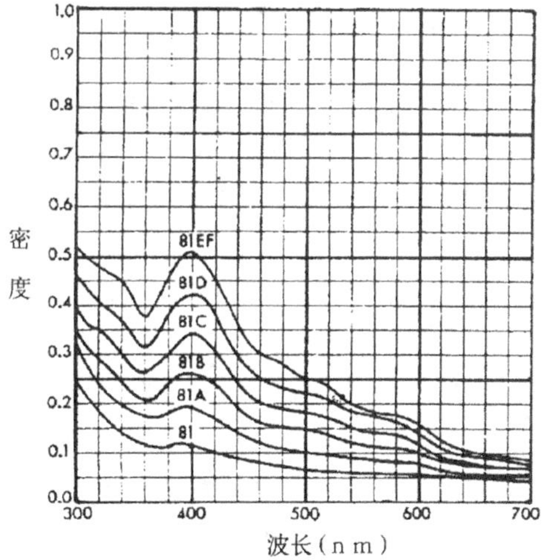

◁图 8－7 柯达雷登 81 系列滤光片密度曲线▷

图内的雷登 85N3、85N6、85N9 表示，系雷登 85 滤光片和中性灰阻光片的复合型。所谓复合是指雷登 85 用于降低光源色温，而中性灰阻光片是用于降低透射光的光强，压低亮度，组合在一起时不会影响色温的变化。

另外国产校 1 号、校 2 号、校 3 号降色温滤光片，分别相应于雷登 85、85C、85B 型滤光片。如图 8－8 所示。

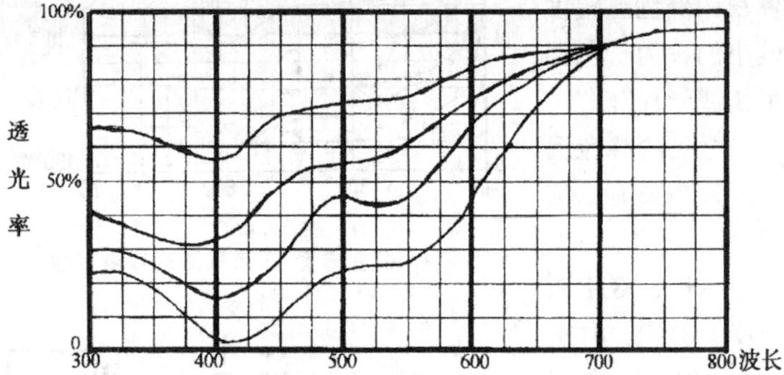

◁图 8－8 国产降色温滤光片雷登 85 系列透光曲线▷

也有一些厂家不采用雷登系列标志而采用该滤光片调节的微倒度值来标示。如日本东芝牌降色温滤光片，采用 A20、A40、A80、A110、A130，以上型号的滤光片分别相当于雷登 81A、81D、85C、85、85B 降色温滤光片。

另一类校色温滤光片，是升色温滤光片系蓝色，又称“蓝色系列滤光片”，根据蓝色滤光片颜色的深浅程度又列分为：颜色深的，升色幅度大的，称为“色温转换滤光片”。颜色浅的升色温幅度小，称为“色温平衡滤光片”。

常见的升色温滤光片主要有：雷登 80 系列和雷登 82 系列。正如，80D、80C、80B、80A、82、82C、82B、82A 型滤光片。由于雷登 80 系列滤光片，升色温幅度大，颜色深，为色温转换滤光片；雷登82系列滤光片，升色温幅度小，颜色浅，为色温平衡滤光片。以上滤光片的密度曲线或分光透光曲线如图8－9、图8－10、8－11所示。

另外，还需说明的是，有的东芝牌升色温滤光片标示为B20、B40、B80、B110、B130。其中B表示浅蓝色，而后面的数字表示该滤光片的微倒度值，以上5种滤光片分别相当于雷登82A、82C、80C、80B、80A型升色温滤光片。

为了便于了解以上两类校色温滤光片，色温的转换或平衡范围以及各型号滤光片的微倒

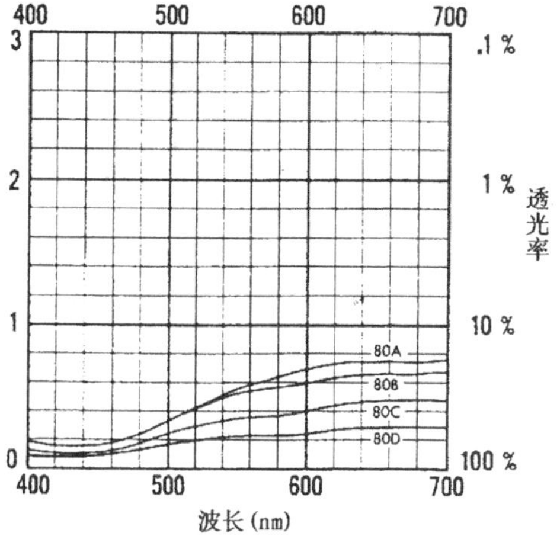

◁图8－9　柯达雷登80系列滤光片密度曲线▷

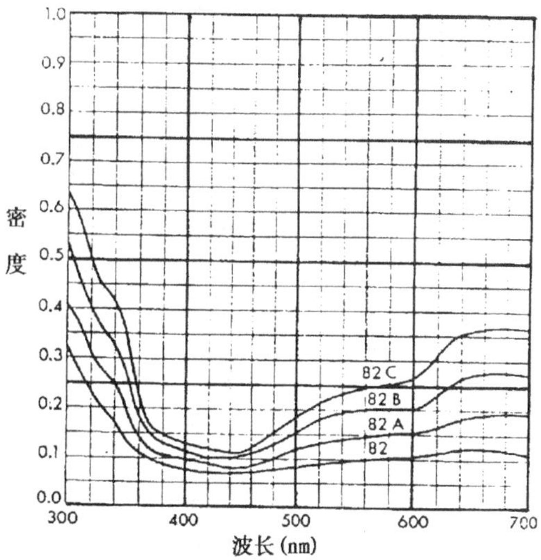

◁图8－10　柯达雷登82系列滤光片密度曲线▷

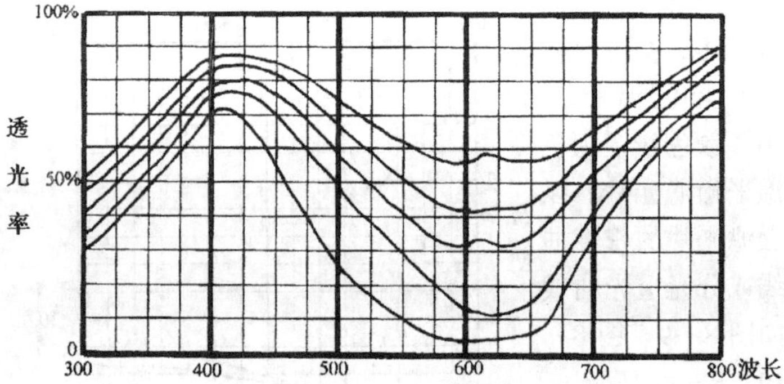

◁图 8－11 国产升色温滤光片雷登 82 系列透光曲线▷

度值和滤光片的曝光补偿倍数，可参见表 8－9。

〔表 8－9〕　雷登系列校色温滤光片

类型		滤光片型号	曝光补偿倍数	色温转换范围	微倒度值
升色温滤光片	色温转换	80A	2	3 200～5 500K	－131
		80B	5/3	3 400～5 500K	－112
		80C	1	3 800～5 500K	－81
		80D	1/3	4 200～5 500K	－56
	色温平衡	82C	2/3	2 800～3 200K	－45
		82B	2/3	2 900～3 200K	－32
		82A	1/3	3 000～3 200K	－21
		82	1/3	3 300～3 200K	－10
降色温滤光片	色温平衡	81	1/3	3 300～3 200K	＋9
		81A	1/3	3 400～3 200K	＋18
		81B	1/3	3 500～3 200K	＋27
		81C	1/3	3 600～3 200K	＋35
		81D	2/3	3 700～3 200K	＋42
		81EF	2/3	3 850～3 200K	＋53
		85C	1/3	5 500～3 800K	＋81
		85	2/3	5 500～3 400K	＋112
		85B	2/3	5 500～3 200K	＋131

2. 校色温滤光片的应用

在影视节目的摄制中，摄影人员使用的彩色片标定的平衡色温，不外乎两种型号，日光型彩色片，平衡色温 5 500K，灯光型彩色片，平衡色温 3 200K，而摄影人员使用的摄像机，所标定的平衡色温为 3 000～3 200K。但在实际拍摄中运用的光源则多种多样。光源的色温也会随着光源的变化而有所不同，有些光源的色温很高，远远超出彩色胶片和摄像机标定的平衡色温，也有些光源色温会很低，与平衡色温差距较大，这就需要摄影人员在拍摄时，对光源色温进行调节，调节用的工具就是校色温滤光片。下面就两种调节光源色温用的滤光片在摄影摄像中如何运用进行分别叙述。

(1) 降色温滤光片在摄影摄像中的作用：在彩色摄影中它适用于，灯光型彩色片在外景自然光条件下拍摄。为了使日光光源的色温 5 500K（微倒度值 182）与灯光型彩色片的平衡色温 3 200K（微倒度值 313）相一致，需在镜头前加用降色温的色温转换滤光片雷登 85B，使景物的色彩在画面中得到真实再现，如果拍摄时不加雷登 85B 滤光片，由于光源色温高于彩色胶片的平衡色温，因而，所摄画面的整体色调偏蓝青色。详见彩页附图 8－1A、B 加降色温滤光片与不加滤光片对比画面。

拍摄时为什么要选择雷登 85B 来校正光源色温呢？校色温滤光片的微倒度值表中查出雷登 85B，微倒度值为 + 131，这是一种简易的方法。创作中为了使彩色胶片能够获得正确的彩色还原，应使所选择的校色温滤光片转换的微倒度值（MRD 滤），等于该彩色胶片的平衡色温的微倒度值（MRD 胶）与实际色温的微倒度值 MRD 的差。即：

MRD滤 = MRD胶 − MRD光

如上述拍摄实例，已知彩色胶片的平衡色温为3 200K，微倒度值为313，实际拍摄时光源的色温为5 500K，微倒度值为182，代入上式：

MRD滤 = MRD胶 − MRD光

= 313 − 182

= +131

从上面计算结果可以看出，两者之间的差是+131。因为校色温滤光片中雷登系列中只有雷登85B的转换微倒度值是+131，所以当使用灯光型彩色片在日光条件下拍摄时，应选用雷登85B滤光片。需要说明，如果拍摄时没有雷登85B滤光片，还可以选择雷登系列降色温滤光片中任意两块滤光片，它们组合起来微倒度之和为+131即可。如雷登85+雷登81A，其微倒度之和 = 112 + 18 = 130。也可以使景物在画面中得到正确还原。

校色温滤光片可以多块叠用。当同时使用两块以上的校色温滤光片时，校色温效果等于每块滤光片的微倒度相加，计算时应包括数字前面的正负符号。

色温转换滤光片雷登85系列，还适用于日光型彩色片在阴天或晴天阴影处等色温较高的条件下，产生使景物色彩正常或有意偏暖色调 的画面效果。由于阴天或阴影处色温比日光型彩色片的平衡色温高，如果不加滤光片所摄画面的色调会偏蓝、青色。加用雷登85降色温滤光片之后，对实际光源色温有较大幅度的降低，这样，它不仅消除了画面色调偏蓝的现象，而且还使画面中呈现出一种暖色调效果。当光源色温与彩色胶片的平衡色温不一致时，有人特意使用降色温滤光片以求创作出强烈的暖色调气氛。

降色温转换滤光片在电视摄影中的作用。目前各电视台使用的所有摄像机，虽然型号不同，但摄像机生产厂家所标定的平衡色温都是3 200K。这些摄像机在实际拍摄中，只有在3 200K光源照明时进行拍摄。不需加用降色温滤光片，只需选择 1 号滤光片，就可以使所摄画面彩色正常还原。当使用的摄像机刚刚在 3 200K 灯光条件下拍完后，即把摄像机拿到室外自然光条件下拍摄时，如果不对光源色温进行调整，所摄画面整体会呈偏蓝青色。因此，需将摄像机中的5 600K滤光片一档调整过来。调整的5 600K这一档。就是加有雷登 85B 滤光片的那一档，然后，通过白平衡调整，就可以使所摄画面色彩正常还原。另外，如果摄像人员将摄像机调定在3 200K预制位，遇到上述情况，摄影人员则可以直接根据光源色温，选择相应的滤光片，不再进行白平衡调整，也能够使所摄景物在画面中得到较好的还原。但有时也会出现所摄画面的色调失真，不同程度地偏橙红或偏蓝青，这是因为摄像机的光电靶面对三色电信号的感色灵敏度，是固定在3 200K的平衡色温值上。当按上述条件使用摄像机在阴雨天条件下拍摄时，由于阴雨天景物在天空散射光照射下，光的色温值远远超出5 500K的色温，就是调至摄像机上5 600K一档，也不能降到5 600K，因此造成所摄画面色调偏蓝青。同样条件下，用调定3 200K预制拍摄家用白炽灯照明下的景物，由于家用白炽灯的色温在2 600K左右，低于3 200K很多，拍摄时就是选择了3 200K一档，也会使画面的色调整体偏橙红。遇到以上情况，要想使景物在画面中得到真实还原，应当在根据实际光源选择了相应的滤光片之后，再进行细致地白平衡调整。如何进行细致的白平衡调整，我们将在第四节中论述。

（2）降色温滤光片中的色温平衡滤光片，在实际拍摄中的作用。该滤光片的特点是颜色浅，调节光源色温的幅度小，可以轻微的降低光源色温，因此，它的主要作用是对所摄画面的轻微偏蓝青色，给予校正，以求获得真实的色彩还原。另外，还可以有意把光源色温调偏，以获得人为的偏暖色调效果。

例如，当使用日光型彩色片在外景晴天阴影处拍摄，由于光源以天空散射光为主，色温略偏高，色温值约在 6 000K 左右。如果这时拍摄不加滤光片，其所摄画面便会呈现轻微偏蓝青色调。为了避免画面出现以上现象，及所摄画面彩色正常还原，拍摄时应在镜头前面加上雷登 81 系列的色温平衡滤光片，以使所摄画面能够正常再现被摄景物的色彩。在这种场合如果使用电视摄像机拍摄，应根据现场光源选好滤光片之后，再精心调节白平衡即可。

当使用灯光型彩色片在早晨或傍晚前后拍摄时，由于此时的光源色温高于灯光型彩色片的平衡色温，这时拍摄如不加滤光片，所摄画面色调也会不同程度地偏蓝青色。与人们此时客观感受到的那种暖色调效果不相符。为了使所摄画面的色调与人们的客观印象相符，需要在镜头前加用降色温雷登 81 系列的色温平衡滤光片，以获得正常的色彩还原。应该指出，此时加用的降色温滤光片的颜色越深，降色温的幅度越大，所摄画面的色调越偏暖色调效果。

摄影时，加用降色温滤光片之后，由于透过的光线减少，使用时应进行曝光补偿以便保证准确的曝光，获得理想的画面效果。

(3) 升色温滤光片在摄影摄像中的应用。

升色温滤光片又分为色温转换滤光片（如雷登 80 系列）和色温平衡滤光片（如雷登 82 系列）。

升色温的色温转换滤光片，在彩色摄影中主要适用于日光型彩色片在3 200K或低于3 200K的灯光照明条件下使用。由于光源色温低于日光型彩色片的平衡色温，为了使光源色温与彩色片的平衡色温一致（或接近），拍摄时在摄影镜头前面或后面加用升色温的雷登80系列滤光片，也可以将色温转换滤光纸加在照明灯具前面，使所摄画面获得真实的色彩还原。如果此时不加滤光片，画面的整体色调会偏橙红。见彩图8－2A、B加升色温滤光片与不加滤光片对比画面。

色温转换滤光片，还常用于增强画面气氛，改变画面色调，有意创作出偏冷的色调效果。如用日光型彩色片在白天拍摄模拟月夜的夜景效果，从而改变画面气氛。夜景的特点是，地面景物的光照度很低，光线暗淡，天空与地面间的高度差小，而且远处的景物模糊不清，更突出的是这时的景物看上去给人的总体印象是蓝青色调。根据这些特点，摄影者拍摄时在镜头前加用雷登80系列的升色温滤光片，将实际光源的色温5 500K提高到7 000K以上，使光源的色温高于日光型彩色片的平衡色温，以便使所摄景物色彩在画面中偏蓝青，形成一种冷色调效果。需要注意，白天模拟月夜效果除了画面整体色调偏蓝之外，还应该避免出现大面积过于明亮，拍摄时还需要加用灰滤光片，用于降低亮度，开大光圈，缩小景深，利用减少曝光量，有意曝光不足，才能形成较理想的画面效果。

如果拍摄时使用灯光型彩色片，于白天模拟月夜效果，可以不加升色温滤光片，只利用灰滤光片辅以曝光不足，就可以形成上述效果。

色温转换滤光片还可以适用于平衡光源的色温。当拍摄现场遇到两种不同色温的光源照明同一景物时，如果不对光源之间的色温差进行调节，就会使一部分景物的色彩在画面中出现偏色。只有在拍摄之前对同一场景中的两种光源色温进行调整，使其平衡后再拍摄，才能使景物的色彩正常还原。具体处理方法要根据彩色片的型号，采用相应的调节。

例如，景物在混合光照明时，所谓混合光是指在同一场景中，有两种以上的不同色温的光源照明时，称为混合光照明(也就是一个场景中既有5 500K的自然光，又有3 200K的灯光)。这时如果使用日光型彩色片进行拍摄，不加滤光片，所摄画面效果会出现被自然光照明的景物色彩还原真实，而被3 200K灯光照明的景物在画面中，会出现偏橙红色调。这是因为灯光的色温3 200K与日光型彩色片的平衡色温不一致，光源色温低于彩色片的平衡色温，所以被灯光照明的景物偏橙红。要使被灯光照明的景物不偏色，且能正常还原，拍摄时就需要在3 200K的灯光前加用升色温的雷登80系列的色温转换滤光片，将灯光的色温由3 200K升至5 500K，使两种光源的色温达到一致，然后用日光型彩色片，被摄景物才会得到正常还原。(见附页彩图对比画面)

如果拍摄上述同样场景，不是使用日光型彩色片，而是使用电视摄像机进行拍摄，也可以采用同样的方法。不同的是用摄像机拍摄之前，首先应该根据两种光源色温值确定相应的滤光片，滤光片的选择决定着哪种光源照明的景物能够正常还原。摄像机选择1号滤光片（1号滤光片相当于3 200K）进行拍摄，这时灯光照明的景物色彩还原正常；如选择了2号滤光片（2号滤光片相当于5 500K）进行拍摄，那么自然光照明的景物在画面中色彩还原正常。因此，当遇到上述混合光源照明时，将摄像机的滤光片确定在2号，拍摄时自然光不需调节，只需在灯光前加用升色温雷登80系列的色温转换滤光片即可。这样就会使所摄景物不论是自然光照明还是灯光照明，色彩均可正常还原。需要指出，在混合光照明时，摄像机不是只能选择2号滤光片，也可以选择1号滤光片。当选择1号滤光片拍摄时，就不需在灯光前加升色温滤光片，而要将自然光的色温值用降色温滤光片降低下来才能使景物的色彩还原正常。由于自然光大多是通过门窗进入室内的，所以要降低自然光的色温，操作起来难度较大。

升色温中的色温平衡滤光片，由于颜色浅，升色温的幅度较小。因此，在彩色摄影中用于色温的微调，以求得景物色彩正常还原，或者是有意形成一种冷色调效果，增强画面的气氛。

例如，使用日光型彩色片在早晚日出日落时拍摄，由于此时光源的色温相对于日光型彩色片的平衡色温来讲略微偏低，如果这时拍摄不加滤光器进行校正，其所摄画面色调会偏橙色。要想使之不偏色，拍摄时在镜头前加用升色温的雷登82系列的色温平衡滤光片，便可以使景物色彩正常还原。

又如，使用灯光型彩色片在家用白炽灯下拍摄，由于白炽灯的色温值多为2 600K左右，与灯光型彩色片的平衡色温相比，色温偏低；如果拍摄时不加以校正，则所摄画面色调会偏红橙。为了使被摄景物不偏色，略升高白炽灯的色温值，即可使画面中的景物色彩正常还原。

以上所述各种校色温滤光片，当运用在摄影镜头前时，都会不同程度地减少一部分光透过；当使用的机器有内测光系统，则不必考虑曝光补偿问题。如果没有内测光系统，拍摄时应进行适当的曝光补偿。为了对校色温的滤光器有一个全面的了解，下面将常见的校色温滤光器列表如下，以供参考。

〔表 8－10〕 **柯达雷登系列校色温滤光器**

类型		型号	微倒值	色温转换值	曝光补偿倍数	一般适用范围
降色温滤光镜	色温转换	85	＋112	5 000～3 200	2/3	灯光型彩色片在外景自然条件下拍摄灯光片在日出日落时
		85N3	＋112	5 000～3 200	5/3	
		85N6		5 000～3 200	8/3	
		85B	＋131	5 500～3 200	2/3	
		85BN3		5 500		
		85C	＋81	4 300～3 200	1/3	
	色温平衡	81	＋9	3 300～3 200	1/3	适用于灯光型彩色片在色温差较小时进行微调
		81A	＋18	3 400～3 200	1/3	
		81B	＋27	3 500～3 200	1/3	
		81C	＋35	3 600～3 200	1/3	
		81D	＋42	3 700～3 200	2/3	
		81EF	＋52	3 800～3 200	2/3	
升色温滤光镜	色温转换	80A	－131	3 200～5 500	2	日光型彩色片在3 200K、3 400K的灯光下拍摄
		80B	－112	3 400～5 500	5/3	
		80C	－81	3 800～5 500	1	
		80D	－56	4 200～5 500	1/3	
	色温平衡	82	－10	5 200～5 500	1/3	适用于日光型彩色片温差较小时用于微调
		82A	－21	5 000～5 500	1/3	
		82B	－32	4 670～5 500	2/3	
		82C	－45	4 400～5 500	2/3	

〔表 8－11〕　法国高坚（COKLN）牌校色温滤光片

类型		滤光器型号	相当雷登系列	MRD 转换	色温转换	曝光补偿倍数	适用范围
降色温	色温转换	029 030 031	85 85B 85C	+112 +131 +81	5 000－3 200 5 500－3 200 4 300－3 200	2/3 2/3 1/3	用于灯光型彩色片在日光条件下拍摄降色温。
	色温平衡	026 027 028	81A 81B 81C	+18 +27 +35		1/3 1/3 1/3	适用于日光型彩色片或灯光型彩色片在色温差较小时降色温。
升色温	色温转换	020 021 022	80A 80B 80C	－112 －131 －81	3 400－5 500 3 200－5 500 3 800－5 500	2/3 2/3 1/3	用于日光型彩色片在低温条件下拍摄升色温。
	色温平衡	023 024 025	82A 82B 82C	－21 －32 －45		1/3 1/3 1/3	用于日光型彩色片或灯光型彩色片在色温差较小时升色温。

〔表 8 - 12〕　**美国梯芬牌校色温滤光片**

类型		型号	曝光补偿倍数	色温转换	MRD转换	适用范围
降色温	色温转换	85	2/3	5 000～3 200	+112	适用于灯光型彩色片在日光条件下拍摄降色温用。
		85N3	5/3			
		85N6	8/3			
		85N9	11/3	5 500～3 200	+131	
		85B	2/3			
		85BN3	5/3			
		85C	1/3	4 300～3 200	+85	
	色温平衡	81	1/3	6 000～5 500	+9	适用于日光型彩色片或灯光型彩色片在色温相差较小时进行微调。
		81A	1/3		+18	
		81B	1/3		+27	
		81C	1/3		+35	
		81D	2/3		+42	
升色温	色温转换	80A	2	3 200～5 500	-131	用于日光型彩色片在低色温光源条件下拍摄升色温。
		80B	5/3	3 400～5 500	-112	
		80C	1	4 300～5 500	-85	
	色温平衡	82	1/3	升 100K	-10	适用于日光型彩色片或灯光型彩色片在色温差较小时升色温。
		82A	1/3	升200K	-21	
		82B	2/3	300K	-32	
		82C	2/3	400k	-35	

〔表 8－13〕 **国产伟康校色温滤光纸**

<table>
<tr><th>类型</th><th>滤光纸型号</th><th>色温转换</th><th>MRD 转换</th><th>曝光补偿倍数</th><th>适用范围</th></tr>
<tr><td rowspan="4">降色温滤光纸</td><td>85</td><td>6 000～3 200</td><td>＋146</td><td>1</td><td rowspan="4">适用于灯光型彩色片在外景自然光条件下拍摄时降色温用。</td></tr>
<tr><td>85A</td><td>5 000～3 200</td><td>＋112</td><td>2/3</td></tr>
<tr><td>85B</td><td>4 000～3 200</td><td>＋63</td><td>1/3</td></tr>
<tr><td>85C</td><td>3 500～3 200</td><td>＋26</td><td>1/3</td></tr>
<tr><td rowspan="5">升色温滤光纸</td><td>82</td><td>3 050～5 500</td><td>－146</td><td>2</td><td rowspan="5">适用于日光型彩色片在低色温光源照明时提高色温。</td></tr>
<tr><td>82A</td><td>3 400～5 500</td><td>－112</td><td>5/3</td></tr>
<tr><td>82B</td><td>4 100～5 500</td><td>－63</td><td>4/3</td></tr>
<tr><td>82C</td><td>4 400～5 500</td><td>－43</td><td>2/3</td></tr>
<tr><td>82D</td><td>4 800～5 500</td><td>－26</td><td>1/3</td></tr>
</table>

〔表 8－14〕 **北京星光集团飞虹牌校色温滤光片**

<table>
<tr><th>类型</th><th>滤光片型号</th><th>色温转换</th></tr>
<tr><td rowspan="3">降色温滤光片</td><td>雷登 85A</td><td>5 000～3 200</td></tr>
<tr><td>雷登 85B</td><td>5 500～3 200</td></tr>
<tr><td>雷登 85C</td><td>4 200～3 200</td></tr>
</table>

（续表）

类型	滤光片型号	色温转换
升色温滤光片	雷登 80A	3 000～5 500
	雷登 80B	3 200～5 500
	雷登 80C	3 800～5 500
	雷登 82A	4 200～5 500
	雷登 82B	4 400～5 500
	雷登 82C	4 800～5 500

〔表 8－15〕 德国 ROSCO 牌校色温灯光纸

类别	编号	MRD	色温转换
降色温滤光纸	3401	＋131	5 500～3 200
	3407	＋167	5 500～2 900
	3408	＋81	5 500～3 800
	3409	＋42	5 500～4 500
	3410	＋20	5 500～4 900
升色温滤光纸	3203	－131	3 200～5 500
	3204	－68	3 200～4 100
	3206	－49	3 200～3 800
	3208	－30	3 200～3 500
	3216	－12	3 200～3 300

四、摄像中的白平衡调整

在电视摄像中，景物的色彩通过拍摄后，在画面中是否能够得到正常的再现，是通过摄像机内装的色温转换滤光片，对各种光源的色温进行调整平衡来实现的。目前使用的摄像机都是依据3 000K至3 200K的光源色温而设计的。也就是说，摄像机在3 200K的光源照明时拍摄不需加滤光片，就能使景物色彩在画面中得到正常还原。这是因为摄像机自身的白色自动平衡电路内的三个光电靶面的感光灵敏度，是依据色温为3 200K的灯光光谱成分确定下来的。所以当把摄像机上的色温调整开关放到3 200K时，就能使景物色彩还原正常。在其他色温值的光源下拍摄，也可以不改变滤光片，而是改变摄像机内光电靶面的灵敏度，使各靶面的感光灵敏度与实际应用的光源色温协调一致，从而实现所摄景物色彩的正常还原。由于摄像机的自动白平衡的工作范围较大（白平衡调整范围可达5 600K至3 200K），不用滤光片也能得到白平衡。也正是由于摄像机的白色自动平衡是在电路上通过调整红、蓝灵敏度得到的，所以也是有限的。当光源的色温很高时，就不能得到很好的平衡，而且会造成所摄画面的色调偏色。因此，摄像机内部装有把较高的光源色温转换到3 000K至3 200K的降色温滤光片。这些滤光片是供在不同色温的光源照明时降色温使用的，以便摄像机的工作状态与照明光源的色温相匹配。摄像机上的校色温滤光片一般设有四档选择。下面将常见摄像机内应用的滤光片列表如下：

〔表 8－16〕 **常见摄像机内的滤光片**

滤光片符号	摄像机型号				
	DXC－M3	FP－Z31	HL－79	DXC327P DXC537P	PVW－537P
0	关闭	关闭			
1	3 200K	3 200K	3 200K	3 200K	3 200K
2	5 600K＋1/4ND	5 600K＋1/8ND	4 200K	5 600K＋1/4ND	5 600K＋1/4ND
3	5 600K	5 600K	5 600K	5 600K	5 600K
4				5 600K＋1/16ND	5 600K＋1/16ND

上表中列举的滤光片，由于生产厂家不同，型号不同，设定的滤光值也有所区别。有些设定四档：0、1、2、3，有的则设定 1、2、3、4。其 0 档是将进入摄影光路内的光全部阻档，不能透过。主要用于更换摄影镜头或长时间关机不用时。（有些摄像机没有设计此档）

1 档：为 3 200K 档，因摄像机采用 3 000K 至 3 200K 为典型的平衡色温，所以这一档是一片无色透明的，适合于光源色温为 3 200K 的灯光照明时使用。

2 档：为 5 600K＋1/4ND。也有些摄像机为 5 600K＋1/8ND（如 FP－Z31 型摄像机）。调至此档，为一片琥珀色的色温转换滤光片（相当于雷登 85B 滤光片，微倒度转换值为

+134）与一片阻光系数 4 倍灰滤光片合二为一的复合镜。雷登 85B 滤光片可以使光源色温从 5 600K 降到 3 200K，1/4ND 是中性灰阻光片，它允许投射到摄影光路内的光通过 25%，使亮度减弱 2 级；如果是 1/8ND，那么它只通过原来光线的八分之一，即阻光系数为 8 倍，使亮度减弱 3 级。此档适用于较明亮的外景自然光条件下拍摄，既降低了光源色温，还可以压低亮度。有时也可以用于一般外景条件下，用来开大摄影光圈，控制画面景深。

3 档：为 5 600K，此档只装了一块降色温用的雷登 85B 色温转换滤光片，没有中性灰阻光片。它适用于较暗的外景自然光条件下，有时也用于阴雨天拍摄。

4 档：为 5 600K + 1/16ND，此档是一块能够降色温的雷登 85B 滤光片和一片中性灰阻光片。这块中性灰阻光片的密度更大些，加上它之后只允许到达摄影光路内的光线透过 6.25%，使亮度减弱 4 级（16 倍）。该档适用于大光圈控制景深时使用。

在实际应用中，要想使景物在不同光源照明时，彩色能够得到满意的效果，那么，摄像中的白平衡调整就是一个十分关键的环节。

什么是白平衡调整？

白平衡调整（又叫“白平衡调节”，简称“调白”）是指景物在同一光源照射下，调整摄像机三色电信号混合比例，使之与实际光源的光谱成分协调一致，使景物色彩正常再现或根据创作意图形成最佳的色调效果而进行的工作。

调节白平衡的工作有两层意思：一是通过白平衡调整，使照明景物的光源色温与摄像机三基色信号的感光灵敏度一致起来，从而使所摄画面中的景物色彩真实、自然地正确还原。另一层意思就是通过摄像人员进行的白平衡调整，有意创造出符合节目内容要求或增强画面气氛的一种特定的色调效果。

白平衡调整的方法概括起来有两种：一种是粗调白平衡，简称“粗调白”；另一种是细调白平衡，简称“细调白”。两种调白方法怎样进行？它们之间又有哪些区别？下面分别叙述。

粗调白是指在白平衡调整过程中，只根据实际光源的色温值，在摄像机上选择相应的滤光片，不再进行细微的调整。

目前使用的家用摄像机，机器本身没有设计人为的白平衡调整功能，只在摄像机上安装了供摄像人员调整的几档滤光片开关，如松下（National）NV－MTMC 型 VHS 摄像机白平衡调整有三档。自动档（AUTO），选择此档适用于拍摄现场只有同一光源照明，它会根据光源的色温，进行自动跟踪白平衡调整。当同一景物被混合光照明时，即现场光源中既有 5 600K的自然光，又有 3 200K 的灯光照明时，如果选择自动档就会因两种光源色温差过大，而出现所摄画面景物色彩失真、偏色。那么，遇到这种场合就可以选择其他两个档中的任何一档。如选择日光档（OUTDOOK），色温为 5 600K，就需要在 3 200K 的灯光前加升色温滤光片——雷登 80 滤光片，将灯光的色温由 3 200K 升至 5 600K，之后再拍摄；或者选择灯光档（INDDOOK），色温为 3 200K，那么就需要将自然光的色温降至 3 200K，然后再拍摄。通过对光源色温用校色温的滤光纸进行调整，才能保证所摄画面色彩正常。

如果使用专业或广播级的摄像机进行创作，也可以通过“粗调白”，使不同光源照明的景物，实现正常还原。具体操作方法是运用摄像机上的 3 200K 预制键。当扳到该键时，摄像机中的三色电信号即根据色温为 3 200K 的红、绿、蓝三色感光灵敏度确定下来，此时人为地进行白平衡调整已失去意义。

其白平衡已固定在3 200K的位置上。这时如果进行拍摄，可以根据实际光源的色温选择相应的滤光片。如在3 200K的灯光照明时，摄像机就可以直接选择1号滤光片（相对于3 200K)拍摄，所摄画面色彩还原正常。当在外景5 600K的自然光条件下拍摄时，如果只是色温高，照度不高，可选择不加中性灰阻光片的档位，只选择能够降低色温的3号（相对于5 600K）滤光片即可。当现场的照明光源不但色温高，同时照度也很强时，便可以选择带有中性灰阻光片的2号（5 600K + 1/4ND）或4号（5 600K + 1/16ND）的滤光片直接拍摄，即可以使景物色彩在画面中还原正常。

在电视节目制作中，因天气条件变化和照明光源的种类不同，光源的色温变化很大，给创作中景物色彩在画面中的表现带来了很多困难。例如，在新闻节目的拍摄中，有时需要跟随被摄主体的运动，一个镜头不间断地从室外5 600K的自然光下移动到室内3 200K灯光照明下，在这种情况下进行拍摄，便会出现在外景拍摄的被摄体色彩还原正常，而移动到室内后，所摄主体的色彩就会失真、色调偏橙红的现象，反之，所摄画面中被自然光照明的景物色彩就会偏蓝青。为了使上述场景中的被摄主体，在两种不同光源照明时色彩均能较好地还原，就可以在采用3 200K预制键拍摄自然光照明的被摄主体时，选择3号（5 600K）滤光片，当被摄主体运动到灯光照明时，摄像人员就可以在不停机的前提下，将3号滤光片变换到1号（3 200K）滤光片后继续拍摄，便可以使被摄主体在灯光照明时色彩不失真，并正常还原。这里需要解释一点，就是在换滤光片时画面会有1～2幅的黑场，不会影响大局，为了保证画面效果好，最好是在两种光源混合照明时变换滤光片。

粗调白平衡，还可以创造出符合人们在实际生活中观察景物时所感受到的色调效果。拍摄时有意使照明的光源色温与摄像机工作状态所要求的色温不一致，从而拍摄出偏色的画面效果。如早晚日出日落时，给人的印象是暖色调，而阴雨天给人的印象是冷色调，摄像中为了获得满意的色调效果，也可以利用粗调白的方法来实现。

拍摄日出日落时，将摄像机开关扳到 3 200K 预制键，直接选择 5 600K 一档的滤光片进行拍摄；由于实际光源的色温会明显的低于5 600K，因此，所摄画面的色调偏暖，符合人们的视觉效果。采用这种方法处理，暖色调的颜色深浅会随着两者之间的色温差的大小而变。5 600K 的滤光片确定后，早晚时光源的色温越低，画面的暖色调效果越浓，光源色温越高，暖色调越浅。当拍摄阴雨天条件下的景物时，由于光源中以天空散射光为主，相关色温值在 5 600K 以上，这时选择 3 200K预制键拍摄，将使所摄画面偏色非常严重。为了使画面只是形成一种阴雨天的冷色调效果，可以运用 5 600K 一档的滤光片，将阴雨天的高色温适当地降低，获得满意的冷色调效果。

需要指出，上述粗调白的方法，只是在实际拍摄中的一种应急措施。要想使被摄体在不同光源照明时，能够按创作者的意图获得真实再现和完成主观表现，还需进行细致的白平衡调整。

“细调白”是指在不同光源照明时，为了提高画面色彩的饱和度或改变画面色调效果而进行的细微调整。这种调整方法是针对照明光源的色温与摄像机滤光片所调色温之间，所存在的一些差距的，如果不调，就会产生偏色而使景物色彩失真。这就需要通过摄像机上的黑、白平衡调节装置进行细微地调整，从而形成满意的色调效果。

细调白平衡的具体方法和步骤如下：

首先根据实际照明光源的色温值，选择相应的滤光片。如在3 200K的灯光照明时，选择1号（3 200K）滤光片；在5 600K的自然光下选择3号（5 600K）或2号（5 600K + 1/4ND）、4号（5 600K + 1/16ND）滤光片。选好滤光片之后，打开摄像机电源开关，将光圈调至自动档（AUTO），把白平衡选择键调至自动档（AUTO），然后将选择的白色卡片（或有色卡片）置于顺光照明下，把摄像机镜头对准卡片并充满画面。需要指出，利用白色卡片进行调整，是为了使所摄画面色彩正确还原，而利用有色卡片进行调整是为了改变画面色调。(如何改变画面色调详情见第五节)

最后一步是按下摄像机上的白平衡调节开关。先调黑平衡，再调白平衡（有些厂家为求得最佳效果，建议分三步调节：先调白平衡，再调黑平衡，最后再调白平衡）。调节黑、白平衡数秒后，在摄像机寻像器中看到显示“OK”，此时，表示白平衡调整工作结束。需要指出，摄像机进行黑平衡调整，是让摄像机的三色电信号恢复到厂家设计标准，而进行白平衡调整则是使实际光源的光谱成分与摄像机的三色电信号的感光灵敏度协调一致，以便形成最佳色调。

以上调节中，为了使画面色彩正确还原还需要注意以下几个问题：

(1) 为什么选择白色卡片？怎样理解白色？所谓白色卡片，是指当光线投射到白色表面之后，该表面在不改变光源光谱成分前提下的等量反射。用这种白卡片，可以使所摄景物色彩正确还原，否则，会由于表面所具有的颜色，而影响光源的光谱成分的比例，造成偏色。例如，调白时有人依据白衣服为标准，由于衣服颜色的白里有蓝的成分，而造成拍摄后的画面色调偏暖。调白时依据的标准最好是18%的灰板；如果没有标准板，应该做到同一个节目不论在什么光源照明时，都要依据相同的一个白色表面，以保证画面色调的统一性。一个节目多机拍摄时，机器型号尽量统一，调白时要依据相同的白卡片。

(2) 为什么采用顺光照明？顺光照明白色表面能够将光源中的光谱成分准确地反射，以便还原物体的色彩；如果不用顺光而改用逆光，其逆光会使白色卡片处于阴影状态，由于阴影下增加了较多的蓝紫光，从而使调整后的画面产生偏暖的效果。

(3) 调整时，需将白色表面充满画面。这是由于周围景物的色彩成分不同，如果不充满画面，白卡片周围的色彩直接影响着反射光的光谱成分，这些色光直接影响拍摄后的画面色调，所以调整时，白卡片要充满画面，以保证景物的正确再现。

白平衡调节后的各项技术指标，存入记忆电路，即可进行拍摄。白平衡的记忆因机型不同，其储存时间也会长短不一。最初的摄像机白平衡调整后一旦切断电源，已调整的记忆就会失掉。后来生产的摄像机有所提高，切断电源之后，还能记忆数日。最新型的摄像机都采用专用电池，供白平衡记忆，只要电池有电，白平衡记忆工作就能正常进行。目前有些摄像机还增加了二档（A、B）储存记忆。拍摄时可以根据现场常用光源的色温变化，把两个不同的光源色温，分别储存记忆在A档和B档中。这样可以做到，当刚刚依据一个光源进行白平衡调整且拍摄之后，需要移机到另一个不同的光源色温下拍摄，这时就可以调整A、B档和相应的滤光片，而不需再进行细微的白平衡调整，也能获得很好的色彩还原。

目前电视节目所涉及的内容越来越广泛，应用的照明光源也越来越复杂多变，在复杂多变的光源照明条件下，如何使多彩的景物在画面中得到客观再现和主观表现，这是一个很重要的问题。下面就几种不同情况进行讨论。

在外景自然光条件下拍摄，由于光源的色温是阳光与天光的混合，为了使景物色彩还原正常，调白时要将白卡片放在能反射阳光和天光的 45 度角上。在阴雨天拍摄时，前面已经讲过采用粗调的方式拍摄，所摄画面的色调会不同程度地偏冷，这是根据创作的需要；如果在阴雨天拍摄，为了使所摄画面中的景物色彩的饱和度提高，那么就需要采用细调白的方法进行细微的调整，这样就会使景物色彩得到正确还原。同样的道理，在拍摄早霞或晚霞时，为了使早晚光源照明的景物色调不偏红，且能正常还原，也需要进行细调白。

在演播室拍摄，由于演播室的灯光种类多，生产厂家、型号、功率大小、使用时间的长短等不同，因此在进行白平衡调整时，不要受周围环境和色光照明的影响。有条件时，应首先用色温表计量各光源的色温值，然后用校正色温的灯光纸对光源色温进行平衡，平衡后再进行拍摄，以保证色彩的正常还原和画面色调的统一。

摄像机在混合光条件下拍摄，应该首先将光源之间的色温进行平衡。需要指出，在混合光照明时，平衡光源的色温常常采用升色温滤光片提高 3 200K 灯光的色温值，然后选择摄像机的 3 号（5 600K）滤光片再进行白平衡调整，这样做虽然保证了两种不同色温光源照明下的景物色彩均还原正常，但是由于两个不同颜色的升、降色温滤光片的应用，而使得灯光的实际照度值明显减弱。由于减弱了现场光源的照度值，因此，为了保证画面的正确曝光，摄像机的快门速度不能改变，只能采用开大光圈口径来实现正常曝光；而光圈口径一旦开大又会直接影响到所摄画面的景深范围。所以，当摄像中遇到混合光照明，除特殊情况采用上述方法外，在拍摄远全景画面时，为保证画面景深不受影响，多以 3 200K 灯光的色温进行白平衡调整，取消灯光前的升色温和摄像机内部的降色温滤光片，保持光源的实际照度值；利用缩小光圈，来增强画面的空间感和纵深感，表现大场面的规模和气氛。

五、摄影摄像中如何改变画面色调

彩色摄影与电视摄像一样，创作中不仅仅是让丰富多彩的被摄体在画面中得到客观再现，有时为了强调某种气氛，形成特殊的画面效果，增强画面的艺术表现力和感染力，常常采用必要的处理手段来改变画面的色调效果，为表现内容服务。

创作中如何改变画面色调呢？拍摄方式不同，处理方法不一样。

在彩色摄影中，因感光材料的三层乳剂经加工之后，摄影者不能随意改变，因此，在拍摄时需在摄影镜头前加有色滤色镜改变光线的透光比例。采用这种方法所摄取的画面色调规律是，摄影镜头前加用什么颜色的滤色镜，画面色调就偏什么色彩，如加用黄滤色镜，画面整体色调偏黄，加绿色滤色镜，画面整体偏绿色调。详见彩图 8－3《彩色片加蓝滤色镜》、8－4《日光型彩色片拍摄天安门夜景》。

而在电视摄像中，如有意改变画面的色调，可以采用两种处理方法。其中一种是与彩色摄影相同的处理手段，在摄像机的镜头前加用有色滤光器，所不同的是摄像机的三色电信号的感光灵敏度可调，可随着光源色温的变化，通过白平衡调整达到一致。因此，摄像时如改变画面色调，前提是当摄像机在实际光源照明时，先进行正常的白平衡调整之后，再将有色滤光器加在摄像机的镜头前面，其规律是加什么颜色的滤光器，画面整体色调就偏什么颜色。

摄像中还可以利用摄像机的非正常白平衡调整，不是对准标准白卡片，而是利用带有颜色的卡片，以便形成造型所需要的色调。具体处理方法是在进行白平衡调整之前，首先根据创作特定艺术气氛所需要的色调效果，选择一块有色卡片。在实际光源照射下，将摄像机镜头对准有色卡片，并充满画面，然后按下白平衡开关，先调黑平衡，再调白平衡，待寻像器中出现“OK”，即调整完毕。通过以上调整之后的摄像机，因改变了原有的三基色感光灵敏度，所以所摄画面色调效果出现偏色。偏色的规律是调整白平衡时，依据什么色调的卡片其调整之后的画面色调即偏向该色的互补色调。色彩之间的互补关系，见图 8－12 所示。

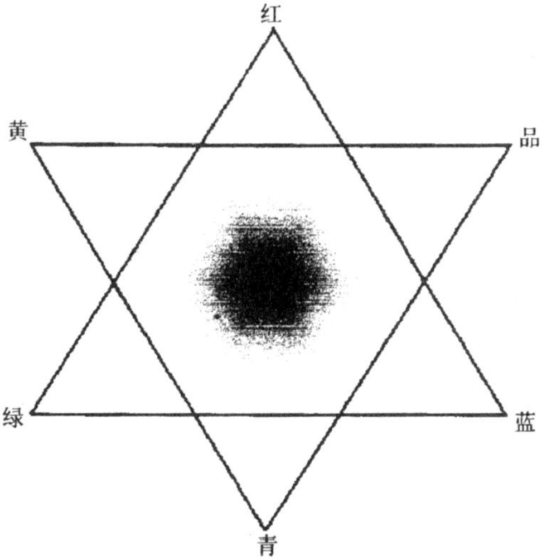

◁图 8－12 色彩的互补关系▷

上述色彩互补关系告诉我们，红与青互补，绿与品互补，蓝与黄互补。根据这一规律，北京星光集团生产了白色平衡色谱，这种白平衡色谱分为两类：一类用于改变摄像机三基色感光灵敏度的比例，如蓝、橙有色表面，相当于校正光源的色温，增强画面色调效果，有些不同程度的夸张，例如，使用这一类中的蓝色系列，拍摄早霞或晚霞时，用它进行白平衡调整，会使霞光气氛色调不够暖的效果明显加强。当白天模拟月夜效果时，可以使用橙红色表面进行白平衡调整，有意调偏，使白天正常的色彩造成偏蓝青，再适当减少曝光量配合曝光不足，拍摄出理想的月夜气氛。另一类色卡是为了强调某种色彩，为使画面整体偏色而生产的，如品、黄、绿有色卡，拍摄时利用它们进行有意的偏调白平衡，拍摄之后画面的整体色调偏向它们的互补色调，用品红表面进行调整，调整之后所摄画面偏绿色调；用黄色表面调整，所摄画面偏蓝；用绿色表面调整，画面色调偏品红色。有色表面的颜色深浅程度不同，可以根据具体情况而有目的地选择，规律是有色表面的颜色越浅，调整后的画面偏色现象也就越淡，颜色越深越饱和，调整之后所摄画面的色调也就偏得越重，越明显。

用有色卡调白平衡，是一种简易的方法，可以根据创作的需要，通过对摄像机白平衡进行人为的偏调，从而实现预期的色调效果，营造特殊的艺术气氛。需要指出，利用有色表面进行偏调白时，创作者一定要有明确的目的，切忌滥用，以免造成不应有的损失。另外，摄像中刚刚利用偏调白的方法改变画面色调之后，还要恢复到拍摄正常的景物色彩。拍摄前一定要重新调白，调白时必须采用先调黑平衡，再调白平衡，以便使重新拍摄的景物色彩在画面中得到正确再现。还应指出，如果使用的摄像机不能进行偏调白，那么要想改变画面色调，只能在摄像机正常调白之后，在摄影镜头前加用有色滤光器，以求得所需的色调效果。

思考题

1. 什么是色温？表示色温的方式有几种？

2. 摄影中常见的光源色温概数是多少？

3. 色温的意义是什么？

4. 怎样运用色温表计量光源色温？

5. 光源色温与彩色摄影摄像之间的关系是什么？

6. 彩色胶片有几种类型？其平衡色温是多少？

7. 校色温滤光片有几种类型？它们在摄影摄像中有哪些作用？

8. 什么是白平衡调整？

9. 白平衡调整有几种方式？

10. 摄像中为什么要进行白平衡调整？怎样调整？

11. 彩色摄影摄像中如何改变画面色调？

第九章 黑白摄影中滤色镜的应用

人眼在观察客观景物时，不但能分辨出同一颜色中不同深浅和不同明暗的差异，而且能辨别出不同颜色之间的差异，感受到不同色光之间的明显区别和强烈对比。在黑白摄影中使用的黑白胶片只能通过不同程度的黑、灰、白的影调关系，记录被摄景物五彩缤纷的色彩；在记录过程中，虽然黑白胶片能很好地再现出同一颜色中各种不同程度的深浅和明暗，并使画面中显出一定的对比，但它对不同颜色间差异的再现能力则有一定限度。对于某些有着强烈对比的色调和截然不同的颜色，黑白胶片则常常不能将它们在画面中形成明显的影调对比，有时甚至反映不出区别。

譬如，黑白摄影中拍摄红花、绿叶这样的景物，就实际情况来看，人眼观看红花、绿叶，由于两种颜色都非常鲜艳，两种原色间的对比强烈，反差很大。而用黑白胶片去记录这一景物时，底片上的红花和绿叶的密度很接近，经放大成黑白照片时，画面中的红花、绿叶的影调均成为近似的深灰，显得非常平淡，没有活力。

以上实例说明，在黑白摄影中，色彩对比明显的、强烈的，在黑白画面中，它们之间的影调对比，则不一定强烈。因此有人讲，在黑白摄影中如果没有滤色镜的介入就拍不好黑白片，听起来感到似乎过分，实际上反映了滤色镜在黑白摄影中的重要性。

一、黑白摄影中使用滤色镜的意义

滤色镜是黑白摄影中常用的附件，不论加用滤色镜能使画面形成什么效果，原因不外乎有两个：一是为了客观、真实、准确地再现被摄景物原有的影调关系，另外就是根据创作者的意图凭空想象去创作一种情趣，达到主观的表现景物。以上两个截然不同的目的，在摄影中均很重要。因为在实际创作中要想使每一幅画面，都能按创作意图恰到好处地表现出来是很不容易的。有很多因素影响着被摄体不能真实地还原，即便有时通过拍摄可以正常还原出景物的影调关系，又未必是创作者所需要的。因此说，一幅成功的作品应该是别具匠心、独特而又令人神往的。这样一幅作品的获得，在黑白摄影中，必须有目的地应用各种滤色镜。

如果想了解滤色镜在黑白摄影中的作用，就必须了解被摄景物、滤色镜的颜色及胶片的感色性能这三者之间的关系。

目前使用的黑白胶片分为色盲片和全色片。色盲片只对蓝紫光感光敏感；全色片对所有可见光敏感，并对人眼看不见的紫外光感光敏感。应当指出，现在市场上常见的黑白片都是全色片。该胶片的光谱分布在可见光范围内不是均匀分布，它们对蓝紫光的敏感程度要高于红、绿光的敏感程度。如图 9－1 所示。

该图具体展示了黑白胶片对可见光和人眼见不到的紫外光的感光特性曲线。而摄影中使用的滤色镜，由于颜色不同，因而对光线的透过情况亦会不同。根据它们的透光特点，分为截

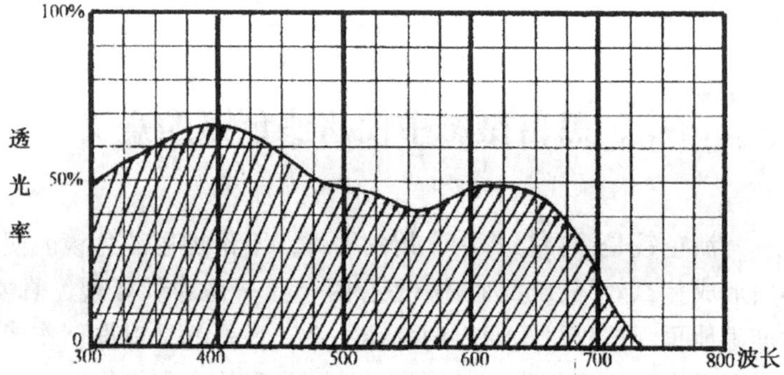

◁图 9-1 黑白全色胶片光谱感光特性▷

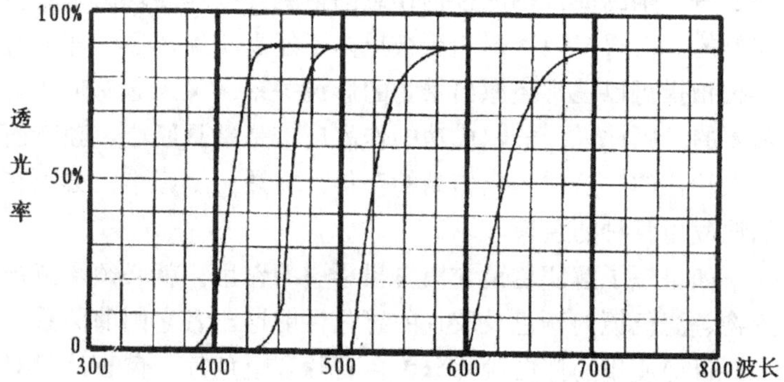

◁图 9-2 UV、黄、橙、红滤色镜透光曲线▷

止光波滤色镜和单通光波滤色镜。它们的分光透光曲线如图 9-2 所示。

从图 9-2 可以看出，只允许波长在 420 毫微米以上的红、绿及部分蓝光透过，并吸收部分蓝光和全部紫外光是浅黄滤镜；只允许波长在 480 毫微米的红、绿及少量的蓝光通过的，为中黄滤镜；吸收蓝光及紫外光的，为深黄滤镜；只允许 550

毫微米以上的红光和部分绿光透过，吸收紫外、蓝及少量绿光的，为橙色滤镜；只允许600毫微米以上红光透过的，则是红色滤镜。总之，截止光波滤色镜的特点是允许长波长透过，吸收短波长。而单通光波滤色镜则不同，这类滤色镜的特点是只允许某一单色光或某一段波长的光透过，吸收其他色光。如蓝、绿和黄绿滤镜都属于这类滤光器。如图9－3A、B所示。

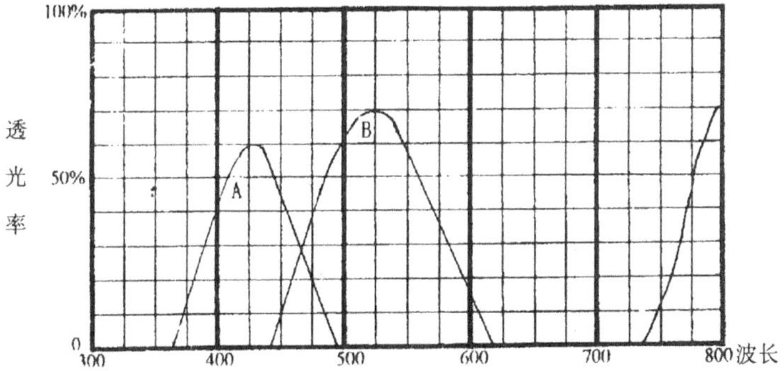

◁图9－3A 蓝滤色镜透光曲线（A线）；绿滤色镜透光曲线（B线）▷

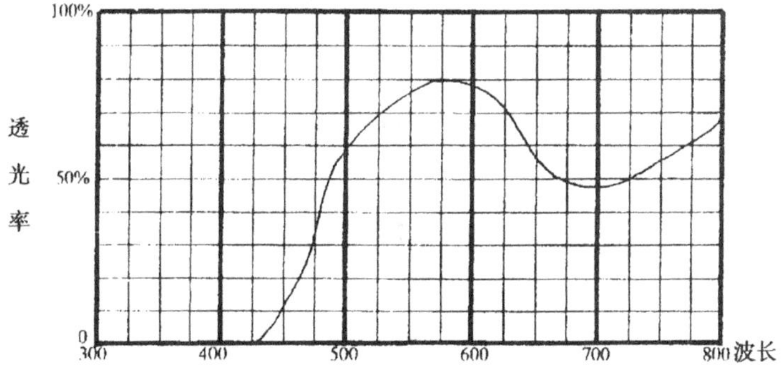

◁图9－3B 黄绿滤色镜透光曲线▷

从上图看出蓝滤色镜只允许400至500毫微米的光波透过，吸收其他区域的光波；绿滤色镜只允许500至580毫微米的光波透过，吸收其他色光；而黄绿滤色镜的曲线较特殊，从曲线中看出，它在吸收450毫微米以下短波光的同时还吸收部分红光，它可透过可见光中的全部绿光和部分红光，因此为黄绿滤色镜。

根据以上论述的黑白胶片的感光特性和滤色镜对光线的光谱成分的透过、吸收曲线可以得知，滤色镜对各色光具有选择性透过和吸收的功能，通过滤色镜透过的色光，投射到黑白胶片之后就会形成不同程度的密度；而被滤色镜吸收的光线，则不能到达底片，或很少到达底片，因此不能产生密度或不同程度的灰，而没有密度的地方则会变成黑块。根据这一改变影调的基本规律，要使被摄体的某一颜色在画面中显得暗淡，就需使用能吸收该被摄体颜色的滤色镜。

总之，在黑白摄影中，通过选用适当的滤色镜，可以使被摄体的颜色变亮或变暗，使之与周围的其他景物色彩之间产生强烈的明暗对比，以便获得与人眼的正常视觉感受相符的画面效果，也可以通过调节和控制画面影调间的变化来渲染意境，烘托气氛，甚至改变画面的透视效果，以便创作出新颖的影调效果来增强画面的艺术表现力和艺术感染力。

二、滤色镜在黑白摄影中的作用

1. 校色作用

校色作用是指利用滤色镜校正黑白胶片感色性与人眼对色

光灵敏度的差别。一般全色性黑白胶片的乳剂对光谱色中视觉亮度较低的蓝紫光波的感光灵敏度较高，而正常人眼却认为光谱色中的黄绿光（波长为555毫微米）最明亮；即使在较暗的条件下，正常人眼最敏感的光波向短波方向移动30至40毫微米，也仍然认为黄绿光的视觉亮度最高。如图9－4所示。

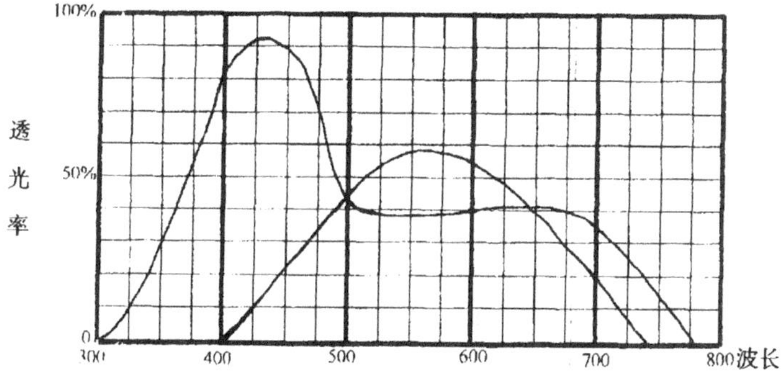

◁图9－4 黑白胶片感色性与人眼对色光灵敏度透光曲线对比▷

从上图曲线可以看出，人眼对绿色光的视觉灵敏度最高，依次是橙、青、红、蓝色光，对紫色光的视觉灵敏度最低。但黑白全色胶片对色光的感光灵敏度却与人眼不同，它虽然对所有色光都具有感光能力，但对蓝紫色光的感光灵敏度为最高。因此，要使所摄画面的影调对比关系与人眼的视觉感受印象一致或基本相符，就必须借助滤色镜。例如，使用黑白胶片拍摄带有蓝天白云的景物时，如果不加滤色镜，所摄画面中天空白成一片，白云与明亮的天空没有影调细节，显得平淡无力，甚至使白云在画面中淡化、消失。原因在于黑白胶片对蓝紫光很敏感，要通过调节使两者一致起来，其方法就是在拍摄时选用能够吸收蓝、紫色光的滤色镜。在摄影镜头前加黄绿滤色镜和中黄滤色镜，这种滤色镜可以阻止蓝紫色光的透过，抑制画面中蓝、紫色景物的亮度，从而让蓝天变深，略显白云，使所摄画面中的影调关系与人眼视觉感受相符合。如下图加与未加滤色镜的对比画面，中黄滤色镜起到了很好的校色作用。

由于各种黄滤色镜对光波截止的波长范围不同，滤色镜本身的颜色又有深浅差别，因此，它们的校色作用也不一样。一般来讲，滤色镜的颜色愈深，对短波光的吸收就愈彻底，校色作用也就愈明显。

要达到较好的效果，更好地表现天空，除了选择适当的滤色镜之外，还应注意拍摄时天空的具体条件，黄滤色镜主要是透过蓝、紫光波，因此，只有当天空呈青、蓝色调时才能充分发挥其校色作用。

2. 调节天空影调

调节天空影调与校色作用的技术道理一样，只是应用的目的不同。校色作用是根据黑白胶片的感色性能，对画面影调进行技术处理，使所摄画面的黑白影调符合人眼的正常视觉效果，而调节天空影调是结合创作的需要，对被摄天空作进一步的调整，以便压低天空影调，突出白云，甚至创作出特殊的画面效果，以达到一定的艺术气氛。

为了达到压暗天空、突出白云的效果，可以采用深黄或橙色滤色镜，如图 9－5A、B 所示，从同一场景未加滤色镜和加用黄、橙、红三块滤色镜分别拍摄的画面效果可以看出，滤色镜的颜色愈深，对短波光的吸收就愈彻底，蓝天、白云之间的影调对比就愈强烈。

从下面列举的两幅画面（图 9－5A、B）中可以看出，不加滤色镜拍摄的蓝天、白云影调对比不明显，当加用滤色镜之后，随着滤色镜颜色的加深，画面中蓝天、白云的影调对比就

◁图 9－5A 未加滤色镜▷

◁图 9－5B 加橙红滤色镜▷

愈强烈。因此，摄影中为了获得预期的画面效果，应将选择滤色镜的颜色与天空的蓝色程度联系起来。天空愈蓝，所选用的滤色镜的颜色可相对浅些，而蓝天愈浅淡，则所选择的滤色镜应相对较深；但应指出，阴天、雨天时，因天空呈灰白色，当使用滤色镜压暗天空和加深阴影影调效果不明显，及拍摄地平线的天空和太阳周围的天空时此处发白，所以用滤色镜压暗天空影调效果也不明显。

使用滤色镜调节天空影调，不仅仅是为了正确地再现自然的天空变化，有时也可以有意识地创造特殊的画面效果。

譬如，白天运用滤色镜模拟月夜效果。从滤色镜对色光有选择性吸收的角度考虑，可选用能够彻底吸收紫外、紫、蓝、青、绿、黄等色光的滤色镜，使蓝天和具有上述各色物体的影调，加深上述各色与其他色彩之间的黑白影调对比，通常可以选择橙红或红滤色镜来对画面进行技术处理。

白天模拟月夜效果，在运用滤色镜压暗天空影调时，需要注意人物与背景、人物与环境的亮度关系，整个画面的影调不宜过于明亮。选择蓝天的时候，要避开天上的白云，以免造成所摄画面效果不真实。

月夜的特点是反差大，受月光照明的部分与背光部分的影调对比强烈，同时，还因为月光下地面景物照度很低，所以直接照明部分和阴暗部分分辨不出景物的细节，也辨别不清景物的颜色。为了在黑白摄影画面上表现出月夜的特点，也为了避免在阳光下只用红滤色镜压暗天空影调时，红、橙、黄色物体的影调会显得明亮，可以采用两种不同颜色的滤色镜叠加使用，以便压暗各种颜色及它们之间的反差，仅保留它们之间的明暗对比，使白天拍摄的月夜效果在画面中形成合理的影调。

白天模拟月夜效果，叠加使用的滤色镜一般是原色滤色镜叠加，如红、绿滤色镜叠加，也可以把红滤色镜与中性灰阻光片或偏光镜叠加使用，以便在直射阳光下，只记录比较强烈的亮度反差，使各颜色物体都表现为深灰的影调。

为了使白天拍摄出的夜景效果明显，除了上述所选用的滤色镜之外，还应注意对曝光量的控制，一般在曝光上只按具体滤色镜的曝光补偿倍数，补偿不足一级半至 2/3 级光圈的程度，也就是有意使所摄画面造成曝光不足，以增强夜景气氛。

3. 调节画面反差，突出主体

在黑白摄影中，滤色镜可以改变景物的各种颜色，使它们在所摄画面中成为消色时的明暗度，而明暗影调配置在一起时，人们的注意力往往首先被明亮影调所吸引。因此，创作者可根据画面效果的需要，利用滤色镜来提高某一物体颜色影调的亮度，同时压暗其他物体的颜色影调；特别是当景物重要部位只有色反差而没有亮度反差时，选用适当的滤色镜，可以使两种颜色对比很强烈，而明度上比较相近的色彩在所摄画面中得到明显的区分。这样就能通过对影调的明暗处理达到突出主体的目的。

例如，使用黑白胶片拍摄绿叶衬托下的红色花朵，如果拍摄时不加滤色镜，所摄画面中的红花、绿叶明暗影调不明显，均会形成灰影调，整个画面平淡无味，没有生机。如果拍摄时，在摄影镜头前加用红滤色镜，那么，所摄画面中，红花会形成明亮的影调，而绿叶则被压暗形成暗影调。两者对比强烈，构成了一幅暗背景衬托下的白色花朵，非常醒目。还可以在拍摄时加用绿滤色镜，拍摄后，画面明暗影调关系与前者相反，红花被压暗，绿叶被变成明亮影调，构成了一幅亮背景衬托下的深暗影调的花朵。如图 9－6A、B、C 所示。

◁图 9－6A 未加滤色镜▷

◁图 9－6B 加红滤色镜▷

◁图 9－6C 加绿滤色镜▷

利用滤色镜调节画面反差，不仅可以改变不同颜色物体的影调对比，而且还可以渲染气氛。如在茂密的树林中拍摄，使用橙滤色镜则会把树叶表现得苍郁浓浓，给人以盛夏酷暑的浓绿效果；如果加用绿滤色镜则会把树叶表现成初春时节的嫩绿效果。于是，画面中的影调可表现不同季节的效果，如图 9－7A、B 所示。

晴天在外景自然光条件下拍摄，被摄体有受阳光直接照射的明亮部分，又有阳光照射不到的阴影部分。在使用滤色镜时，必须对景物颜色、光源的光谱成分和滤色镜的光谱吸收特性进行综合考虑，这样才能正确判断画面影像的整体影调结构，以便有效地表现出物体的立体形状，特别是物体表面的质感。譬如拍摄雪、沙、石、砖、木材、布料等物质时，适当加用不同的滤色镜，可增强受光部分与阴影部分之间的明暗对比，从而突出该物质表面的明暗纹理结构，使之更加鲜明、

◁图 9－7A 未加滤色镜▷

◁图 9－7B 加绿滤色镜▷

突出。

又如在室外晴天条件下拍摄人物时，由于人的肤色通常为浅黄的黄红颜色，在阳光照射下，以反射橙红色光为主，根据滤色镜的光谱吸收特性，拍摄时加用黄绿、黄、橙或橙红色的滤镜，则会使人物肤色自然，层次丰富，提高肤色的影调亮度，有助于表现妇女儿童肤色光润的质感；如果使用绿滤色镜可以降低肤色影调的亮度，有助于表现男子气质与健壮。

滤色镜在黑白摄影中不仅对拍摄风光、人物、静物等起作用，在其他科学领域中如标本摄影、显微摄影、公安鉴别摄影等方面，也起到了重要的作用。又如用红、绿、蓝色画出的各种颜色的画面、插图，还有用红色印刷的文件等，如拍摄时不加滤色镜，整个画面会呈现灰色调，文字与背景分不开，看不清楚。遇到上述情况，使用适当的滤色镜就可以把画面内容鲜明地表现出来，翻拍出的文件，字迹清楚。

翻拍所用滤色镜的颜色与翻拍内容中部分颜色相同时，拍摄后这部分颜色在画面中就会显得较明亮；物体的颜色与滤色镜的颜色互为补色时，此色块则在画面中变得较深暗。

4. 调节画面空气透视

普通影视作品的画面都是以二度空间来表现实际景物的三度空间，表现被摄景物的立体形态。在平面中表现物体的立体感和纵深空间需利用画面的透视关系。取得画面透视效果的方法，多用线条视透和空气透视，它们以不同的视觉形式表现出空间深度。

线条透视（也称“几何透视”），是利用各种物体在视觉上的线条透视效果，来表现被摄景物的纵深范围的，其表现形式有以下几个方面：

体积相同的物体，距离近时，视觉影像较大，远时，则小；距离较近时，宽度相同的物体视觉影像较宽，远时，则窄。这是由人眼的视角所形成的规律。

位于视平线以上的物体，近高远低，位于视平线以下的物体，近低远高。详见彩图 9-1，运用几何透视增强画面空间深度。就是利用线条透视规律拍摄的画面。

空气透视（也称“影调透视”），它是利用人们通过空气介质观察自然景物时感受空间深度的现象。这种现象的形成，是空气介质对不同波长光线吸收、反射、扩散的结果。它的规律是：由于景物距离位置的远近不同，观察者感觉近处的景物暗，远处的景物亮；近处景物的明暗反差大，远处景物的明暗反差小；近处景物轮廓的清晰度高，远处景物轮廓的清楚度低；近处景物色饱和度高，色反差强烈，远处景物色饱和度低，色反差较弱。以上这些现象，都会使所摄画面具有很强的透视效果。详见彩图 9-2，运用空气透视增强画面空间深度。

空气透视是空气中的微粒或超细微质点对光的扩散及散射作用形成的。由于它们的质量大小不同，所以被扩散和散射的光波也有不同的性质。当空气比较清澈，只有颗粒极小的甚至处于分子状态，没有大颗粒悬浮物时，短波光有更多的被散射的机会，而长波光则有较多的直线传播的可能。因此，当雨过天晴之后远处清晰可见淡蓝色调，这说明，被空气介质散射的是波长较短的蓝紫光波。当空气介质不太清澈或者雾气弥漫时，微尘和水汽的颗粒较大，各种不同波长的光波都会被扩散或漫射，即在这种介质扩散或漫射的光波中既有波长较短的蓝、紫光波，也有波长较长的橙、红光波，因此，漫射光所形成的空气透视的视觉感受为乳白色调，这种色调更具有浑浊的直观效果。

了解空气透视的意义和形成空气透视的基本原因，便可以根据它们对光的散射或漫射的特性和我们的造型需要，充分利用并适当调节画面中的影调透视，获得不同的画面效果。

拍摄中，创作者对所摄画面必须有明确的目的性，要注意，对画面中空气透视的调节既影响画面的深远感，也影响影像的清晰度，特别是影响远景的清晰度。当把画面处理得有较强的空气透视效果以增强其深远感时，远处景物的清晰度就会明显减小；而当需要把远处景物拍清晰时，则空气透视效果会明显减弱，画面的纵深感也就会减小。因此，在调节空气透视时，应当根据创作需要，进行认真分析，然后再进行适当处理。

如果调节的主要目的是增强画面的透视效果，而且允许降低远处景物的清晰度，那么，当使用黑白片摄影时，就可以加用淡蓝色滤色镜使透过的短波光更多一些，进一步提高被扩散的蓝、紫光波的亮度，以增强空气透视的效果。因为黑白胶片对散射的短波光要比人眼更敏感，也就是说，此时人眼并不感到远景明亮略带淡蓝色调，而胶片却已经记录下来，得到了明亮而反差较小的远景影像，呈现出较深远的纵深效果。另外，为了增强画面中的空气透视，还可以用雾镜来形成雾状气氛，加强纵深效果。在摄影中，无论是加用淡蓝色滤色镜，还是加雾镜，增强画面纵深感的效果都很明显。

在拍摄中充分利用逆光，对表现画面的纵深感，也起着很重要的作用。在特殊情况下，如果条件允许，可以施放一点烟雾创造一种雾景效果，这样会使画面更加生动。当拍摄条件基本相同时，调节的目的是让远处景物更加清晰，而不要求增强画面的空间感。这时，常用的处理方法是：根据空气介质对短波长散射较多这一特点，在黑白拍摄中，选择可以有效截止被空气介质散射的蓝紫光波的黄、橙滤色镜，使远处景物的影像更加清晰，以增强画面的清晰度。那么，这时由于加用了黄、橙滤色镜吸收了蓝紫光波，而使画面的空间感减弱。

在航拍时，如果使用黑白片摄影，由于距离被摄对象远，有较厚的大气层，要穿过大气层把地面景物拍摄清晰，拍摄时必须在镜头前加用能够彻底吸收蓝紫光波的滤色镜，如深黄或橙滤色镜，以便吸收蓝紫光穿过大气层，拍出清晰的影像。

在黑白摄影中，滤色镜对各色光起着选择性吸收、透过作用，只有滤色镜允许透过的色光，才会在底片上形成一定的密度，此处画面影调明亮；而不允许透过的色光，画面影调深暗。总之，滤色镜在黑白摄影中起着调节天空影调、调节反差、调节空气透视等作用。但应指出的是，在实际使用滤色镜时，往往在改变一种影调关系的同时，其他方面也有相应的改变，比如，使用红滤色镜可以压暗蓝天，但是在压暗蓝天的同时，会使景物中其他蓝、绿色景物的影调变暗，并使整个画面的反差增加，所以在使用滤色镜为达到一定的拍摄目的时，要注意使用后出现的其他问题。

最后还应强调的是，滤色镜在黑白摄影中是用来调节、控制画面的影调和反差。而在彩色摄影中，有色滤镜则主要是用来调节画面的色调，形成特殊的画面效果。

思考题

黑白摄影中滤色镜有哪些作用?

第十章 黑白、彩色通用滤光器在影视制作中的应用

前面两章论述了黑白摄影中应用的滤色镜和彩色摄影中应用的滤光器。两者的不同点在于黑白摄影时选择适当的滤色镜，可以对颜色不同的景物在画面中形成不同的影调，以便调节控制画面反差，达到创作者满意的效果；而彩色摄影中则只运用彩色专用滤光器，改变光源的光谱成分，以便同彩色胶片或摄像机确定的光谱成分相一致，使所摄景物色彩在画面中得到真实再现。有时为了达到某种特殊的画面效果，拍摄时加用有色滤镜，根据创作意图来改变画面色调。在这一章里我们将对一些不改变光的颜色的滤光器进行论述，可以因为它们不改变光的颜色，只改变射入镜头的光的强度、性质，而在黑白、彩色摄影中发挥同样的作用。

常见的黑白、彩色通用的滤光器有中性灰阻光片、偏振镜、雾镜、柔光镜、UV 镜，下面对它们进行分别论述。

一、中性灰阻光片

中性灰阻光片又称中性密度滤光器（Nentral Densilg），英文缩写为 ND，也有把中性灰阻光片简称为灰片、密度镜、减

光镜。

中性灰阻光片的透光特点是：对各种色光都能起到非选择性吸收的作用，通过它观察景物或在黑白、彩色摄影中加用它之后进行拍摄，都不会由此而改变景物间的亮度反差和色反差，也不会改变光的视觉颜色，只是均匀地减弱光的强度，均匀地吸收各种不同波长的色光。

中性灰阻光片的阻光程度用密度值来表示。密度是指中性灰阻光片的阻光程度，它是用阻光率的对数来表示的。阻光率是透光率的倒数。

密度（D）用阻光率（O）的对数来表示：D = lgO

表示密度值的对数是指以 10 为底的常用对数。如，中性灰阻光片的阻光倍数为 2 时，代入上式：D = lg2，查表得 0.3，其密度为 0.3。中性灰阻光片常采用 0.3、0.6、0.9 等密度值排列。密度为 0.3 的滤光器，其透光率为 50%，阻光倍数为 2。密度每增加 0.3，滤光器就增加一倍的阻光能力，透光率则减少一半。

滤光器密度、透光率、阻光倍数、曝光因数以及曝光补偿倍数之间的关系列表如下：

〔表 10－1〕　　中性灰阻光片的透光性能

阻光倍数	密度	透光率	曝光因数	曝光补偿倍数
2	0.3	50%	2	1
4	0.6	25%	4	2
8	0.9	12.5%	8	3
16	1.2	6%	16	4

中性灰阻光片的外观呈中性灰色，序号愈大，阻光率和密度也就愈大。使用时可以分别应用，也可以相叠使用。相叠使用时的密度值是各单片密度之和。阻光倍数为各单片的阻光倍数乘积，而曝光补偿倍数为各单片的补偿倍数之和，例如一块阻光倍数为 2 的中性灰片与一块阻光倍数为 4 的中性灰片叠加使用，计算方法是阻光倍数为 $2\times4=8$；密度值为 $0.3+0.6=0.9$；曝光补偿倍数级数为 $1+2=3$。

柯达雷登中性灰阻光片，采用 13 片不同密度的滤光器组成一套，它们的透光性能，列表如下：

〔表 10－2〕　**柯达雷登中性灰阻光片的透光性能**

编　号	密　度	透光率	阻光倍数	曝光补偿倍数
NO0.1	0.1	80%	4/3	1/3
0.2	0.2	63%	5/3	2/3
0.3	0.3	50%	2	1
0.4	0.4	40%	7/3	4/3
0.5	0.5	32%	8/3	5/3
0.6	0.6	25%	4	2
0.7	0.7	20%	5	7/3
0.8	0.8	16%	6	8/3
0.9	0.9	12.5%	8	3
1.0	1.0	10%	10	10/3
2.0	2.0	1%	100	20/3
3.0	3.0	0.1%	1 000	10
4.0	4.0	0.01%	10 000	40/3

中性灰阻光片还可以与其他滤光器配合使用，以获得综合滤光效果。例如柯达雷登85BN3、85BN6、85BN9复合型滤光器，它们就是用雷登85B降色温滤光片分别与中灰密度0.3、0.6、0.9滤光器两者合二为一。雷登85B用来降色温，N3中性灰阻光片用来压低亮度。还有目前电视摄像机内部安装的滤光片。如5 600K + ND1/4、5 600K + ND1/8、5 600K + ND1/16，都是复合型滤光片。前者为降低光源色温的雷登85B滤光片，后者分别为ND1/4、ND1/8、ND1/16。其中ND表示中性灰阻光片，后面的数字表示该滤光片的透光率，1/4表示加入滤光片之后透光率为25%；1/8透光率为12.5%，1/16透光率则是6%。当两块滤光片叠加使用时，曝光补偿倍数为各滤光片的曝光补偿级数之和，而阻光倍数则是各滤光片的阻光倍数的乘积。

中性灰阻光片在摄影摄像中的主要作用有以下几点：

(1) 利用中性灰阻光片在高亮度条件下拍摄，能够实现准确控制画面曝光。在摄影摄像中，常常遇到现场的亮度较高，以至于光圈收到最小，快门速度调至允许的极限时，仍将出现曝光过度的现象，这时可用中性灰阻光片压低被摄景物的亮度，以便实现正确曝光。

例如，在电影摄影中，当电影摄影机使用高感光度胶片在亮度非常高的外景拍摄时，由于胶片的感光度较高，不需更多的光通量就能满足正常曝光，但当现场亮度非常高时，电影摄影机的摄影频率（除特殊情况外）一般不变（正常频率为每秒25格），因此只能利用镜头的光圈来调节。而当镜头的光圈收到最小时，还会造成画面曝光过度。遇到这种情况，摄影者就可以选择适当的中性灰阻光片加在镜头前，以实现画面曝光的准确控制。

还有在电视摄像中，如果我们到沙漠或海滩去拍摄，由于摄像机的拍摄频率不能随意改变，当遇到上述场景时，就需要将摄像机内部安装的带有中性灰阻光片的那一档调到正常状态，以便使所摄画面色彩还原正常，又不会使画面曝光过度。

(2) 利用中性灰阻光片控制画面的景深。在摄影摄像中，通过改变光圈有目的地控制画面景深。光圈孔径的大小与景深的关系是光圈孔径越大，景深越小；光圈孔径越小，景深越大。

当我们用摄像机在外景自然光很强的条件下拍摄景物特写或人物肖像时，人物周围杂乱的景物会使人物不够突出，这时摄影人员常常运用开大光圈、压缩景深，使周围的景物呈现模糊、虚化效果，使被摄主体人物清晰，从而通过虚实对比使人物更加突出、醒目。但是在拍摄中，因为摄像机的拍摄频率不能改变，即速度不能调整，当景物亮度非常高时，只能通过光圈来控制。遇到上述情况，要想使周围的环境虚化，人物清晰，利用小光圈不能实现，开大光圈会使上述景物在画面中曝光过度。那么，要想使光圈开大，而又不造成曝光过度，拍摄时在镜头前或后加用中性灰阻光片，将景物亮度降低到合适的程度，以便用大孔径光圈，实现上述效果。如果此时再配合长焦距摄影镜头，则画面效果会更佳。见彩图 10－1A、B 所示在外景自然光条件下，加中性灰阻光片与未加滤光片的对比效果。

从上述画面可以看出，未加中性灰阻光片的画面，被摄人物和周围的景物都较清晰，但人物不够突出，而加灰片后拍摄的画面，人物更加清晰，周围景物则变得较模糊。利用这种虚实对比，从而获得了满意的景深效果。

(3) 利用中性灰阻光片在高亮度条件下拍摄具有较强动感

的画面。摄影者在拍摄带有运动体的景物时，为了使运动的物体在画面中有较强烈的动感，常常采用快门速度中的慢速来实现。运动体或运动体的某些局部在画面中适当虚化、模糊，从而获得动感效果。假若此时光线较强，亮度很高，以至于在允许的光圈下，过多地延长曝光时间，造成曝光过度。最好的方法是选择适当的中性灰阻光片，加在镜头前，降低亮度，以便使用合适的快门速度，将运动的物体形成模糊、虚化的影像，而固定的物体保持清晰。这种虚实对比可增添画面的情趣。

（4）利用中性灰阻光片与其他滤光器配合使用，可以拍摄出特殊的画面效果。

在拍摄晨曦、黄昏以及白天拍摄夜景效果时，除了需要选择适当的滤光器之外，为了将现场的亮度压低，还要选择适当的中性灰阻光片配合使用，才能有效地控制画面的影调、色调。黑白摄影中白天模拟夜景效果，经常采用红滤色镜与中性灰阻光片合用，压低天空亮度，造成月夜效果。而在彩色摄影中，则常将蓝色滤镜与中性灰阻光片合用，以便模拟月夜效果。但应注意地面不宜过亮，前景要暗，色调偏冷，这样月夜的气氛才更明显。

二、偏振镜的应用

偏振镜（又称“偏光镜”、“偏振器”）。该镜是一种比较特殊的滤光器。它作用的对象不是光波中一定波长的光，而是具有偏振光特殊性的光波。

光波是一种横波，即波的振动方向与波形传播方向相互垂直。它与其他形式的波动（如声波）相比，具有相同的反射、折射、散射与衍射等性质；还具有横波所独有的、由其振动方向的变化所引起的特殊性质——光的偏振。按质点振动的方向、光波可分为“自然光”，“完全偏振光”（“平面偏振光”）与“部分偏振光”。

自然光是指沿垂直于传播方向的一切平面内振动的光波，或者说是以相同的振幅均匀地分布在垂直于光线传播方向的各个平面上的光波。一切实际光源所发出的光波都是由无数垂直于传播方向的横振动光波合成的。例如，太阳光、白炽灯、碳弧灯、烛光以及其他热辐射光源所发出的光波都是自然光。如图 10－1 所示。

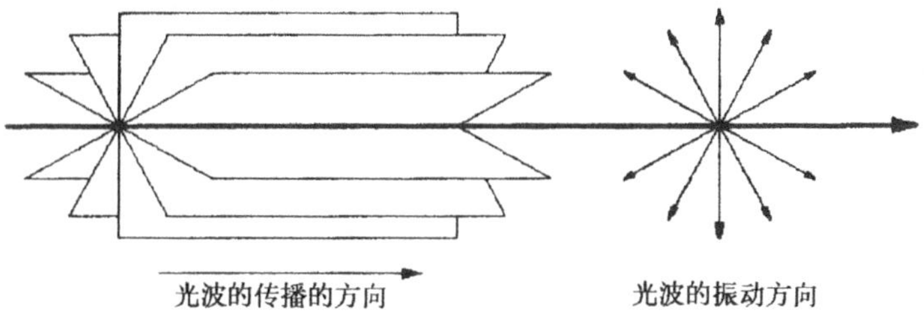

◁图 10－1 自然光波的振动方向▷

所谓偏振光是指：当自然光穿过某种物质或投射到某种物体表面之后，其透射光或反射光、散射光可能被限制在某一垂直平面内振动，这种只在某一平面内振动的光波称为偏振光。当偏振光的振动方向是一条直线，即只在单一平面内振动时，则被称为直线偏振光或完全偏振光。如图 10－2 所示。

单原子所发的光波是偏振的，即只在单一平面内振动，但它的振动方向瞬间即变，不能保持在相同的方向上，也不可能提供实用的单原子光源。因此，要想利用偏振光，只能取那些由自然光偏振化后再加以利用和控制。

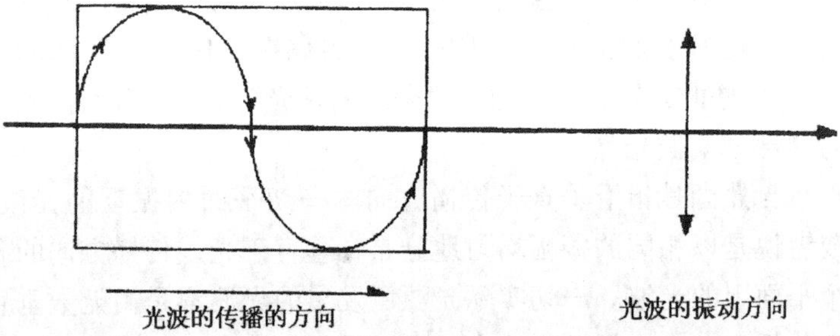

◁图 10-2 偏振光波的振动方向▷

完全偏振光受到一定条件的影响，如经过某些物质的散射、反射和折射，可以再改变成多个方向振动的部分偏振光。在实践中，完全偏振光是很难获得的，也难以达到理想的纯度，它往往是除了具有某一个特别显著的方向之外，还包含有其他方向振动的成分，通常被称为部分偏振光。

1. 偏振光产生的条件

偏振光是怎样产生的呢？由一般光源发出的均属非偏振的自然光，但是，其非偏振的性质是可以被改变的，也就是说，自然界有很多物质具有改变这种非偏振性质的“起偏”作用，因此对这些物质在很多场合都要特别注意，并要按其规律加以利用，从而获得各种不同的效果。

(1) 一定条件下的反射。

当光线投射到空气中的分子，或者碰到光亮的非金属物体时，如水、玻璃、光洁的柏油马路、油漆家具、半透明的反射镜、某些塑胶甚至光洁的纸张等表面，在一定的角度下，只反射入射光中正以某一特别方向振动着的那一部分。这一部分反射光便成为所谓的偏振光。

几乎所有的非金属物体的反射光中都同时含有偏振光和非偏振光两种成分。只是由于不同物质的折射率不同，所以其偏振角度也不一样，因而反射光中的偏振光强度也有所不同。偏振角与折射率的关系由布儒斯特定律说明。

布儒斯特（Brewster）定律是这样描述的：对于光泽的非金属表面，当投射角与折射角之和为 90 度时，此时的反射光为完全偏振光，折射光为部分偏振光。如图 10－3 所示。

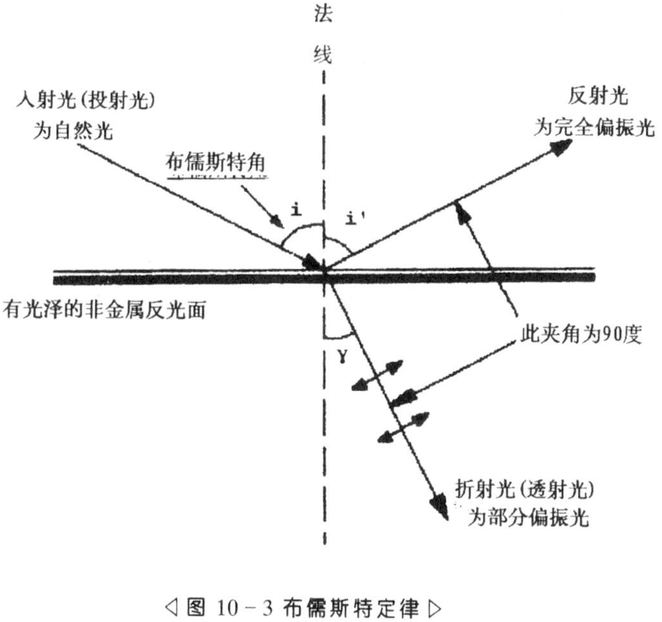

◁图 10－3 布儒斯特定律▷

图中 i 为入射角（投射角），r 为折射角。自然光以入射角 i 投射到一块平板玻璃上，一部分光被反射，一部分光被折射。当入射角 i 与折射角 r 之和正好等于 90 度，也就是当反射线与折射线相互垂直时，其反射光即为完全偏振光。

布儒斯特角由介质的折射率所决定，对于大多数材料来说，布儒斯特角在 55 度左右。由于不同物质的折射率不同，所以入射角也不一样。以普通玻璃为例，入射角为 57 度，而水面的入射角为 53 度。也就是说，当投射光与光泽的非金属表面的夹角分别为 37 度至 32 度时，能够产生完全偏振光。

布儒斯特定律只适用于电介质，而金属则属于导电体，所以当自然光投射到金属表面上时，不论入射角的大小，其反射光都不可能是完全偏振的。

（2）一定条件下的散射。

透过连续旋转的偏光镜观察天空亮度，特别是观察与太阳投射方向成 90 度角的蓝色天空时，其视觉明亮程度会随着偏光镜的转动而改变。这充分说明上述由空气分子散射而形成的蓝色天光在不同程度上具有偏振光性质。当太阳光投射到天空时，空气分子的电荷发生振动，成为一个向整个空间发散光的新波源，这个新波源发射的光波与观察位置成 90 度时，天空投射来的散射光具有在单一平面内振动的性质。

有一种简单的方法可以确定天空中哪些区域具有偏振光性质；将你的大拇指对准太阳，然后伸出食指，使食指与拇指成 90 度角，在保持大拇指指向太阳的状态下转动你的手腕，此时食指便在天空划过一道弧，这道弧就是在任一既定太阳仰角下的最大偏振光区。如图 10－4 所示。

用上述方法，就可以了解到在晴朗天空上找出一天中不同时间里的最大偏振光区域。中午太阳大致在顶部，最大偏振区是所有水平方向；在接近日出、日落时，偏振光区将在天顶上。简而言之，可以随时利用你自己的大拇指和食指，根据太阳入射角的变化确定偏振光区域。只要具有偏振光性质，就可以利用偏光镜进行调节。

需要说明，前面讲述的正午时间接近地平线的天空光，理应具有偏振性质，但是，经过散射后由这一方向投射来的光波在穿越大气层的过程中，经多次漫散之后，原来已具有的偏振性质又失去了偏振的特点，从而成为非偏振的一般自然光。同样道理，当天空被云层遮挡以至蓝天变得深浊灰白时，散射光也会失去偏振性质。

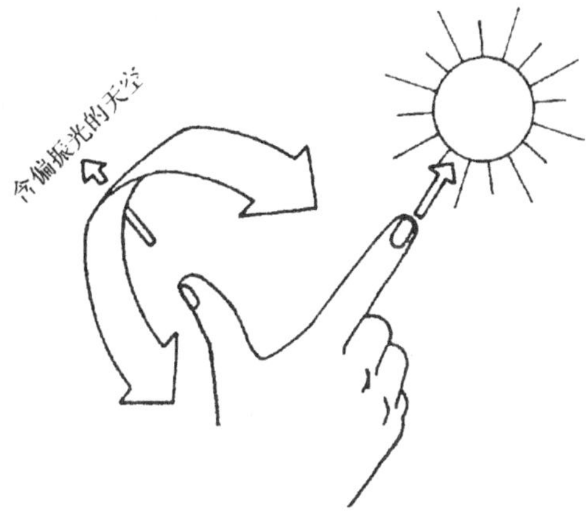

◁图 10－4 测定偏振光的简单方法▷

（3）利用偏光镜产生偏振光。

偏光镜是一种经过定向处理的晶体，这些含有极微小的晶体按相互平行的平面排列，其光学特性类似一种光学缝隙。不论是自然光还是人造光，当光波通过这些晶体构成的光学缝隙时，只有在平行于这些缝隙的平面内振动的光波才有可能通过，其他平面内振动的光波投射到偏光镜之后，由于取向不一致，而被拦阻，不能透过。如图 10－5 所示。

从图 10－5 可以看出，偏光镜中的微小缝隙按某一方向排列，只允许自然光中在某一平面内振动的光线通过此偏光镜(除了从相当明亮的表面反射光线或阳光照射时天空中有偏振光外，大多数的光线都是非偏振光)。

偏光镜的光学缝隙的排列方向，在任何情况下都是允许通

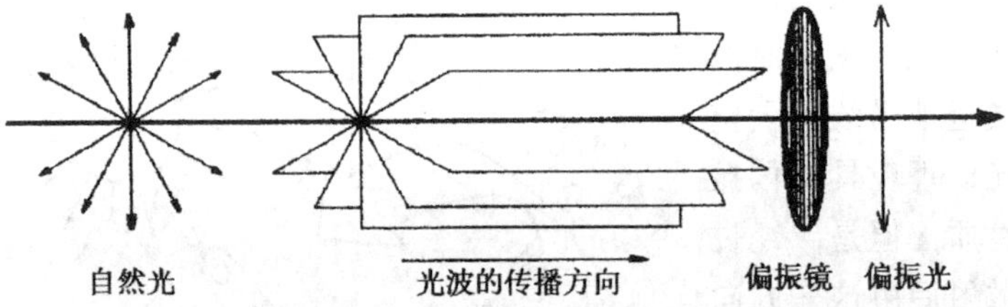

◁图 10－5 利用偏振镜产生偏振光▷

过的光线振动平面的决定因素，当旋转偏光镜时，则只允许同这一旋转角度平行的光线进入偏光镜。如图 10－6 所示。

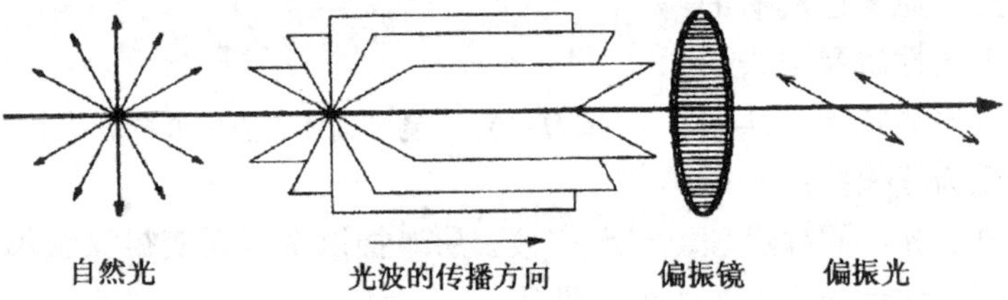

◁图 10－6 自然光通过偏振镜产生偏振光▷

如果光线经过适当性质的明亮表面反射或来自正确状态的蓝色天空而变成了偏振光，则这一光线基本上只会在一个平面内振动。因此，只要转动偏光镜，使其光学缝隙的排列方向不同于入射光线的振动方向，就能够减弱入

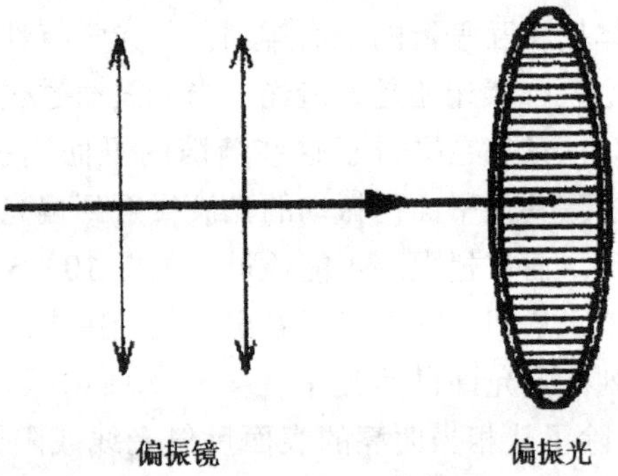

◁图 10－7 偏振光通过偏振镜被消除▷

射光或将其完全消除。从而，可以通过偏光镜使其天空更蓝，或将具有偏振光性质的部分反射光消除。如图 10－7 所示。

从上面几个图中可以看出，偏光镜对偏振光和非偏振光所起的作用。当非偏振光投射到偏光镜上时，由于其振动平面包括所有方向，因此会被滤去一部分；只有振动方向与光学缝隙平行的部分才能通过。而不在其偏光面内振动的光线则被阻挡。

在摄影中常常遇到下列一些情况，例如被摄景物中非金属表面存在着较强的反光、耀斑，妨碍了对该物体表面质感的再现，或者在拍摄玻璃橱窗、玻璃后面、玻璃底下的水中景物时，玻璃表面或水面上所映出的镜面影像和强烈反光，会严重影响对被摄物体的记录。还有在拍摄彩色片时，天空过于明亮，使天空和地面景物形成较大的亮度间距，不易于表现。有时由于景物表面反射的光斑，影响色彩的饱和度。凡此出现上述情况，都是由于景物表面存在着偏振光或部分偏振光造成的。拍摄时需要去除不利于表现景物的偏振光，其方法就是利用偏光镜，以改善画面的技术质量，控制好画面的影调、色调，达到满意的效果。

2. 偏光镜在摄影摄像中的应用

(1) 调节、控制非金属表面的光斑。

光线投射到光泽的非金属表面，一般会形成明亮的单向反射光。这种单向反光往往为画面的最高亮度，丰富了画面的影调，增加了画面的感染力。例如在煤矿到井下拍摄采煤现场时，为了使黑煤之间产生一定的亮度间距，多采用侧逆光照明，使投射光与摄像机镜头之间形成一定的角度。煤的表面出现单向反射光，可以造成高光和亮斑来加大画面的反差。但是，有些时候在拍摄中，当亮斑过大或者位置不当，妨碍正确地再现物体表面的质感或者是有损整个画面的影调，就应根据亮斑的性质加以妥善处理。例如，拍摄油漆家具时，由于光线入射角的原因，在摄像机所在的位置观察或拍摄，就会有非常明显的单向反射光出现，影响到该物体表面质感的再现。这时就需要去掉表面的偏振光。具体方法是：将偏光镜加在摄影镜头前面，通过直接取景的摄影机（摄像机或照相机）观察景物，徐徐旋转偏光镜，当看到光斑被控制在符合画面影调的需要时，进行拍摄。对于那些不能直接取景的设备，则应当把偏光镜先放在自己的眼前，直到把要表现的景物单向反射光（即偏振光）控制到合理时，再把偏光镜移到摄影镜头前面（应当注意这样使用偏光镜一定要使观察效果与实拍时的效果一致，方向应保持不变）。否则，偏光镜在调节、控制偏振光效果时，将会受到明显的影响，甚至起不到作用。

调节、控制物体表面反光，还可以调整灯光的位置或摄影机的机位，直至能够消除需要去掉的单向反射光为止。

(2) 消除、减弱透明体表面的亮斑影像。

当光线投射到玻璃表面或水面时，通常容易出现两种情况：一是表面的单向反射亮斑使所摄影像清晰度降低，反差减少；二是表面单向反射亮斑妨碍所摄玻璃覆盖下或水面下物体的真实再现。

在这种情况下，可以调整投射光的入射角使表面反射光具有偏振性质。然后再用偏光镜进行调节。当用偏光镜消除玻璃表面或水面的单向反射光时，还应注意同一光线对玻璃覆盖下（或水面以下）的物体所形成的角度往往并不完全一样，因此，在这种情况下，通过偏光镜来拍摄就可以既消除或减弱单向反射光斑，又可以保留玻璃表面覆盖下（或水面以下）物体的影像，提高画面的清晰度和影像质量。详见彩图 10－2A、B，加偏光镜与未加偏光镜的对比画面。

凡是透明体表面、镜面内所形成的倒影及映在镜面上的影像，有的能使画面生动并增强感染力。但当有些倒影像成为画面中多余部分时，只要让这些景物形成的投射光线具有偏振性质，就可以借助偏光镜来消除或减弱。

（3）调节天空影调。

在影视摄影中进行外景拍摄时，经常遇到景物中包括着大面积的天空，并且在画面中起着很重要的作用。不同时间、不同季节，天空影调不同。天空影调、色调的变化，直接影响着画面的艺术表现力。因此，拍好天空是摄影工作者需要考虑的一个问题。

调节、控制好天空的影调，前面一节中讲过。当拍摄黑白胶片时，只要使用一种有色的滤光器就可以达到目的。因为有色滤光器允许相同颜色的光线通过，而吸收其补色光线。因此，除了蓝色滤镜之外，几乎所有颜色的滤光器都会使天空影调变暗。但是，这类滤光器会影响到景物中的其他颜色。例如，使用一块红滤色镜，会使蓝天变得很暗，但是也会使景物中的红色物体的色调变淡。当使用彩色胶片拍摄时，如果使用有色滤光器，就会改变画面的色调。如果使用偏光镜来调节天空影调色调，则不会对画面的其他部分有任何影响。

偏光镜能够调节天空影调、色调，是因为天空所反射的某种光线在大气中微粒的作用下将自然光变成偏振光，只要转动偏光镜，就可以阻挡已具有偏振性质的光线，从而使天空变暗。转动偏光镜的角度还可以改变这种效果的强弱程度，使天空变暗的程度符合创作的要求。

一块偏光镜能使天空变暗到何种程度，则决定于天空的状况和所摄方向与太阳构成的角度。晴朗的蓝天有大量的偏振光，此时，使用偏光镜，可以加深蓝天的色调，使彩色画面中蓝天更蓝，饱和度更高。如果有白云，会使白云更加突出、醒目。

(4) 偏光镜与彩色影像的饱和度。

彩色摄影中环境的杂散光以及天空光对景物的颜色有直接影响。物体表面上的单向反射光形成的亮斑，在一定意义上讲，能使画面更加生动，但同时这些光斑也能使景物的局部失去质感，明显地影响着景物色彩的饱和度。形成光斑的单向反射光在很多时候具有偏振光性质。利用偏光镜提高景物色彩的饱和度，实际上就是利用偏光镜消除或减弱物体表面上的反射高光，从而拍摄到景物自身的本来面貌，还原出本来面目。例如，拍摄一些非金属表面有明显光斑的物体，由于物体表面有亮晶晶的光斑，使物体的本来色彩被亮光冲淡或掩蔽，加用偏光镜之后，物体表面的杂散光随着偏光镜的转动，被减弱或取消，从而见到该物体本应有的色彩效果。偏光镜的这一功能，在拍摄静物、花卉和侧逆光照明下常有翠绿叶芽的景物时，尤其明显。

使用偏光镜，务必加以节制，消除一切反光并不一定能达到最佳的画面效果。在创作中，有时由于艺术表现的需要，要求画面中保留亮度适宜的光斑，以便以此丰富画面的影调，从而提高画面的艺术感染力。如雨后街道湿漉漉的水面、玻璃器皿、陶瓷制品等需要有一定量的光斑。

总之，画面中的光斑、耀斑等高光是否需要消除或减弱，以及减弱到什么程度，一定要根据创作意图，不宜草率行事。使用要得当，切勿顾此失彼；做到该去的则去，去要去得合理，该留则一定要留，留要留得恰到好处。

使用偏光镜时，由于偏光镜本身具有一定的密度，同时，又阻挡某些方面振动的光透过，因此，在运用偏光镜时要考虑其阻光倍数。对于一块偏光镜来讲，所标明的阻光倍数只是表示该镜在拍摄非偏振光时或需要除去其亮斑时所损失的光量，这就需要加以补偿曝光量。但是，由于被摄体和光线条件千差万别，所以不能一概而论，应视具体情况而定。换句话说，要看偏振光的成分占多大比例，才能决定增加多大的补光量。不过，这种额外的补光量，通常多是补偿不足一级光圈。但是，被摄景物偶然含有大面积的偏振光，就必须增加足够的补偿曝光。目前大多数相机的内测光测量偏光镜的阻光倍数都相当精确。有少数分光棱镜测光系统，可能会造成自动曝光失误。如果摄影者对自己的相机测光方式不了解时，可改自动曝光为手动曝光，并根据实际情况进行调整，补偿适当的曝光量，以获得成功的画面。

另外，偏光镜和其他滤光器一样，应注意保护。需要清洁时，使用柔软的镜头纸，加少许清洁液，轻轻擦干净。要防止将偏光镜置于高温下；不用时，不应长期暴露在强光下，以免变色变形。

三、漫射镜

漫射镜由无色透明光学玻璃或有机光学玻璃制成。它的主要作用是扩散成像光线，从而降低反差，柔化影像，并且能够在一定程度上使远景产生雾状效果。当光线投射到漫射镜上，一部分未被干扰的透过镜头结成清晰影像，另一部分被扩散的形成焦点虚化的影像，结果是清晰与模糊融为一体。

漫射镜主要有：柔光镜、镜头纱、雾镜。

1. 柔光镜

柔光镜（又称“柔焦镜”）。它是经照相腐蚀的方法使透明镜表面或两镜片的透明夹层上，呈现出具有漫射作用的一系列小沟槽（有圆圈、方格形状的图形）。如果这些图形分布得很密，腐蚀得很深，该柔光镜柔化影像的效果就愈重，反之，图形分布得愈疏，腐蚀得愈浅，其柔化影像的效果就愈轻。

当把柔光镜加在镜头前面之后，由于大部分成像光线将投射到占较大面积的非图形处，因此，它可以在成像平面上结成清晰的影像。但是，有一定比例的成像光线投射到占面积较小的沟槽或被腐蚀的图形处，会因产生不同程度的折射、漫射而散焦，故而变为杂光。这些杂光投射到清晰的影像周围后，形成虚化的影像。柔光镜的折射和漫射作用，可以使柔化影像中的亮部、高光部向外逐渐弥散开来，形成光渗；也可以使影像中的暗部、阴影部因有一层弥散光线而变亮，从而降低影像的反差。

柔光镜的主要作用包括柔化影像，降低画面反差，调节画面影调、色调，或根据创作意图形成特殊的画面效果，从而使所摄画面更富有情趣。

柔光镜特别适合于在远距离处拍摄人物肖像，它可以柔化人物皮肤的质感，使皮肤显得光滑、细腻、柔和；让年龄大的变得年轻，显得更加美丽动人，让儿童更加天真、活泼可爱。（见彩图 10 – 3A、B 彩色附页加与不加柔光镜的对比画面。）拍摄时，要使人眼在画面中保持最佳效果，不宜将眼睛变得过于虚化、模糊，以免影响人物造型。

当加用柔光镜拍摄远、全景画面时，由于它能够使画面产生一种轻微的雾状效果，因此，可以在一定程度上增强画面的空气透视，形成一定的空间感。它还常常用于广告和静物摄影以使画面柔和、淡雅，呈现梦幻效果。

摄影中柔光镜可以单独使用，也可以与其他滤光器叠加使用。拍摄时为了使画面影像柔化效果更符合创作意图，应注意选择摄影时的光圈、焦距、光线效果。

使用柔光镜拍摄时，镜头的光圈不宜过小，应选择大光圈(因光圈开大景深小)。光圈愈大则柔化效果愈重；光圈愈小柔化效果愈轻。选择镜头焦距时，长焦距镜头柔化影像的效果比短焦距明显。使用柔光镜时如果采用逆光或侧逆光光线效果，则可进一步增加柔化效果。

从对比画面中可以看出，加用柔光镜之后人物的皮肤更加细腻、柔和，人物更加年轻。

2. 镜头纱

目前摄影工作者所使用的镜头纱大部分是自己制作的。镜头纱可以起到柔光镜所起的作用。常见的材料有尼龙丝织品、棉麻丝织品等。

纱的形式有多种多样。摄影中常用的有编织图形不规则的纱，有龟纹的网眼纱，还有常见的十字纱（如尼龙蚊帐、纱巾)。这些纱既可以单层使用，也可以双层使用。

当镜头纱加在摄影镜头前面。纱的大量透光孔，可以让大部分光线顺利通过，不影响成像；其中有一部分直接投射到纱线上被吸收，另外有一小部分光线投射到纱线的边缘上。这时会受到纱线的漫射和反射作用，变成散焦的杂光，这些光使清晰的影像罩上一层光晕，使画面形成朦胧、柔和的特殊效果。

镜头纱在造型处理中，受多方面因素的影响，归纳起来影响柔化影像效果的因素有以下几个方面：

（1）纱的粗细与疏密。纱的粗细与疏密直接影响柔化影像的效果。在相同条件下，编织得愈密，柔化效果愈重；反之，编织得较稀疏，柔化效果愈轻。

（2）纱的颜色。纱有黑纱、白纱、彩色纱三种。其中黑纱对所摄画面中的色调、影调影响较轻，而白纱在提高阴影部分，减小反差和柔化影像方面，要比黑纱具有更大的漫射作用。因此，柔化影像的效果也就更明显。在彩色摄影中，纱的颜色，一定程度上影响画面的色调。

（3）纱在镜头前的位置。纱在镜头前距离的远近，在一定范围内是影响柔化效果的重要因素。纱愈靠近摄影镜头，柔化影像的效果愈轻，纱距摄影镜头愈远，柔化效果愈明显。借助改变镜头纱的位置来调整柔化影像的效果时，不宜将纱置于从摄影镜头主焦点至两倍的焦距之外，因为超过这一范围镜头纱自身会形成清晰的影像。

镜头纱的形状不同，对所摄画面的调整效果也不一样。如果采用面积较大的镜头纱加在镜头前，会使整个画面影像得到柔化。如果将镜头纱制作成一段有纱一段无纱的渐变纱加在摄影镜头前，则会使所摄画面的局部得到调整。

利用镜头纱拍摄有点状光源或耀斑的被摄体范围内时，不同形状的纱可产生出不同的光芒效果。其中十字纱可产生类似十字星光镜的拍摄效果，龟纹纱可形成米字镜的拍摄效果，而不规则的纱可产生不规则的光芒效果。如图 10－8 所示。

在柔光摄影中，不能过于柔化影像。过于柔化会使光线向四周严重扩散，甚至在高光点上出现刺眼的光环，破坏人物形象的正常表现，会造成影像模糊不清，让人们在观看时难以辨认，进而影响了美化形象意图的实现。但是柔化程度太轻则又

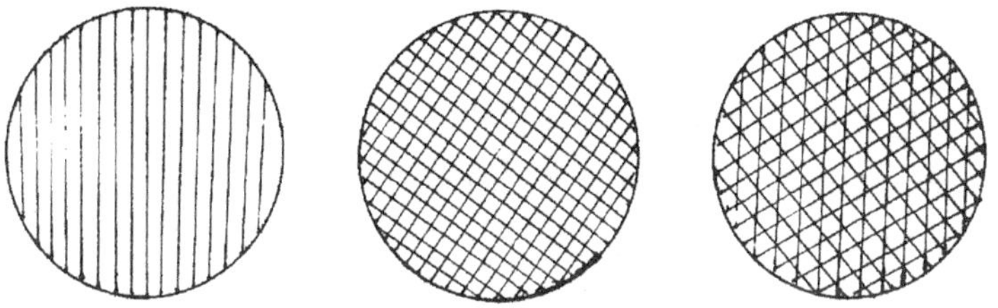

镜头纱　　十字形镜头纱　　龟纹纱

◁图 10－8 镜头纱的形状▷

显示不出柔润的美感，失去柔光的效果。因此，如何使被摄对象的形象恰当地体现出它的美感呢？这应当根据不同的被摄对象来决定柔化程度的轻重。一般来说，对老人和皮肤较粗糙的人适合于较重一点的柔化，这样会造成虚中有实，实中有虚的效果，既美化了老人的形象又不失其本来面目。这是柔化摄影所特有的一种潜在的艺术表现力。而对少女和儿童的拍摄，则不适合于较重柔化。因为，少女、儿童的皮肤本来就白皙细腻，柔化过重反而损失原有的健美；有时还会在眼、鼻、嘴等高光点上出现刺眼的光环，这样就使得拍摄归于失败。因此，在拍摄少女和儿童时适合于轻度的柔化，以体现他们的本色美。柔化摄影同普通的人像摄影在用光时有一定的区别。通常在拍摄人像时，无论哪种光质，也不管布光繁简，只要适当掌握光比和准确控制曝光量就可以了。而柔化影像时，若灯光用得多而乱，不但会失去许多层次，而且还会出现一些多余的黑影，光线越复杂，出现的黑影也就越多。这是由于明暗光环相互渗延的结果，使画面增加了反差。因此在柔化影像时，光线的方向照射到被摄对象上时不要太复杂，光质要柔和，光比不能过大，一般以 2∶1 左右的光比为宜，光比超过 3∶1，柔化的效果就较差。在布光时，主光采用平光较好。一般来说如果光比不大也可以用侧光或侧逆光，如果光比过大，就会使柔化的效果降低。

在摄影摄像中，当连续旋转加在摄影镜头前的镜头纱或柔光镜，拍摄水面亮斑及能直接看到的灯具光源，或常有耀斑的静物时，都会产生光芒四射的旋转变化，使画面影像生动、有趣，具有一定的特殊意境。

3. 雾镜

在自然界中，雾天是由大量悬浮的小水滴和冰晶构成的。这些水滴对光线中的某种色光均具有相同的折射、漫射作用。于是因折射、漫射而产生的光又均匀地叠加在景物上，使景物亮度普遍提高，从而使景物间的亮度差减小，能见度降低，给人以朦胧的感觉。

雾镜是一种具有轻微漫射作用的透明的薄片或经照相腐蚀的无色光学玻璃（或有机光学玻璃），把它加在摄影镜头前面，能对来自被摄景物的光线起不同程度的漫射作用，并使漫射光大致均匀地分布在像平面上，从而减弱影像的清晰程度，特别是各细部的清晰度，提高景物暗部或较暗部分的明亮程度，进而使整个画面呈现一种雾天朦胧的效果；使所摄画面如披上一层薄雾一样，远景变得隐隐约约，似隐似现，以增强画面的大气透视效果，使画面具有较强的纵深感或空间感。

不同型号的雾镜，其漫射光的作用强度不同，一般序号大的，其雾化效果明显。

加用雾镜拍摄时，雾镜的漫射作用可使光线由影像的高光部位向阴影部分产生明显的渗透，使影像间反差减小，清晰度降低。因此，使用雾镜来形成雾景效果时，一定要根据创作意图，进行合理选择。雾镜按图纹的疏密及腐蚀的深浅，分为1

至 4 号。

1 号雾镜能产生极其轻微的影调透视效果，使远处景物略增轻淡影调，能比较正常地表达景物的纵深感，并使画面具有轻微的雾状效果。

2 号雾镜所产生的雾状效果比较明显，一般可使远景和某些近景略呈薄雾气氛，从而产生有雾的感觉。

3 号雾镜所造成的雾状效果较强，它能产生中等以上的雾状效果；如果在略有薄雾时进行逆光摄影，还可以产生浓雾的感觉。

4 号雾镜的雾状效果较强烈，即使在没有雾的条件下拍摄，也能产生较强的雾状效果，甚至造成浓雾效果，形成大雾的感觉。

控制雾化程度与拍摄时所用光圈的大小密切相关。大光圈能增强雾状效果，而小光圈则会削弱雾状效果。如果雾镜叠加起来使用，那么雾状气氛会明显加强。

由于光线被漫射，容易导致曝光不足。所以在使用雾镜时，一般应补偿 1/3 级至一级曝光量。轻微的曝光过度有助于雾景的表现。

需要说明，雾镜所产生的雾状效果毕竟和自然雾景有所不同，主要区别在于，自然形成的雾近薄远浓，而雾镜所产生的“雾”远近相同。所以使用雾镜要注意画面的亮度平衡及影调的控制，否则画面影调会形成一种灰调子，影响景物的正常再现。

四、吸紫外线滤光器与天光镜

吸紫外线滤光器又称“UV 镜”（Ultra Viele），它能截止短波光在 400 毫微米以下的光波不能透过，而对其他可见光均无过滤作用。吸紫外线滤光器通常是无色透明，如同普通玻璃一样。

吸紫外线滤光器的主要作用是吸收紫外线。在摄影中人眼虽然看不见紫外线，而黑白胶片对紫外线非常敏感。因此，它可以把可见光和人眼见不到的紫外光同时记录下来。当景物中紫外光较多时，会使所摄画面表面形成一层灰雾，不但降低了反差也影响到画面清晰度，使细部层次损失，影调平淡乏味。在彩色摄影中，由于紫外光的介入使画面上形成一层蓝色灰雾，影响到画面的色调和景物色彩的饱和度。

例如，在高原和山区等地区拍摄时，由于上述地区在大气中有较多的紫外光线，如果拍摄黑白片不在镜头前加吸收紫外线的滤光器，就会使景物在画面中的反差和清晰度降低；当拍摄时在摄影镜头前加用吸紫外光线的滤光器之后，上述情况便会发生很大的变化。拍摄黑白片，可使远处景物层次清楚，反差得到改善，影调还原真实自然；拍摄彩色片既可消除远处景物的偏蓝色调，又不会影响景物的色彩还原。

在电视摄像中，摄像人员常把吸收紫外线的滤光器加在摄像机镜头前进行拍摄，以便清除远处景物因紫外线而产生的灰雾，提高画面清晰度。由于加用吸紫外线滤光器之后，无需在摄影时加大曝光量。所以又常用来作为摄影镜头的保护镜，以防摄影镜头划伤。应当指出，当拍摄的画面需增强空间透视效果时，如远山、风光等，拍摄时要将吸紫外线滤光器取下，以增强画面的纵深感。

天光镜，除可吸收紫外线和小部分短波光的紫、蓝色光外，还可以吸收少量的绿光或黄绿光。因此，外观颜色呈极淡的品红色，适于用黑白、彩色摄影。

前面在讲述吸紫外线滤光器时，已经论述过正常人眼可以看到波长在 400 毫微米至 700 毫微米范围内的光波，而感光材料除对上述波长范围的光敏感外，还对人眼见不到的 400 毫微米以下的光波感光敏感。这时利用吸紫外线滤光器可以滤掉紫外光，而天光镜除起到滤光器吸紫外线的相同作用外，还可以使绿光或黄绿光有所减弱。

例如，用日光型彩色片在山区拍摄，由于紫外线较多，故而使所摄画面远处蒙有淡淡一层灰雾，失去了一些细部层次，而且画面的整体色调偏于淡蓝。此时，如果加用天光镜拍摄，则可减少因天光而引起的景物偏蓝现象，同时去除了雾状，改善了远处景物的清晰度和色彩饱和度，使景物色彩得到真实还原。

天光镜尤其是在阴雨天或阴影处使用时，效果更明显。

五、特殊效果滤光器

特殊效果滤光器不同于前面讲述的滤光器，它主要是针对形成特殊画面效果而设计的。其种类繁多，下面列举一些常见的滤光器，供参考。

1. 渐变滤光器

渐变滤光器是摄影中用于局部调节画面影调、色调的工具。通常是一段有色，一段无色透明且在两段之间采用渐变颜色。之所以如此，是为了避免拍摄时画面的上、下部之间影调不协调。

渐变滤光器有圆形、方形和长方形几种外形，其中圆形属于专业滤光器，因为它需要滤光器的口径与所用摄影镜头口径相吻合。而方形和长方形的渐变滤光器，则可以通用。拍摄时，需要先将滤光器专用插座安装在摄影镜头前端，然后再把所需渐变滤光器插入该插座内进行拍摄。由于渐变镜是用来改变画面局部影调、色调的，所以操作者都希望滤光器能根据需要来加以调整。渐变滤光器在插座内上下可以移动，可以使渐变过渡段调至所需的部位，又可以利用插座的左右转动，使调节的部位在画面中形成最佳效果。

渐变滤光器的颜色是多种多样的，根据摄影用途可大致分为三类：

(1) 彩色摄影用渐变滤光器。这类滤光器通常是在原有颜色的基础上，用来加强或按一定创作意图改变画面局部色调，以达到所需的艺术气氛，所以有色段的颜色有红、绿、蓝、黄、品红、青、橙红、夕阳、金黄、蔚蓝、翠绿等色的渐变滤光器。

(2) 黑白摄影用渐变滤光器。这类滤光器的颜色比较深，常见的有黄、橙、红、蓝、绿、黄绿渐变滤光器。

(3) 黑白、彩色摄影通用渐变滤光器。这类滤光器为中性灰渐变滤光器。

渐变滤光器常用于拍摄日落或日出时，选用合适的蓝色调，同时又不影响地面景物影调、色调的真实再现。

在黑白片拍摄时，合理选用渐变滤光器，可以适当压暗天空，突出白云，调节画面影调，增强画面的空气透视，以及渲染气氛形成特殊的画面效果。

中性灰渐变滤光器，可以用来压缩景物的亮度间距，调节画面反差。当画面中的景物包括较为明亮的天空和较暗的地面景物时，如果不加渐变滤光器，所摄画面的反差过大，个别部位在画面中会失去质感，缺少层次。若在这种情况下加用适当的渐变滤光器，将天空亮度压暗，从而压缩景物的亮度间距，可使景物亮度得到平衡；拍摄后，画面中地面景物与天空都有较好的体现。

渐变滤光器可以同其他滤光器配合使用，如同偏光镜、星光镜等叠加使用，以获得综合滤光效果。如一块蓝渐变滤光器与中灰渐变滤光器叠用，当两块叠加在一起时，可以将有色段与有色段叠加组合成由蓝灰到无色透明的渐变镜；也可以将有色段交叉叠加，形成蓝向灰过渡的渐变镜。利用这种方法，可以随意组合，使所摄画面根据内容和创作意图的需要，使被摄体在画面中得到客观再现或主观表现。

使用渐变滤光器摄影时应注意以下几点：

(1) 运用渐变滤光器调节天空影调时，一般不应补偿曝光。这是由于天空亮度往往明显高于地面景物的亮度，加用渐变滤光器后平衡了天空与地面的景物亮度，因而不需补偿曝光。

(2) 运用渐变滤光器时，务必注意渐变过渡段要与景物中的地平线或画面中的水平线适当吻合，避免同一物体在画面中形成两种不同的影调或色调。因为使用渐变镜最忌讳画面中有滤光器的痕迹。

(3) 为把渐变滤光器的过渡段运用得当且不出现问题，只能使用直接取景的摄影机、摄像机或单镜头反光的照相机。

(4) 为了尽可能避免产生加用渐变滤光器的痕迹，应使滤光器过渡段与画面水平线保持在透视上的重合，不宜进行摇摄或其他形式的运动拍摄。

(5) 为了使加用渐变滤光器拍摄的画面效果比较缓和，拍摄时应选用大口径光圈或长焦距镜头。反之，用较小口径光圈或短焦距镜头拍摄，则可使画面中色调、影调的渐变效果分外鲜明、显著，但有时会出现加渐变滤光器的痕迹。

2. 星光镜

星光镜是一块腐蚀刻有一系列等间隔平行线或交叉线的无色透明的光学玻璃。当光线通过该镜时，经过折射可把光点按所刻线的形式出现放射光芒线。因此，也称光芒镜。

星光镜设计形式有多种。常见的有十字星光镜、雪花星光镜（又叫“六星镜”和“米字镜”），它们能使光点分别放射出四条、六条和八条光芒。

此外，还有一种可变十字镜。它由两片光学玻璃组合，分别装在能独立转动的框架中。每片玻璃的表面均刻有平行细线，能放射两条光芒。当转动框架时，便可改变十字形的交叉角度而取得多种光芒效果。

星光镜可使被摄景物中的太阳、灯光、烛光或珠宝、静物、水面、光滑物体表面的单向反光、耀斑等光点，产生放射状光芒的效果。因此，它特别适合于拍摄城市夜景及静物运用星光镜拍摄时，最好选择暗背景，以便突出光芒效果；另外，使用星光镜时，光圈的大小将直接影响着所摄画面中的星光效果，光圈愈大画面中的星光效果、柔化效果愈明显，反之，光圈愈小星光效果愈弱。为获得最佳的画面效果，可选用 f/4 的光圈。为了便于预先直接观看到所拍画面效果，应选用直接取景的摄影机，在观察过程中转动星光镜，把光芒调整到最佳状态后再拍摄，以保证画面效果。见彩图 10－4《加星光镜》。

使用星光镜拍摄时，不需要补偿曝光。当使用广角或超广角摄影镜头拍摄时，应注意防止加装星光镜后造成的挡角现象。

3. 多影镜

多影镜又称为“多棱镜”，它是一片具有多角平面的光学玻璃。能够在同一画面上把一个景物拍摄出几个影像，构成同中心的、平行的或三角形的数种不同图案。常见的多影镜有二影镜、三影镜、五影镜、六影镜等。其结构如图 10－9 所示。

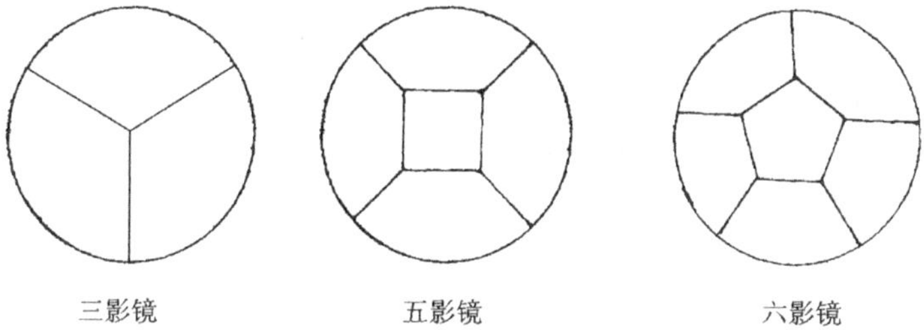

◁图 10－9 多影镜的结构▷

目前还有一种可调多影镜，它由前后二片棱镜组成，一片固定在镜圈上，另一片装在调节环上；转动该多影镜上的调节环，调节前后两棱镜的彼此方位，可使画面中的多影像不断变化。

还有一种彩色多影镜，利用这种多影镜可以获得色彩不同的重复影像。多用于广告或静物摄影中，使画面呈现五彩缤纷的艺术效果。

使用多影镜应注意以下几点：

(1) 为获得最佳的多影效果，拍摄时应使用直接取景的设备，以便精确观察、取景，调节画面效果。取景时可适当转动多影镜，以调节到最佳状态。

(2) 拍摄时不宜选择繁杂的景物，应力求简单。如果被摄体过多而又杂乱，则会使多影像混杂，不宜突出多影效果。为了使其效果明显，拍摄时在主体单一的情况下，应配合较暗的背景衬托亮主体或较亮的背景衬托暗主体，效果会更好。

(3) 在不同焦距的镜头上使用同一多影镜时，会使所摄画面中各影像间的距离大小不同。使用短焦距镜头拍摄时，可使各影像间的距离缩小，向画面中心靠拢，显得集中。拍摄时如焦距过短会使画面出现渐晕现象，四角变暗。使用长焦距镜头拍摄时，可使各影像间的距离加大，有时会造成位于边缘的影像不完整。根据创作的要求，选择合适的摄影镜头（一般使用标准镜头或中焦镜头）拍摄为宜。

(4) 使用多影镜拍摄物体时，因距离不同而对画面影像影响很大。拍摄距离近时，被摄主体影像尺寸较大，影像之间容易出现局部重叠或干扰；拍摄距离远时，被摄主体影像尺寸小，被摄主体在画面中不易产生局部重叠或干扰。

(5) 单独使用多影镜拍摄时，一般不需要进行曝光补偿。在与其他滤光器叠加使用时，应先将滤光器安装在摄影镜头前，然后再将多影镜放在滤光器的前面。当两块叠加使用时，应根据滤光器的阻光倍数，适当进行曝光补偿。

4. 近摄镜

近摄镜是一类可使摄影镜头在最小调焦距离允许值内进行

拍摄的辅助镜片。使用它可以提高影像的放大率。

近摄镜因其屈光度的不同，可分为 1、2、3、4 四种。号数愈大，成像的倍率愈大。近摄镜可同时使用两片（但不能超过两片）以提高影像的放大率。

目前还有一种可调近摄镜。拍摄时，随着近摄镜的转动，可使景物影像的放大率在一定范围内连续改变。这种近摄镜可以让创作人员免去反复更换不同屈光度近摄镜的操作过程，便于根据创作意图做出适当选择。还有一种半幅近摄镜，也称“远近镜”，它是一种在镜框中有一半是近摄镜，另一半是透明的辅助镜片。使用半幅近摄镜拍摄时，可在同一画面内，使景物的一半通过近摄镜改变影像放大率，一半不变，进而形成远近景物影像放大率的不同，且均可形成清晰的影像。利用景深增大的优势，使画面更生动。

近摄镜特别适合于拍摄微小的物体，如工艺品、花草鱼虫及翻拍图片、资料等。而半幅近摄镜则适合于拍摄距摄影镜头远近不同的景物，并可获得清晰的影像。详见彩图 10 - 5《加近摄镜》。

使用近摄镜拍摄时，因为影像放大倍率提高了，所以极小的移动都会使画面影像质量降低；拍摄时要将照相机或摄像机安装在三角架上，拍摄时尽量采用较小的光圈，以便加大画面景深范围，提高画面质量。另外，为了得到最佳效果，应使用直接取景的设备，以利于调焦取景。

使用半幅近摄镜拍摄时，远近景物中间可能会出现模糊区域，因此，在远景时应注意尽量使它不明显，安装时应使半幅近摄镜尽量靠近摄影镜头为宜。

5. 速度镜

速度镜（又称“动感镜”）。它是一种能把静止物体通过加用此镜而产生视觉动感效果的辅助镜片。如同用追随摄影的方法拍摄运动的物体一样，它是利用象征动感的速度线，把一半画面上的影像变得模糊，而另一半画面上的影像保持清晰，利用对比给人以高速运动的感觉。

将速度镜放在摄影镜头前，可使被摄体影像一部分清晰，其余部分影像拖出虚化的线条，从而实现动感强烈的画面效果。拍摄时适当旋转速度镜，可控制被摄主体所拖出的虚化线条的方向，或前进、或上升、下降、或斜移等，使静态的物体呈现出人为的运动感。

在影视摄影中，如果不加速度镜拍摄的景物在画面中整体清晰可见，但没有运动感。一旦加用速度镜后，则画面中的主体清晰，而在主体后面的景物则会产生虚化的线条，给人以主体前移的动感。

摄影加速度镜是为了获得较好的动感画面效果，因此不宜使用长焦距的摄影镜头，一般焦距 50～105mm 的镜头为宜，拍摄时光圈愈大所摄画面动感愈明显。另外，为增强画面的动感效果，拍摄时宜选择简洁的景物。同时选用较暗的景物作背景，以便突出主体。不宜选择过于零乱的景物作背景，以免降低动感效果。

拍摄时应为直接取景，为了防止强烈直射光产生光晕，要加遮光罩。

6. 中空镜

中空镜（又称“晕化镜”）。它属于局部调节的滤光器，其中心部位开有圆孔，通过这部位所摄画面影像仍保持正常的清晰度、影调、色调和反差。而周围是通过不同的加工手段形成不同的结构。有的四周为柔光面或磨砂面的平板玻璃镜片，当光线投射到周围时，因漫射、散焦等作用，使影像虚化而模糊不清，中央影像清晰范围的大小与滤镜中心圆孔直径的大小直接相关。还有一种彩色中空镜，使用这种滤镜其中心部位的被摄体，能保持原有的亮度反差和色彩，而周围部分则呈现出滤色镜本身的颜色。

中空镜主要用于拍摄人像、静物等。它可以使所摄画面的中心部位的人物或静物影像保持正常效果，而画面四周由于柔光镜、磨砂镜、彩色镜的介入，会使其形成虚化柔和淡雅朦胧的色调效果，进而使画面中央的被摄主体，更加突出、醒目，因而更具视觉吸引力。详见彩图 10－6《加中空镜》。

在加与不加中空镜拍摄的画面对比中，不加中空镜时被摄主体都清晰可见，而加中空镜之后，则主体周围的背景被虚化，形成了模糊影像，从而简化了背景，突出了画面的主体。

使用中空镜适合拍摄中近景画面，远全景画面不宜加中空镜。加中空镜后画面晕化过渡更加平缓、自然，不宜采用小光圈。光圈过小，中心部位的影像会出现白色的光斑，而且会减弱画面效果。拍摄时多选用较大的光圈，一般以光圈 f/4、f/5.6为宜。要使中空镜紧贴摄影镜头，反之，会使画面中的影像过渡生硬。使用彩色中空镜一般多用于标准镜头，也可以用比标准镜头焦距略长的中焦距镜头，但不适用于广角镜头。

为获得预期的画面效果，应使用直接取景的机器，以便于观察、调节、控制。

7. 双色镜

双色镜，由两片光学玻璃夹着带有两种颜色的明胶滤光片构成。这两种颜色各占一半，而且界限分明，其组合方式有多种，常见的有红蓝、橙绿、黄紫。

双色镜装到摄影镜头上之后，根据创作意图和表现被摄对象的需要，可自由转动进行调整，使用它可使画面形成鲜明的色彩反差，有利于前景与背景的对比，取得独特的画面效果。

与双色镜相类似的还有三色镜，它是将三种颜色采取平行或三角形的方式组合在一起，可以拍出具有幻想式的色彩效果。

双色镜和三色镜对光线均有吸收作用，所以在使用该滤光器时应进行适当的曝光补偿。

用双色镜或三色镜拍摄的画面，其色彩界限的清晰与模糊，同摄影镜头的焦距长短、光圈大小有直接关系；摄影镜头的焦距愈长，光圈愈大，色彩界限愈不分明，摄影镜头的焦距愈短，光圈愈小，色彩界限就愈清晰、明显。

使用双色镜或三色镜拍摄彩色负片时，在彩色扩印或放大时，应预先与洗印部门的操作人员说明自己的创作意图和画面中所追求的色调效果，以免采用常规冲扩时，由于色彩补偿滤光片的介入，取消了所追求的偏色，从而失去创作意图所要实现的画面效果。

特殊效果滤光器的种类除上面介绍的之外，还有很多。如倒影镜、彩虹镜、减光镜等。这里就不再详细论述。

总之，使用特殊效果滤光器没有一定之规，完全是根据作品的内容和创作者的想象来选择合适的滤光器，以达到预期的结果。使用滤光器应做到心中有数，该用时一定要用，用要用得恰到好处；不该加滤光器时，就不能滥用，以免造成画蛇添足，与画面内容不相吻合，反而失去了加滤光器的意义。

在摄影摄像中，创作人员恰当地运用滤光器可以极大地丰富摄影造型手段，运用它既可以真实再现被摄体原有的色调和影调，又可以根据创作意图，对所摄画面的色调、影调、造型效果和艺术气氛进行人为的调节、控制、改造，以使画面效果更具有强烈的艺术表现力和艺术感染力，使画面更具有戏剧性、趣味性和特殊的视觉效果。

思考题

1. 什么是自然光？什么是偏振光？

2. 偏振镜在摄影摄像中有哪些作用？

3. 中性灰阻光片的透光特点是什么？它在摄影摄像中有哪些作用？

4. 柔化影像的工具有哪些？影响柔化影像的因素是什么？

5. 使用渐变滤色镜时应注意哪些问题？

第十一章　摄影镜头

摄影镜头是摄影摄像成像的透镜组，在几何光学上称为摄影物镜，常被简称为镜头。

摄影镜头是照相机、电影摄影机、电视摄像机最重要的部件之一。在摄影中它可以使被摄对象在胶片上形成清晰的影像，经曝光后胶片就把该影像通过潜影的形式记录下来。在摄像中摄像机镜头把被摄对象的影像投射到电子摄像管光电靶面上成像，或者是通过光敏元件把光学图像转换成携带电荷的光点，附着在集成电路块（电荷耦合设备——CCD）上成像。被摄对象经光电转换，变成电子视频信号，通过录像机使清晰的影像在录像磁带上被记录下来。

从光学结构所形成的物理性能来看摄影镜头，它同人眼的某些功能和特点有着许多相似之处，同时也存在着很多不同点。将人眼和摄影镜头两者进行比较，可以发现：人眼可在视网膜上形成被观察景物的清晰影像；而镜头则可以在胶片或光电靶面上形成被摄体的清晰影像。人眼通过调节晶状体的曲率，使景物在视网膜上更加清晰；镜头可通过调节焦点使景物成像清晰。人眼可以通过调节暗孔直径的大小，控制进入人眼的光量，以适应不同的亮度；镜头则可通过调节光圈的大小，控制镜头通光量的多少，以实现正确的曝光。人眼可观察到视野范围内的景物；而镜头可将位于镜头视场角内的景物汇聚成像，记录在胶片或光电靶面上。以上都是人眼与摄影镜头的类似之处，但是它们还存在着许多不同点。因为人眼在观看景物时有着明确的目的性，是有意识的、主动的，并能通过双眼使景物具有强烈的立体感。另外人眼在调焦方面迅速、灵活，对亮度的变化适应能力非常强；镜头则不然，它要经过人为的调节才能实现。但是，镜头也有某些特征是人眼所不及的，利用镜头可以拓宽人们的视野。选择不同焦距的镜头，可获得一系列大小不同的视角和透视效果，而这些是人眼不能随意改变的。因此，在创作中摄影人员应熟悉镜头的性能，了解镜头的特点，并根据节目内容的创作意图正确地选择不同焦距的摄影镜头，完成画面造型的任务。

一、透镜的分类

一般讲，透镜是由一片或多片通常具有球形表面的镜片组成的系统。每片镜片的中心都位于称为光轴的同一轴线上。简单透镜只有一片镜片，其轴向厚度与直径相比小得多，而复合透镜有几个元件，有些元件具有粘合在一起的多个镜片。

简单透镜可分为两类：中央部分比周围边缘厚的叫“凸透镜”，包括平凸透镜、双凸透镜和凹凸透镜等类型，如图 11－1 所示；中央部分比周围边缘薄的都叫“凹透镜”，包括平凹透镜、双凹透镜和凸凹透镜等类型，如图 11－2 所示。

凸透镜又称“正透镜”或“汇聚透镜”。它很像两个底面相对的三棱镜的组合，当平行光束通过这对三棱镜时，光线都要向每个棱镜的底面偏折，最后把平行光束汇聚起来，但却

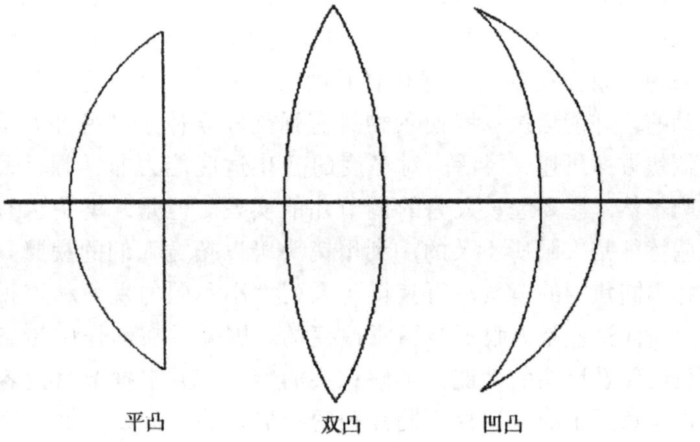

◁图 11－1 凸透镜▷

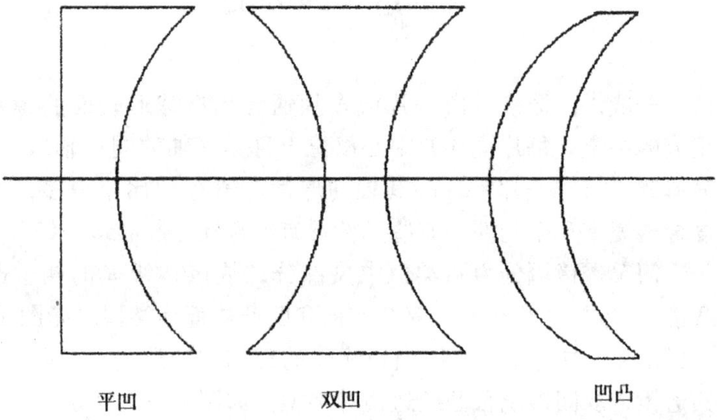

◁图 11－2 凹透镜▷

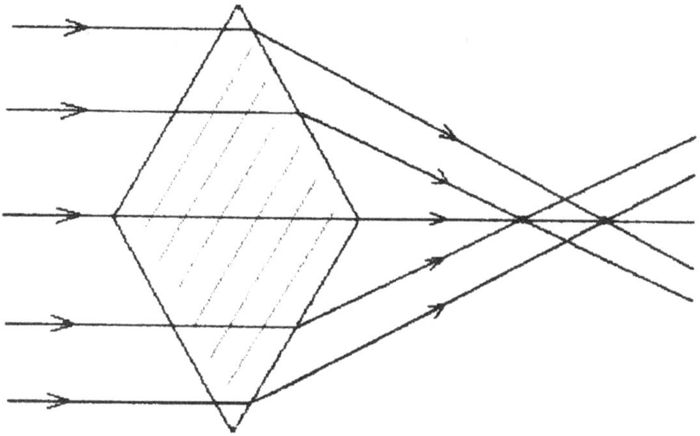

◁图 11－3 凸透镜类似床面相对的棱镜组合▷

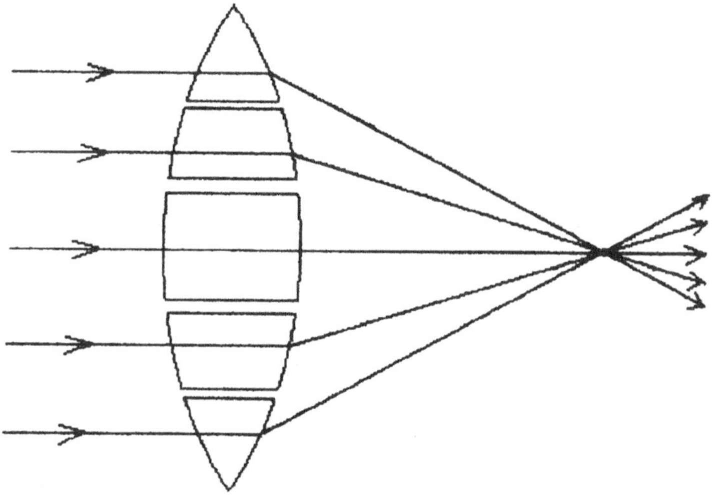

◁图 11－4 真正的凸透镜是不同的棱镜组合▷

不能汇聚到一点上，如图 11－3 所示。一个真正的凸透镜，可以被看成是由许多顶角大小不同，底面都朝向中央的棱镜断面的组合，如图 11－4 所示。

由于越靠近中央的棱镜断面的顶角越小，对光线的折射角也就越小，所以它能够把平行光束经不同角度折射后汇聚于一点或一个很小的区域里。

凹透镜又称负透镜或发散透镜，它很像两个顶角相对的三棱镜的组合，当平行光束通过这对三棱镜时，光线都要向两个棱镜的底面偏折，最后把光线向外散开，成为发散光束，如图 11－5 所示。

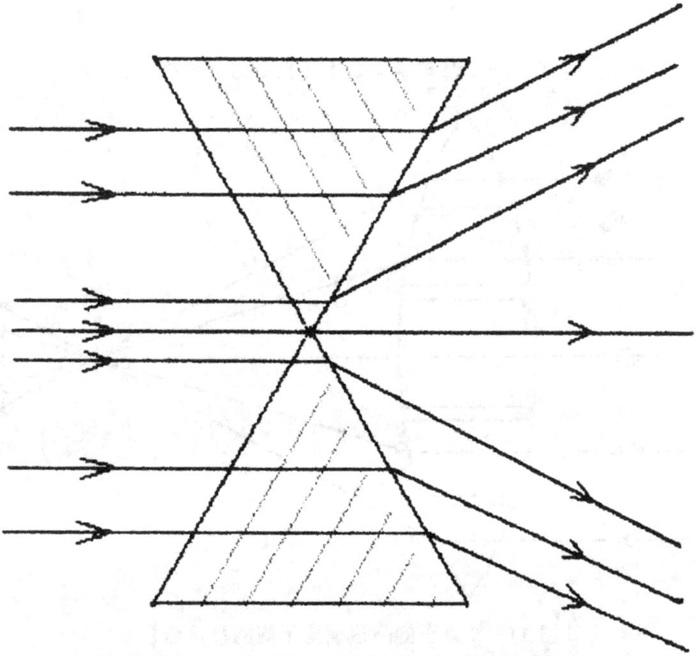

◁图 11－5 凹透镜类似的顶角相对棱镜组合▷

但是，一个真正的凹透镜，也可以被看成是由许多顶角大小不同，底面都朝向边缘的棱镜断面的组合，如图 11－6 所示。

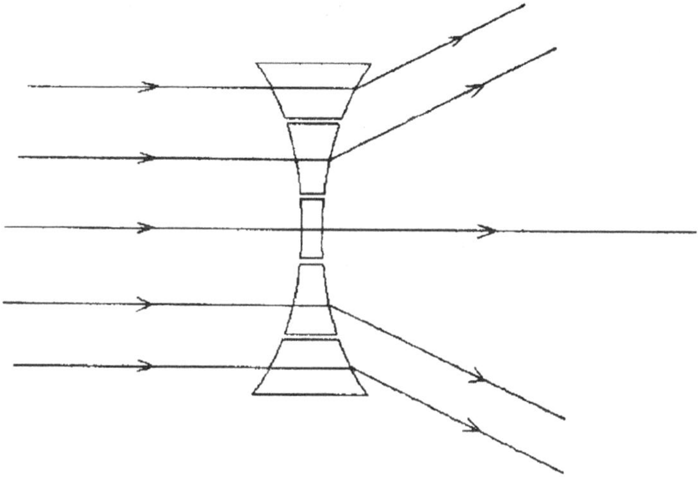

◁ 图 11－6 凹透镜是顶角大小不同的棱镜组合 ▷

由于越靠近中央的棱镜断面的顶角越小，对光线的折射角也就越小，所以它能够使平行光束经不同角度折射后发散开来，光线就像是从某一点发散一样，这是一组顶角相对的棱镜组合所不能做到的。

二、透镜的性能

要熟悉和掌握摄影镜头，必须首先对透镜的性能有所了解。它包括光心、主光轴、焦点、焦距、物距、像距和共轭关系等内容。

1. 光心

光心是透镜的光学中心。在主轴上有一个特殊点，光线在透镜内进行的路径（或进行的路径的延长线）通过这一点时，光线不因透镜的存在而改变其最初入射的方向，即射出透镜的光线和射入透镜的光线互相平行。这一特殊点叫做透镜的光心。光心的位置是由透镜两个折射面的曲率半径来决定的。一般求单个透镜光心位置的方法是这样的：设透镜两个折射面的球半径各为 R_1 和 R_2，两个球面的球心分别为 C_1 或 C_2，从球心 C_1 任意引半径 C_1B，再从另一球心 C_2 引半径 C_2D，使 $C_2D // C_1B$，连接 B、D 和 C_1C_2，它们相交于 O 点，这个 O 点就是透镜的光心。如图 11－7 所示。

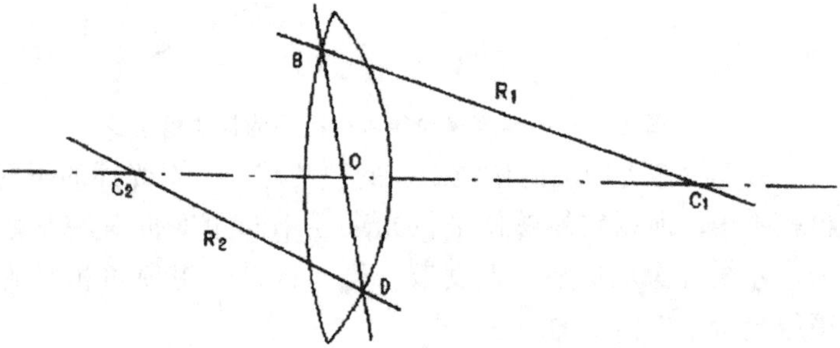

◁图 11－7 透镜光心的位置▷

光心并不一定在透镜的中心，只有当双凸透镜或双凹透镜的两球面的半径相同时，光比的位置才在透镜的中心。除此之外，光心则因不同的具体条件而位于主轴上的不同位置。

透镜两球面之间的距离也可有不同的大小。通常用的是沿主轴上的厚度远小于两球面半径的透镜，称为“薄透镜”。对于薄透镜来说，由于两个球面中心点相距很近，可以被近似地看成是顶点重合为一点，这个点就是薄透镜的光心。不管从什么方向入射，通过薄透镜光心的光线都不改变方向。

2. 主光轴

主光轴又叫主轴。是指透镜通过光心的两个折射面曲率中心的连线及其延长线。主轴一般用点划线－·－－·－表示。主光轴与透镜表面的交点称为该透镜的顶点。位于透镜左方的称为前顶点，位于透镜右方的称为后顶点。

透镜除了主光轴外，还有副光轴，凡是其他通过光心的任意直线都叫做透镜的副光轴。一个透镜的主光轴只有一个，而副光轴却有无数个。

3. 共轭关系

在透镜成像过程中，物方的每一个物点在像方都有相对应的一个像点，每一条直线都有相对应的一条直线，每一个平面都有相对应的一个平面，物与像之间的这种相互关连的对应关系就是共轭关系。相互对应的点叫共轭点，相互对应的线叫共轭线，相互对应的面叫共轭面。根据共轭关系，物体距离透镜远时，影像距离透镜就近；物体距离透镜近时，影像距离透镜就远，而且物与像的位置是可以互相置换的。

4. 焦点和焦平面

一束平行于主轴的光线（或相当于距透镜无限远处主轴上的物点发出的光线，在普通摄影中，被摄景物一般距离镜头 30 米以上，即视为无限远）通过透镜后相交于一点 F′，此点叫做透镜的焦点。过焦点 F′垂直于主轴的平面，叫做焦平面。如图 11－8 所示。

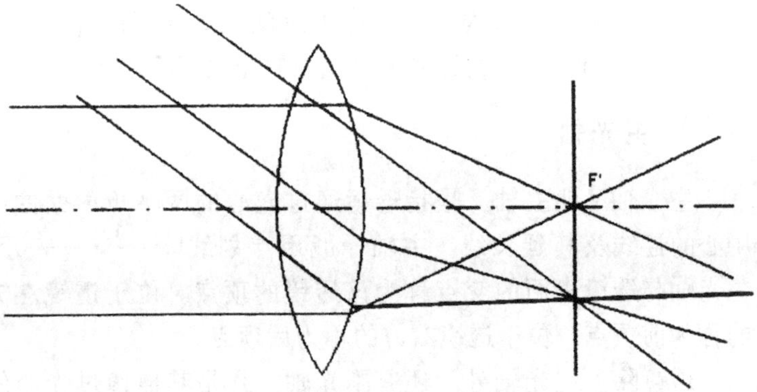

◁图 11－8 透镜的焦点与焦平面▷

需要说明的是，因为凸透镜的焦点是由平行光束汇聚而成的，所以是实焦点，而凹透镜的焦点是发散光束反方向延长线的交点，不是光线实际汇聚而成的，所以是虚焦点。

无论是凸透镜还是凹透镜，凡是位于主轴上的焦点，均称为主焦点。任何一个透镜，它的两侧都各有一个主焦点。

如果一束平行光线沿着透镜的副轴方向射来，经过凸透镜汇聚在副轴的某一点上，或经过凹透镜折射后，其发散光束的反方向延长线也相交于副轴的某一点上，则这一点就被称为透镜的副焦点。由于透镜的副轴有无数根，所以透镜的副焦点也可以有无数个。这些副焦点恰好和主焦点处在与主轴相垂直的同一平面上，这个平面就是透镜的焦平面。一个透镜在其两侧各存在一个焦平面。

5. 主点和主平面

透镜的主点是度量透镜的焦距、物距和像距的依据，因此要求取透镜成像时物和像的距离，应首先了解主点。

为了便于叙述和作图，通常使物方位于透镜的左边，像方位于透镜的右边。如图 11 - 9 所示。

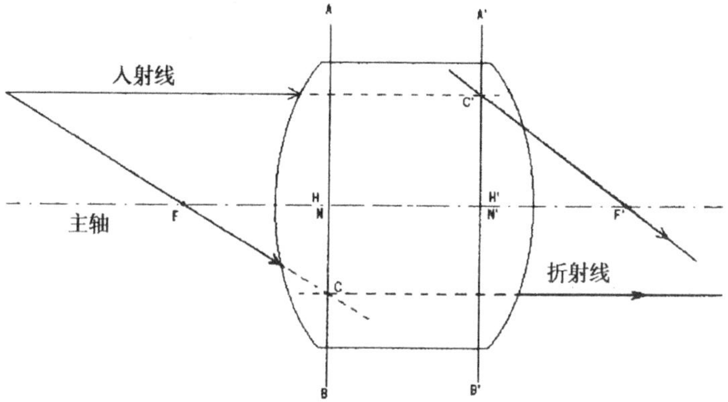

◁ 图 11 - 9 透镜的主点与主平面 ▷

上图是一个位于空气中的双凸透镜，当物方空间发出的平行于主轴的光线到达透镜的前表面后，光线即向主轴偏折到达透镜的后表面，透过透镜继续向主轴偏折，最后相交于像方主焦点上。如果将入射线正向延长，将折射线反向延长，则两条延长线相交于 C′点，过 C′点作垂直于主轴的 A′B′线，与主轴相交于 H′点，这个 H′点就是像方主点。过 H′并与主轴相垂直的平面（即 A′B′平面）就是像方主平面。根据光路的可逆性原理，经过物方主焦点的入射线，穿过透镜后的折射线必将平行于主轴，则入射线和折射线的正、反向延长线相交于 C 点，便可得到物方主点 H 和物方主平面 AB。像方主点和物方主点又分别称为“后主点”和“前主点”，统称为“主点”。像方主平面和物方主平面又分别称为“后主平面”和“前主平面”，统称为“主平面”。

主平面具有这样的特性：假定物方任意一条光线和前主平面相交于一点，和它对应的折射线则和后主平面相交于另一点，这两点必距主轴等远。主点也具有这样的性质，即射向前主点的入射光线，必经过后主点，折射光线不改变原来的方向，同时折射线与主轴的夹角等于入射线与主轴的夹角。

另外，通过实验证明，若物像双方所处的介质相同（放在空气中的光学系统仅满足这一条件）时，物方主点刚好位于物方节点处，像方主点刚好位于像方节点处。节点和主点重合，因此测出了主点也就等于找到了节点，因而也就能确定节平面了。

由于薄透镜的厚度很薄，所以可近似认为它的两个主点H及H′彼此重合。对于摄影镜头和厚透镜，由于其厚度较大，以至此厚度与焦距相比已不能忽略，因而再也不能把两个主点和H及H′理解为重合了。

不同类型的厚透镜，其物方主点H和像方主点H′相对该厚透镜前后表面的位置，往往差别很大，详见图11－10所示的8种形式厚透镜的主平面位置。

6. 焦距、物距和像距

任何摄影镜头，无论是单透镜还是复合透镜，都有固定的焦距。计量焦距的准确方法，应由主点算起。从物方主点H至物方主焦点F的距离为物方焦距f，或称为前焦距。从像方主点H′至像方焦点F′的距离为像方焦距f′，或称为“后焦距”。物方焦距和像方焦距统称为“焦距”。

透镜焦距的大小取决于透镜两个折射面的曲率半径，同时也取决于组成透镜的材料的折射率。但是，只要透镜的两个侧面所在的媒质相同（一般都相同，因为透镜两侧都是空气）则不管透镜两个折射面的曲率半径是否相同，其前焦距和后焦距总是相等的。

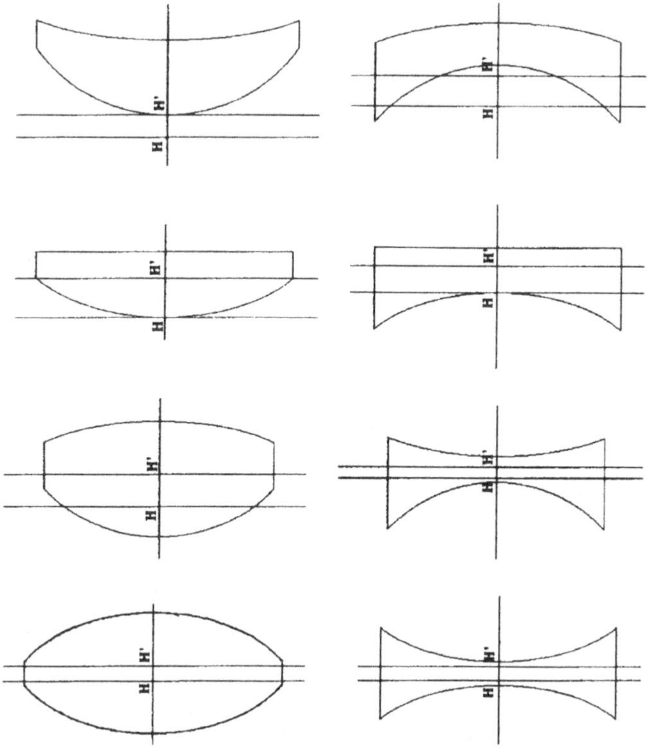

图 11－10 八种厚透镜的主平面位置

关于物距和像距的计算，也是从主点计算由透镜的物方主点到物平面的距离，称为“物距”。由透镜的像方主点到像平面的距离，称为“像距”。

如果是薄透镜，那就可以用光心替代主点，无论物距还是像距，一律从光心计算。

三、透镜的成像规律

一个发光体或被照明的物体，发射或反射出的光线，经过透镜折射之后，即可得到物体的像。实验证明：透镜的性质不同，物体离开透镜的距离不同，则所成之像也各不相同。

1. 薄透镜的成像规律

当一束平行于主轴的光线通过薄透镜后，经过折射，汇聚于主轴上的某一点，或好像自主轴上某一点发散而来，该汇聚点或发散点，称为此薄透镜的焦点。位于凸透镜左方(或凹透镜左方）的焦点，称为该凸（或凹）透镜的物方焦点，并用字母 F 表示；位于凸透镜右方（或凹透镜左方）的焦点，称为该凸（或凹）透镜的像方焦点，并用字母 F′表示。光心至焦点的距离称为该薄透镜的焦距。

在薄透镜成像的时候，只要在物体上选几个有代表性的点，然后从各点引两条光线，经过透镜折射而得到相应的像点，再把各像点组合起来，便可以确定整个物体的影像的大小和位置。一般由光束汇聚于一点，则形成实像；而由光束反向延长相交于一点，则形成虚像。实像必然与物体分别位于透镜的两侧，虚像则与物体处在透镜的同一侧。当然，有一种情况必须除外，即物体位于透镜的焦点上，因为形成平行光束而不能相交，所以既不能成实像也不能成虚像。

为了简便起见，一般用通过光心并垂直于主轴的直线来表示薄透镜。凸透镜用符号表示为 ↕，凹透镜用符号表示为 X。

由实验可知，薄透镜在成像时具有以下规律：

(1) 与主轴平行的光线自左方，向右经过凸（或凹）透镜折射后，通过像方焦点 F′（或好似来自像方焦点 F′）。

(2) 自左方射向物方焦点 F 的光线，经过凸（或凹）透镜折射后，沿与主轴平行的方向向右前进。

(3) 射向光心的光线，经过薄透镜后，其方向不变。

根据薄透镜的上述成像规律，可作出薄透镜对被摄物体的成像图。如图 11－11、11－12 所示。

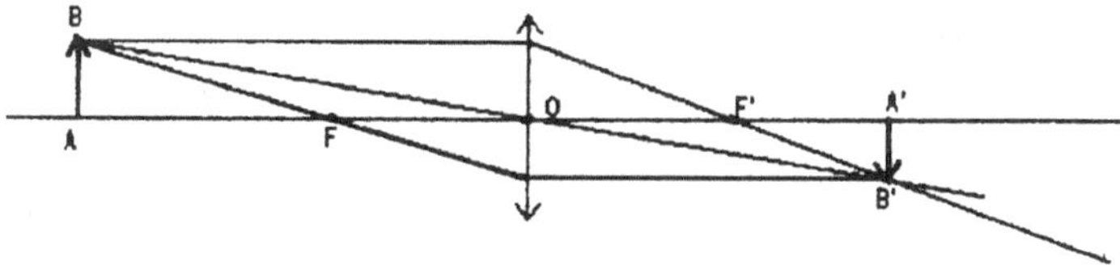

◁图 11－11 薄凸透镜成像图▷

图 11－11 所示为位于物方焦点 F 左方的被摄物体 AB，经薄凸透镜的成像图可以看出，图中 A′B′为物体 AB 的影像。由于 A′B′为光线实际汇聚后所结成的影像，故为实像。

图 11－12 所示为位于像方焦点 F′左方的物体经薄凹透镜的成像可以看出。图中 A′B′并非光线实际汇聚后所结成的影像，而人眼自凹透镜右方观察时的感觉，则为虚像。

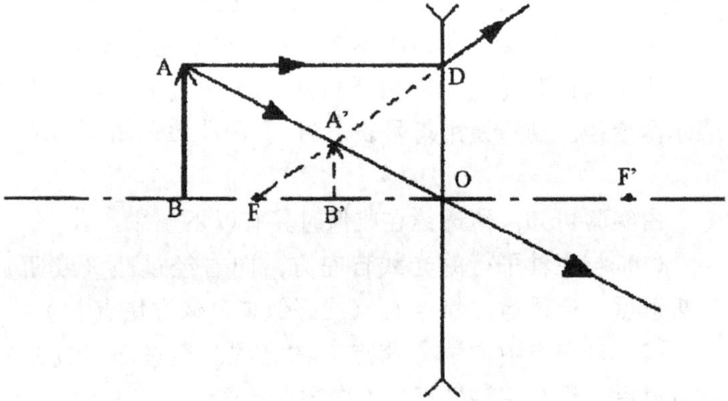

◁图 11－12 薄凹透镜成像图▷

2. 厚透镜的成像规律

摄影镜头的光学系统一般是由若干组透镜组成。每组透镜可能是一个单透镜，也可能是由两片或两片以上单片透镜互相胶合而成。但组成摄影镜头后共同起汇聚作用。

由于摄影镜头和厚透镜沿主轴的厚度较大，因而不宜再依据薄透镜的成像规律。在几何光学中，研究光学系统的整体成像时，往往可略去光学系统的实际结构，而将其近似看做一厚透镜，以便简化作图。此厚透镜的前表面和后表面，分别表示该光学系统第一片透镜的前表面和最后一片透镜的后表面。

一束与光学系统主轴平行的光线，从左侧（即物方）进入该光学系统，经过各透镜的多次折射后，向该光学系统右侧（即像方）射出，并汇聚于主轴上的一点，此汇聚点即光学系统的像方焦点 F′。同理，一束平行于主轴的光线，从像方经过该光学系统后，将汇聚于物方主轴上的一点，此汇聚点即该光学系统的物方焦点 F。显然，位于物方空间无限远处的点光源，经过摄影镜头后，在像方焦平面处成像；位于物方焦平面的点光源，经摄影镜头后，在像方空间无限远处成像。如图 11－13 所示。

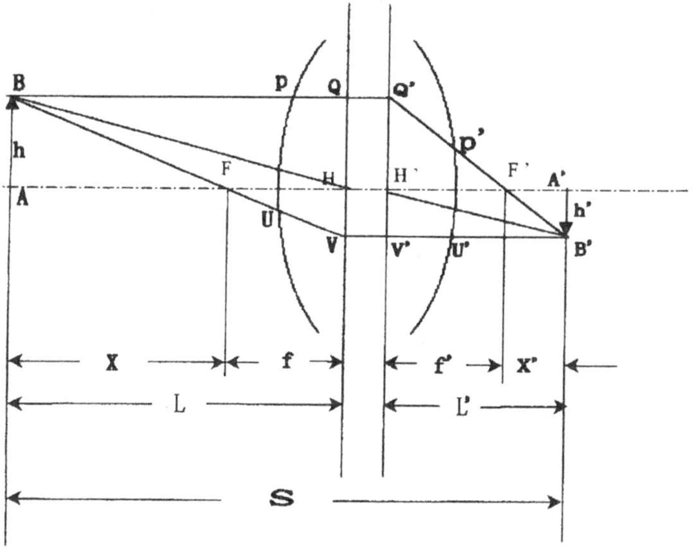

◁图 11－13 厚透镜的成像▷

从 11－13 可以看出，自物方空间 B 点发出的与光学系统主轴平行的光线，从该光学系统前表面上的 P 点进入光学系统，经过多次折射后，于光学系统后表面上的 P′点射向该光学系统的像方焦点 F′。若把线段 BP 和 F′P′分别延长，则两者相交于 Q′点，过 Q′点作垂直于光学系统主轴的平面（此面即该光学系统的像方主平面），此平面与主轴相交于该光学系统的像方主点 H′。为便于分析和作图，一般假设物方发出的与光学系统主轴平行的光线，在进入该光学系统后，仍沿原方向前进，直至像方主平面处，才发出折射——射向像方焦点 F′。

自像方空间 B′点发出的与光学系统主轴平行的光线，从该光学系统后表面上的 U′点进入光学系统，经过多次折射后，于光学系统前表面上的 U 点，射向该光学系统的物方焦点 F。若将线段 B′U′和 FU 分别延长，则两者彼此相交于 V 点，过 V 点作垂直于主轴的平面（此面即该光学系统的物方主平面），此平面与主轴相交于该光学系统的物方主点 H。由于光路的可逆性，因此可以认为自物方空间发出的过物方焦点 F 的光线，在进入光学系统后，仍沿原方向继续前进，直至物方主平面处，才发生折射——沿与主轴平行的方向，一直向像方空间射出。

当光学系统位于空气介质中时，可以认为，自物点 B 射向物方主点 H 的光线，经折射后，从像方主点 H′沿与入射光线平行的方向，向像方空间射去。

根据上述三条成像规律中的任意两条，可以求出任意物体 AB 经摄影镜头后，所结成的清晰影像 A′B′。

从上图所示由光学系统物方主平面至被摄物平面间的距离 L，称为物距；自光学系统像方主平面至清晰像平面间的距离 L′，称为像距。自物方焦平面至被摄物平面间的距离 X，称为焦物距；自像方焦平面至清晰像平面的距离 X′，称为焦像距。

此外，摄影时被调焦物平面至感光胶片平面之间的距离 S，称为“调焦距离”。

根据图 11－14 中所示成像光路图，可以推导出牛顿成像公式，$XX' = ff'$。根据此图还可以推导出高斯成像公式：

$$\frac{f'}{L'}+\frac{f}{L}=1$$

若光学系统位于空气介质中，则高斯公式为：$\frac{1}{L'}-\frac{1}{L}=\frac{1}{f}$

式中 L′表示像距，L 表示物距，f 表示焦距。

由于摄影镜头为正组光学系统，摄影时光学系统位于空气介质之中，所成影像为实像，所以可以将上述公式简化为用绝对值形式表示。

牛顿公式可写成：$XX'=f^2$

高斯公式可写成：$\frac{1}{L'}+\frac{1}{L}=\frac{1}{f}$

由此可见，公式：$\frac{1}{L'}+\frac{1}{L}=\frac{1}{f}$可适用于光学系统成像的各种情况，应用这一基本公式，只要知道物距 L 和焦距 f 就能得知像的位置和性质，该公式还可以变换如下：

已知像距、焦距，求物距，可写成：$L=\frac{L'f}{L'-f}$

已知物距、焦距，求像距，可写成：$L'=\frac{Lf}{L-f}$

已知物距、像距，求焦距，可写成：$f=\frac{LL'}{L+L'}$

对于光学系统的任一对彼此共轭的物平面和像平面，其相应的像高 h′之比，称为此光学系统针对该物平面成像时的影像放大率，用符号 m 表示。根据图 11－13 中所示光路图，可推导出影像放大率公式：$m=\frac{h'}{h}\because\frac{A'B'}{AB}=\frac{L'}{L}\quad\therefore m=\frac{L'}{L}$

又根据高斯公式：$\frac{L}{L'}+\frac{1}{l}=\frac{1}{f}$用求像距公式：$L'=\frac{LF}{L-F}$代入，则：$m=\frac{f}{L-f}$

当摄影镜头的焦距不变时，物距 L 和像距 L′及影像性质之间的对应规律，见表 11－1。

〔表 11－1〕 物距与像距及影像性质的对应关系

像距 L	像距 L′	影像性质
L＝∞	L′＝ f	缩小的倒立实像，物与像分别位于镜头前后两侧
L 由∞向 2f 值缩短	L′由 f 值向 2f 值延长	同上
L＝2f	L′＝2f	1:1 的倒立实像，物与像分别位于镜头前后两侧
L 由 2f 值向 f 值缩短	L′由 2f 值向∞延长	放大的倒立实像，物与像分别位于镜头前后两侧
L＝ f	L′＝∞	同上（注：理论上成立，实际上并不成立）
L<f	L′>f	放大的倒立虚像，物与像位于镜头的同侧

由上表可以获知，摄影时，物距与像距及影像放大率均成反比关系，即物距愈小，则像距和影像放大率均愈大；在拍摄近距离景物时，物距的较小范围变化，将使像距产生较大的变化；而在拍摄远距离处的景物时，尽管物距已变化了数米长度，可像距的变化却很小。

例如：已知摄影镜头的焦距 $f=50$ 毫米，物距 $L=0.2$ 米，求像距 L'？

解：由公式：$L'=\frac{Lf}{L-f}$可知，将已知条件代入上式，即：$L'=\frac{200\times50}{200-50}=66.67$ 毫米

总之，在摄影实践中，可以利用公式进行各种计算。利用：$f=\frac{LL'}{L+L'}$公式，可在物距 L 和像距 L'已知的情况下，确定应选择摄影镜头的焦距。

利用：$m=\frac{h'}{h}=\frac{f}{L-f}=\frac{L'-f}{f}$公式，可在物距 L 与像距 L'（或物高 h 与像高 h'，物距 L 和焦距 f，像距 L'与焦距 f）已知的情况下，求影像放大率。

利用：$L=\frac{L'f}{L'-f}$公式，可在焦距 f 与像距 L'已知的情况下，确定物距。

利用：$L'=mL=\frac{Lf}{L-f}$公式，可在焦距 f 与影像放大率 m（或与物距 L）已知的条件下，确定像距。

利用：$h=\frac{h'}{m}=\frac{h'f}{L'-f}$公式，可在像高 h'与影像放大率 m（或与焦距 f 及物距 L，与焦距 f 及像距 L'）已知的情况下，确定像高。

利用：$h'=mh'=\frac{hf}{L-f}$公式，可在物高 h 与影像放大率 m（或与焦距 f 及物距 L，与焦距 f 与像距 L'）已知的情况下，确定像高。

思考题

1. 什么是摄影镜头？它的作用是什么？
2. 简单透镜分为几类？它们有什么特点？
3. 什么是光心？通过薄透镜光心的光线方向是否改变？
4. 什么是主光轴？主光轴与副光轴有什么区别？
5. 什么是焦点、焦平面、主点、焦距、物距、像距？
6. 薄透镜在成像时有哪些规律？
7. 凸透镜与凹透镜在成像上有什么区别？

第十二章　摄影镜头的结构、类型

摄影镜头一般由光学系统和机械装置两部分组成。光学系统主要包括若干片透镜或胶合透镜，以及反光镜等元件构成，并在这些光学元件与空间接触面上，一般镀有增透膜，以提高镜头的透光率。机械装置主要包括固定光学元件的零件（如镜筒、透镜座、连接环等），镜头调节机构（如光圈调节环、调焦环、变焦环等），机构（如光圈叶片），以及预看景深镜等。有的摄影镜头上还装有电子装置（如自动调焦、自动变焦、光圈数值传感元件等）。目前摄影机、摄像机上使用的摄影镜头，就其基本结构来看，没有很大的差别，只是随着科学技术的发展和光学领域的不断创新，摄影镜头的光学系统更加完善，机械部分设计了一些自动装置，为摄影人员提供了更多的方便，保证了画面的技术质量。

一、摄影镜头的光学结构类型

摄影镜头的光学系统一般由正负透镜组成。透镜的数目有单片、双片、三片，甚至十几片，其中有的还根据设计构思和加工精度的需要，把几片胶合在一起，成为几片几组式的光学结构。由于组成不同摄影镜头的各类镜片的数目、形状、尺寸等不同，透镜片数越多，成像品质就越高。现将摄影镜头的主要光学结构类型予以介绍。

1. 非对称式镜头

所谓非对称式镜头，是指光圈前、后两方的光学结构彼此不对称。常见的非对称式摄影镜头有下列几种。

(1) 单片一组式新月形镜头。

新月形镜头是英国物理学家乌拉斯顿（W·H·Wollaston）于1812年发明的。它是由一片凹凸透镜构成，它是摄影镜头发展史上第一个摄影镜头，该镜头的最大相对孔径小，当初为1:16。如图12－1所示。

(2) 两片一组式消色差镜头。

两片一组式消色差镜头是契伐利埃（Chevalier）于1821年设计的。它的光学系统为凹、凸两片透镜胶合成的透镜组，其前方装有光圈。如图12－2所示。

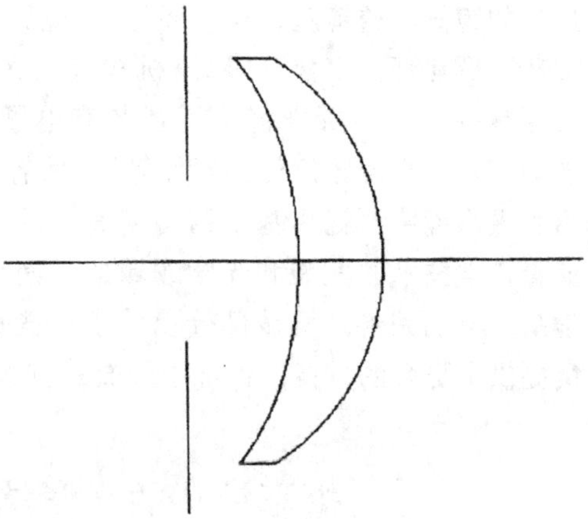

◁图 12－1 新月型镜头▷

两片一组式消色差镜头中两透镜材料不同，其折射率也不相同，因此能在一定程度上校正色差，成像质量比新月形镜头有所提高，但像散和畸变等像差仍没有消除。

(3) 四片三组式匹兹伐镜头。

匹兹伐镜头是匈牙利数字家匹兹伐(J·M·Petzval)于1841年第一个用数字计算方法设计出来的，早期拍摄人像用的镜头。该镜头系四片三组，第一组是凹凸二透镜粘合而成为正组透镜，第二组和第三组分别为单片凹透镜和单片凸透镜。在第一、二组之间装有光圈。最大相对孔径为1∶3.4，视角约25度。该镜头对球面像差和色差的校正很好，但却存在严重的像场弯曲现象。如图12-3所示。

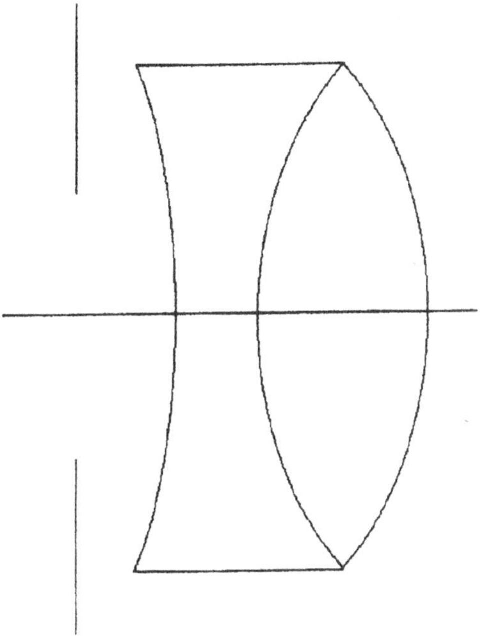

◁图12-2 消色差镜头▷

(4) 三片三组式柯克镜头。

三片三组式柯克镜头是英国泰勒、哈勃森公司(TAYLOR HOBSON)的泰勒于1894年设计的。该镜头由三片分立的透镜组成，前后两组均为单片凸透镜，由钡冕玻璃制成，中间一组为单片凹透镜，由火石玻璃制成。如图12-4所示。

三片三组式柯克镜头属于正光摄影镜头。此镜头的光学结

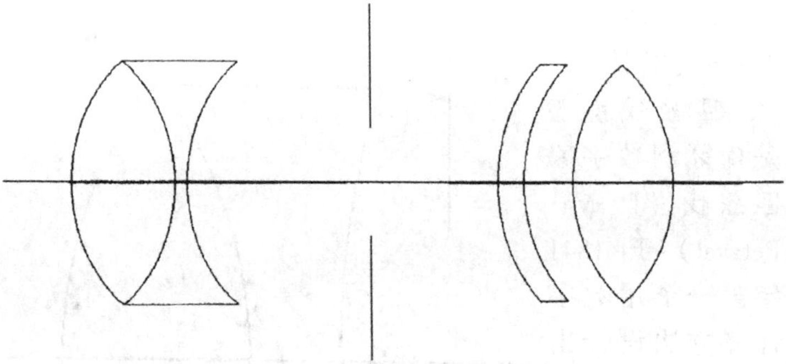

◁图 12－3 匹兹伐镜头▷

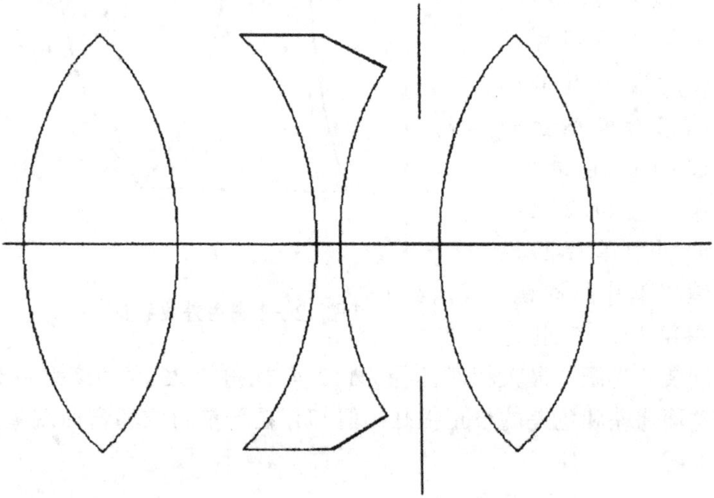

◁图 12－4 柯克镜头▷

构是能够校正全部六种初级像差的最简单结构。但它对像差的校正仍不完善。

(5) 四片三组式天塞镜头。

天塞镜头的结构是由三片柯克镜头演变而成，即将最后一组的单片凸透镜变为凹、凸透镜各一片胶合而成的正透镜组，它是由德国卡尔·蔡司光学公司（CARL ZEISS）的鲁道夫（P·Rudolph）于1902年设计的。如图12－5所示。

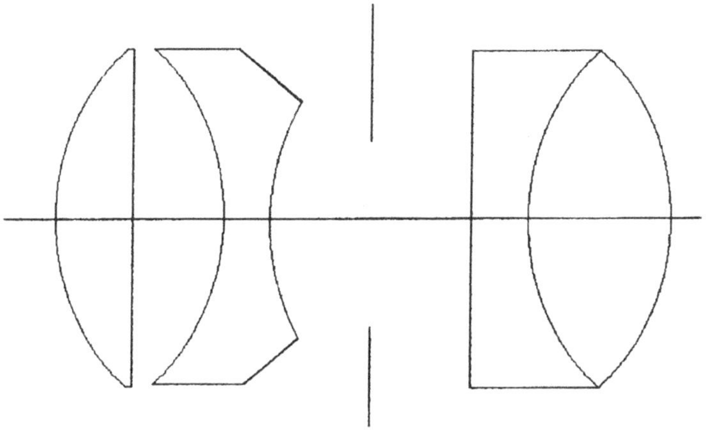

◁图 12－5 天塞镜头▷

天塞镜头由于引入了胶合透镜，因而使三片式柯克镜头剩余的高级像散和轴外球差得到了部分校正，从而使成像质量得到改善。其视场角也稍微增大，天塞镜头问世后被世界各国光学工厂广为仿制，并成为世界最著名的镜头。我国部分普及型的照相机的摄影镜头大多采用天塞型镜头结构。

（6）五片三组式海里亚镜头。

海里亚（Helior）镜头的结构也是由三片式柯克镜头演变而来的，它将前后两组单片凸透镜改为凹凸透镜各一片胶合而成的正光摄影镜头。该镜头有较平直的像场，基本上克服了像散现象，与天塞镜头相比，成像质量有进一步的提高，视场角也进一步增大，所以在航空和人像摄影中应用较多。如图12－6所示。

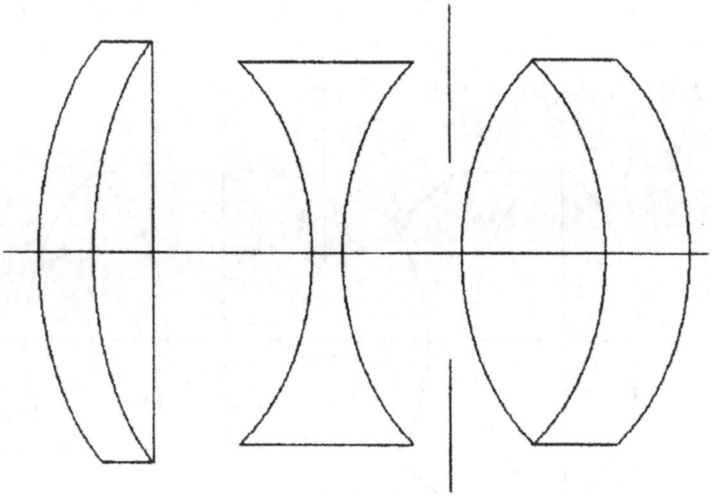

◁图 12－6 海里亚镜头▷

（7）六片三组式松纳镜头。

松纳镜头最早由德国卡尔·蔡司公司的 L·别鲁泰列设计，属于非对称型结构的正光摄影镜头。它也是由三片式柯克镜头演变而成，其结构上的最大特点是第二组特别厚，常由三片透镜胶合而成。如图 12－7 所示。

松纳镜头对高级球差校正的效果较好，有效孔径也较大，而且有很大的视场。

（8）六片四组式贝奥冈镜头。

贝奥冈（Biogon）镜头是德国卡尔·蔡司公司设计的。它是半对称式的正光镜头，由六片四组透镜组成，光圈设在第二、三组之间。贝奥冈镜头对像差校正很好，有效孔径也很大，它的特点是视角很大，多用于广角镜头。如图 12－8 所示。

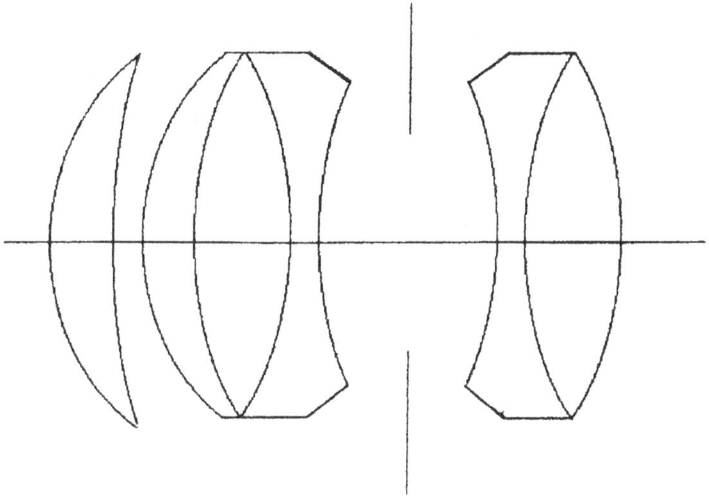

◁图 12－7 松纳镜头▷

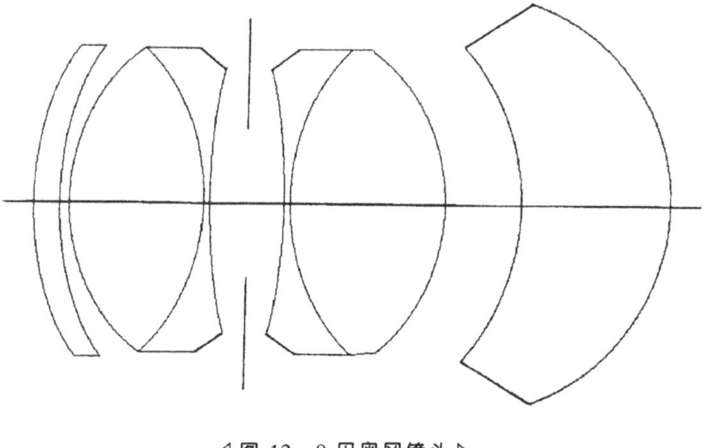

◁图 12－8 贝奥冈镜头▷

2. 对称式镜头

所谓对称式镜头，是指镜头中间设置光圈，在光圈前后由相同的两组透镜以对称式结构组成。常见类型有下列几种：

(1) 四片两组式快速直线镜头。

这种镜头它的前后两组均由两片透镜胶合而成，在两组之间装有光圈。如图 12－9 所示。

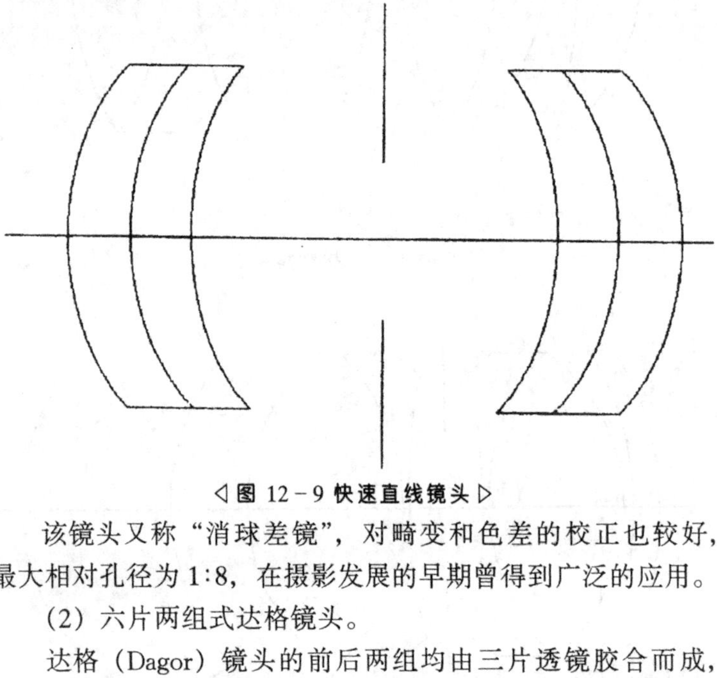

◁图 12－9 快速直线镜头▷

该镜头又称“消球差镜”，对畸变和色差的校正也较好，最大相对孔径为 1:8，在摄影发展的早期曾得到广泛的应用。

(2) 六片两组式达格镜头。

达格（Dagor）镜头的前后两组均由三片透镜胶合而成，光圈位于两组之间。如图 12－10 所示。

达格镜头采用对称式结构，与快速直线镜头相比有了提高，它对像场变曲和像散的校正也较好。若将两组透镜单独

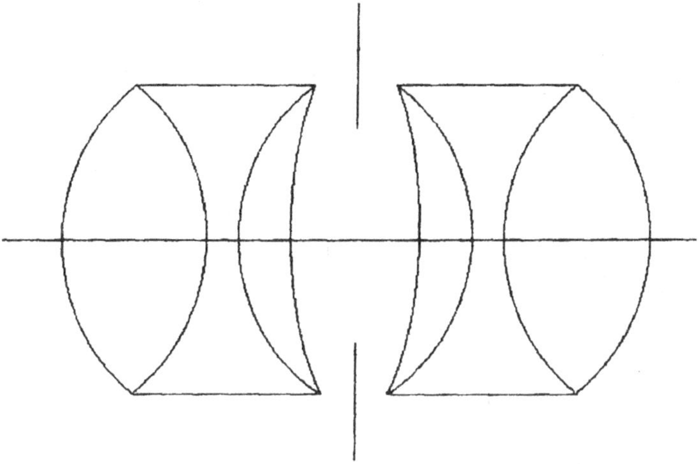

◁图 12－10 达格镜头▷

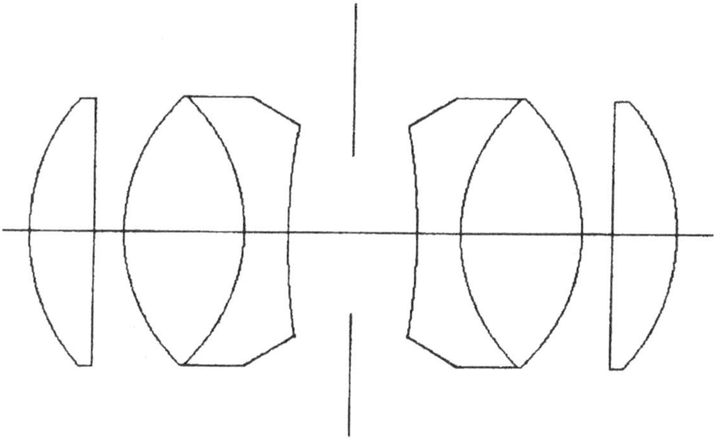

◁图 12－11 双高斯镜头▷

使用，则焦距加长，口径缩小。

(3) 六片四组式双高斯镜头。

双高斯镜头（Double Ganuss）是在 1896 年由德国卡尔·蔡司公司的鲁道夫（P·Rudolph）设计的。此镜头属于对称型正光镜头，它由六片四组透镜组成，光圈位于第二、三组之间。如图 12－11 所示。

该镜头的结构能同时增大像场，相对孔径很大，视角中等。它很容易对像差作校正，并且使球差、像散、场曲、色差也得到了很好的校正，因而该镜头成像质量很高。由于镜头的上述特点，所以它被广泛应用于高档和中档照相机及专业电影摄影机的摄影镜头上。

3. 摄远镜头

摄远镜头是由正、负两组透镜组成，正透镜组在前，负透镜组在后，而且正、负两组透镜之间的距离小于正透镜组的焦距。这样的光学结构把后主点前移至物方一侧，从而使

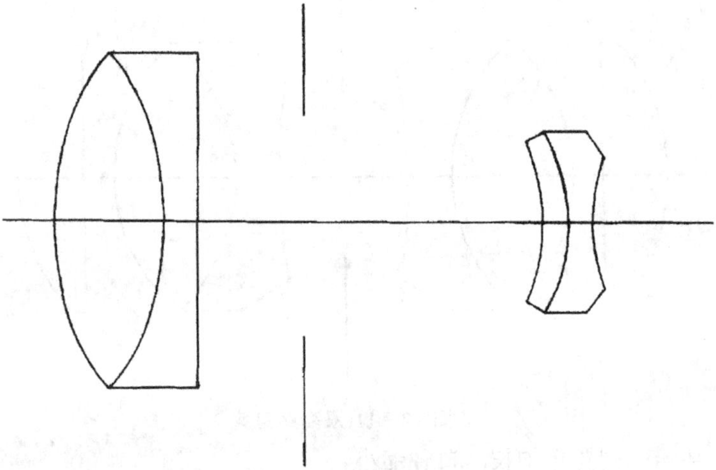

◁图 12－12 摄远型镜头▷

该镜头的焦距远远大于镜头的后工作距。因此，摄远镜头既加长了镜头的焦距，又增大了影像的放大率，同时也缩短了镜筒的长度，使镜头变得很紧凑，便于携带。由于设计和制造上的困难，镜头的最大相对孔径较小。摄远镜头如图 12－12 所示。

该镜头采用五片四组式结构，第一组由两片透镜胶合而成，前三片透镜构成了正组透镜系统，后两片透镜构成了负组透镜系统，光圈位于第三、四片透镜之间。

4. 广角镜头

所谓广角镜头，是指具有较大像场的摄影镜头，其对角线视角一般大于 90 度。这种镜头一般采用对称型光学结构，镜头的焦距较短。例如四片四组式托普冈（Topogon）镜头，

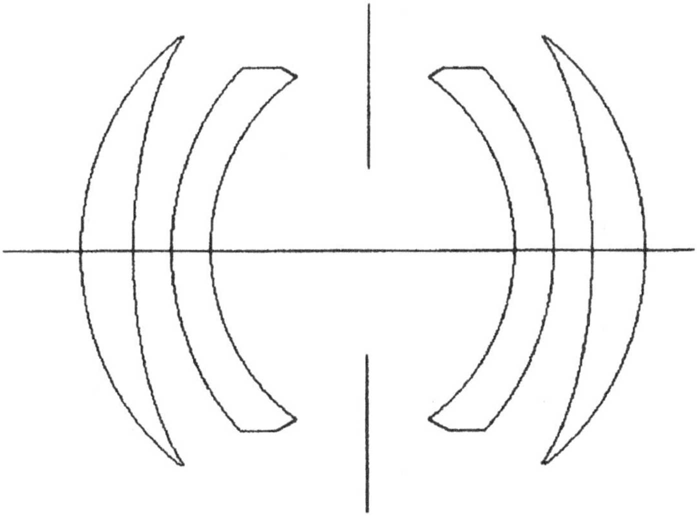

◁图 12－13 托普冈广角镜头▷

如图 12－13 所示。

该镜头为德国卡尔·蔡司公司生产的托普冈超广角摄影镜头。它的前后两端均为正组透镜、中间两片均为负组透镜。此镜头可以较好地校正球差和色差，因而在早期得到广泛应用。该镜头有较大的畸变现象，而且视场照度不均匀。它可以在狭窄的空间摄取较大的范围。由于其焦距短光圈孔径小，适合于拍摄景深范围较大的景物。

5. 可变焦距镜头

这种镜头的光学结构一般由多组正、负透镜组成，其中既有固定镜组，还有可活动镜组。只要调节变焦环，通过移动活动镜组，改变镜片与镜片之间的距离，就能使镜头的焦距变大或变小。以三个透镜组为例，见图 12－14 所示。

从图中可以看出，若两端正透镜固定不变，中间负透镜前

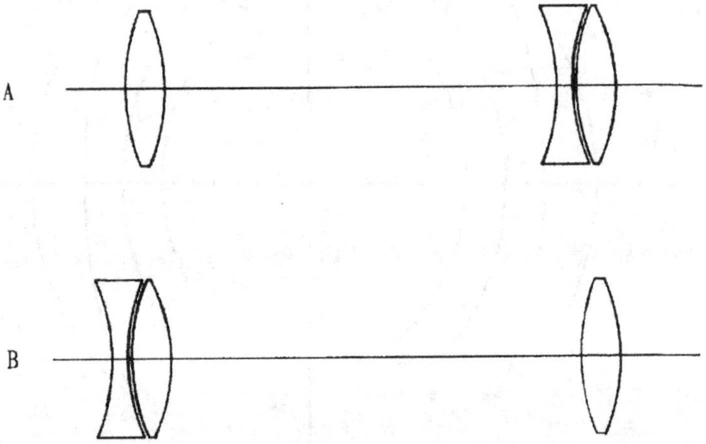

◁图 12－14 可变焦距式镜头▷

后移动。当负透镜移动到右端，与右端正透镜共同组成一个负透镜组，则镜头焦距变长，如图 12 - 14（A）所示。当负透镜移动到左端，与左端正透镜共同组成一个负组透镜，这时镜头的焦距会变短，如图 12 - 14（B）所示。事实上，在负透镜前后移动的过程中，镜头的焦距会连续不断地变化，影像的放大率也将随着发生变化。

目前，变焦距摄影镜头正向进一步改善成像质量、大相对孔径、大变倍率、小型化、较短的最近调焦距离、有微距装置、短焦距等方向发展。

二、摄影镜头的机械结构

摄影镜头的机械结构主要包括镜筒和调节机构两大部分以及镜头与机身的连接等。

1. 镜筒

镜筒的作用：主要是用来固定和支撑各光学镜片，使之既保持彼此轴心重合，又保持镜片间的设计间距，支撑各调节机构；防止灰尘进入镜头内部，以免内部镜片脏或损伤；吸收杂光。

镜筒一般用强度较高而又重量较轻的铝合金等制成。目前有的厂商为了降低成本，将镜筒上的部分零件甚至全部零件改用塑料制成。

镜筒的最前端，一般具有安装滤光镜等光学附件的结构，方式大多是螺纹结构，使用时只需把所使用的滤光镜拧在镜头上即可。也有少数的镜头前端采用卡口式结构。

2. 光圈调节机构

光圈一般由薄金属片等组成，有固定光圈和可变光圈结构两种。固定式光圈只有一个光孔，是最简单的结构方式。可变光圈又分调定光圈和跳动光圈。调定光圈调定之后在摄影过程中光圈固定不变，而跳动光圈是指拍摄中和拍摄前后的光圈是变化的，这种光圈主要应用在单镜头反光摄影的镜头上。光圈在平时始终处于全开状态上，以使取景器内的影像明亮，从而有利于摄影者更精确地进行调焦和取景。在曝光时的瞬间，又可迅速使光圈缩小至所预选的光圈值状态，以确保画面的正确曝光。

有些摄影镜头具有自动光圈功能，它可根据被摄景物的亮度变化，自动调节光圈的大小。

3. 调焦机构

镜头调焦机构主要有两种类型：

(1) 旋转式。旋转镜头筒上的调焦环，可通过镜筒上的多头螺纹，带动全部透镜组同步前后平移或旋转着前后转动。这种调焦机构目前应用最为广泛。

(2) 移动式。移动式调焦机构又分为两种。一种调焦时，调焦钮通过镜筒外的凸轮带动部分透镜组前后移动完成调焦。这种调焦机构多用于长焦距镜头上。

变焦机构一般是通过镜筒上的空间凸轮，控制变焦组与补偿组的前后移动，以实现改变焦距的目的。

4. 镜头连接方式

镜头与机身或镜头与快门的连接有固定式和可卸式两种：

固定式连接，镜头与整机成为一个整体，不能随意拆卸（主要用在简易型相机上）。可卸式连接，指镜头与整机只是简单的结合，可随时卸下换装其他镜头或附件。

可卸式连接又有螺纹和卡口两种方式：螺纹式连接是在机身镜头座孔中有内螺纹、镜头后端有外螺纹。安装时，让外螺纹与内螺纹对正然后转动镜头即可将其拧在机身上。

卡口式连接是镜头筒后端有 3 至 4 个卡爪，机身镜头座上有相应的缺口，安装时只要将各卡爪与相应的缺口对正，把镜头插入镜头座孔内，然后转动镜头，即可将镜头卡住，并被锁牢。卸镜头时需先释放镜头锁，尔后按反向顺序卸下。这种连接方式，装卸迅速简便，定位精度高，安全可靠，体积小，因此被广泛用于单镜头反光照相机上和摄像机上，以及反光取景式电影摄影机上。

三、摄影镜头的分类

当前，电影摄影机、电视摄像机、照相机上使用的摄影镜头，种类繁多，以适应各种题材、各种条件下的摄影创作。如果把摄影镜头进行分类，归纳起来有以下几种——

1. 按使用的摄影器材分类

可分为照相机摄影镜头、电影摄影机摄影镜头和电视摄像机摄影镜头三种。根据这三种类型的镜头，又可以按他们各自所使用的胶片规格或摄像管的规格和所能拍摄的最佳画幅尺寸进行分类：

照相机镜头可分为：拍摄散页片的大型摄影镜头（画幅

尺寸18cm×24cm)，拍摄120胶片的中型摄影镜头（画幅尺寸6cm×9cm或6cm×6cm)，以及拍摄35mm胶片的135型摄影镜头（画幅尺寸24mm×36mm）等等。

电影摄影镜头：由于不同类型的摄影机所使用的胶片规格不同，因此把电影摄影镜头可分为35 mm电影胶片使用的摄影镜头（画幅尺寸标准片窗22.05mm×16mm)，拍摄16 mm电影胶片应用的摄影镜头（画幅尺寸标准片窗10mm×7.42mm)，拍摄超8 mm电影胶片应用的摄影镜头（画幅尺寸标准片窗8.79mm×4.14mm）以及拍摄其他胶片规格所使用的摄影镜头等。

电视摄像镜头按摄像管的规格和所摄画幅的尺寸分为：5/4英寸摄像管应用的镜头（画幅尺寸为17.11mm×12.85mm，对角线为21.04mm）1英寸摄像管应用的镜头(画幅尺寸为12.8mm×9.6mm，对角线为16mm)，2/3英寸摄像管应用的镜头（画幅尺寸为8.8mm×6.6mm，对角线为11mm)，1/2英寸摄像管应用的镜头（画幅尺寸为6.4mm×4.8mm，对角线为8mm）等。

2. 按摄影镜头的焦距分类

可分为定焦距摄影镜头和变焦距摄影镜头及特殊摄影镜头三个类型。就定焦距摄影镜头而言，又可分为短焦距摄影镜头、标准摄影镜头和长焦距摄影镜头。其中焦距小于标准摄影镜头者，统称为短焦距摄影镜头，也称为广角摄影镜头；焦距大于校准摄影镜头者，统称为长焦距摄影镜头，又称为窄角摄影镜头或望远摄影镜头。

思考题

1. 摄影镜头一般由几部分组成?
2. 摄影镜头的主要光学结构有哪几种类型?
3. 摄影镜头的机械结构有哪几部分组成?
4. 摄影镜头如何分类?

第十三章　摄影镜头的性能与调节

在电视、电影摄制中，摄影人员在应用不同焦距的摄影镜头时，应熟悉和了解它们的基本性能，并能正确的进行调节和运用，以确保画面的成像质量。

一、镜头的焦距与视角

1. 镜头的焦距

焦距是摄影镜头的主要性能指标，它与摄影造型有着密切的关系。焦距的英文为 FOCAL LENGTH，所以镜头的焦距用符号表示常用“f”或“F”为标志。焦距的长短用单位表示为毫米（mm）。摄影镜头焦距的长度都在镜头的聚焦环上有明显的标示，如，标示有“f = 50”或“50 mm”时，即表示摄影镜头的焦距为 50 毫米。

摄影镜头焦距的长短，决定着被摄对象在胶片乳剂平面或摄像管光电靶面上成像的大小。当对同一距离上的同一物体进行拍摄时，镜头焦距愈长，像平面上物体成像的面积愈大，放大倍率愈高；反之，镜头焦距愈短，像平面上景物成像的面积愈小，放大倍率愈低。

照相机和电影摄影机、摄像机使用的摄影镜头，其焦距的种类繁多，短至几毫米，长至上千毫米不等。而且不同国家、不同厂家有不同的系列标准。

我国部分 JB745－65 标准，对照相机用摄影镜头的焦距系列规定如下（单位为毫米）：

25、35、40、45、50、58、75、80、90、105、135、180、210、300、400、500、600、1 000

我国部分 JB2384－78 标准，对电影摄影用摄影镜头的焦距系列作了明确规定，见下表 13－1、表 13－2 所示。

〔表 13－1〕　**电影定焦距摄影镜头系列**

35 毫米电影摄影镜头（单位毫米）		16 毫米电影摄影镜头（单位毫米）
优选系列	非优选系列	8
16	18	10
20	25	16
28	35	25
40	50	50
85	75	100
150	100	300
300	800	500
600	1 500	1 000
1 000		
2 000		

〔表 13－2〕 电影变焦距摄影镜头系列（单位毫米）

35 毫米电影摄影用		16 毫米电影摄影用		8.75 毫米电影摄影用	
变焦距范围	变焦倍率	变焦距范围	变焦倍率	变焦距范围	变焦倍率
20－100	5 X	9.5－57	6 X	6－60	10 X
25－125	5 X	12.5－75	6 X	9－36	4 X
20－120	6 X	12.5－100	8 X	9－54	6 X
25－250	1 0X	9.5－95	10 X		
25－500	20 X	12－120	10 X		
20－200	10X	10－150	15 X		
		12－240	20 X		

（注：表中 X 表示变焦倍数）

国外生产的照相机和摄像机使用的摄影镜头也有自己的系列标准。

例如日本尼康（Nikon）光学工业公司生产的尼克尔（Nikkor）镜头，135 照相机用的定焦距镜头和变焦距镜头系列如下：(单位毫米)

鱼眼镜头：6、8、16，普通镜头：13、15、18、20、24、28、35、50、80、85、105、135、180、200、300、400、500、600、800、1 000、1 200、2 000，特殊镜头：55、58、100、120、150。

普通变焦距镜头：25～35、35～70、35～135、50～135、

50～300、80～200、180～600、200～400、360～1 200。特殊变焦距镜头：36～72、75～150、70～210。

日本佳能公司生产的用于135照相机的普通定焦距镜头和变焦距镜头，以及电视摄像机使用的变焦距镜头系列如下：(单位毫米)

用于照相机的电子对焦（EF）镜头有：定焦距镜头14、15、20、24、28、35、50、85、100、135、200、300、400、500、600。变焦距镜头20～35、28～80、28～105、35～80、35～105、35～135、70～210、75～300、80～200、100～300。

用于电视摄像机上的变焦距镜头：（单位毫米）用于2/3时ENG/EFP摄像机用变焦距镜头6～48、12～96、9～117、18～234、8.5～119、17～238、8～112、16～224、9.5～143、19～286、8.5～153、17～306、11～363、22～726。用于1/2时ENG/EFP摄像机用变焦距镜头，4.4～35、6.2～112、6.6～92.4、7～91、7～105、8.5～280.5、8.8～70、12.4～224、13.2～184.8、14～182、14～210、17～561。

在供照相机使用的摄影镜头系列中，一般把焦距值与所摄画幅对角线相接近的那一镜头，称为标准镜头，把焦距长度大于所摄画幅对角线长度的镜头，称为长焦距镜头（也称窄角镜头)。把焦距长度小于所摄画幅对角线长度的镜头，称为短焦距镜头（也称广角镜头)。例如，135照相机其所摄画幅尺寸为24毫米×36毫米，画幅对角线长度为43.27毫米，一般把焦距为50毫米的镜头作为135照相机的标准镜头。

我国部分JB753－65标准中规定，拍摄24毫米×36毫米画幅的135照相机，其标准镜头的焦距范围为40毫米至58毫米；拍摄56毫米×56毫米画幅的120照相机，其标准镜头的焦距范围为 75 毫米至 85 毫米。

在供电影摄影机使用的镜头中，一般将所摄画幅对角线与人眼视角接近的摄影镜头，称为标准镜头。因此，35 毫米电影摄影机的标准镜头的焦距为 50 毫米，16 毫米电影摄影机的标准镜头的焦距为 25 毫米。又因为电影摄影机的标准镜头的焦距值刚好接近电影所摄画幅对角线的 2 倍，所以，又称焦距值为画幅对角线长度 2 倍的电影摄影镜头为标准镜头。另外，目前电视节目制作中使用的电视摄像机镜头，是根据摄像管光电靶面的成像面积相差不多。因此，摄像机标准镜头的焦距约为 25 毫米。比 25 毫米焦距长的称为长焦距镜头，镜头焦距长度小于 25 毫米的称为短焦距镜头。

把不同焦距的镜头，用同一台照相机，在同一位置拍摄同一物体，镜头焦距越长，被摄体的影像放大率越大。如果以影像的高度相比，镜头焦距相差一倍，则影像的高度也相差一倍，所以影像的放大率与镜头焦距的长短成正比。假设使用 135 照相机镜头焦距为 50 毫米，拍摄景物的影像高度为 10 毫米，那么，当换用镜头焦距为 100 毫米时，再拍摄该物体、影像高度就会达到 20 毫米。所以，要了解同一相机用不同焦距的镜头所摄景物影像高度的比例，只要用不同焦距的镜头进行拍摄比较，就能了解影像效果，如图 13 - 1A、B、C、D、E、F、G 所示。

◁图 13－1A 16 毫米镜头▷

◁图 13－1B 35 毫米镜头▷

◁图 13－1C 50 毫米镜头▷

◁图 13－1D 70 毫米镜头▷

◁图 13－1E 105 毫米镜头▷

◁图 13－1F 135 毫米镜头▷

◁图 13－1G 200 毫米镜头▷

当影像的放大率确定后，摄影镜头的焦距越长，所拍摄的距离就应加大；反之，镜头的焦距越短，距被摄体的距离就应越近。由此可以知道，在影像放大率不变时，拍摄距离的远近与镜头的焦距的长短成正比关系，如图 13－2A、B 所示。

从上面两组照片中可以看出，镜头焦距的长短与影像放大率的关系，镜头焦距与拍摄距离的关系。另外镜头的焦距还直接影响着画面的透视效果。当使用两个焦距相差很大的镜头拍摄后，取得相同放大率的被摄景物的影像时，拍摄距离也相差很大，因此前后景物在画面中所形成的影像比例也有很大的不同，即两个不同焦距的镜头，所摄画面的透视效果有很大不同。如图 13－3A、B 以拍摄人像的透视效果进行对比所示。使用 28 毫米的摄影镜头拍摄人像，由于距被摄人物距离过近，加大了远近物体影像的大小对比，使人像出现变

◁图 13－2A 使用 50 毫米标准焦距镜头▷

◁图 13－2B 使用 105 毫米长焦距镜头▷

◁图 13－3A 使用 28 毫米短焦距镜▷

◁图 13－3B 使用 200 毫米长焦距镜▷

形。当换用200毫米长焦距镜头拍摄该人物时，进行远距离拍摄，影像间的透视没有任何差异，而是完全相同的。

2. 镜头的视角

把摄影镜头安装在一很大的伸缩暗箱前端，并在该暗箱后端安装一块很大的磨砂玻璃。当将镜头光圈开至最大，并对准无限远景物调焦时，在磨砂玻璃上呈现出的影像均位于一圆形面积内，而圆形外则漆黑，无影像。此有影像的圆形面积称为该镜头的最大像场。在这个最大像场范围的中心部位，有一能使无限远处的景物结成清晰影像的区域，这个区域称为清晰像场。照相机或摄影机的片窗一般都位于清晰像场之内，这一限定范围称为有效像场。

当把镜头对准无限远调焦时，凡是通过镜头主轴的平面，必与有效像场的边缘相交于两点，从这两点引两条直线相交于镜头的像方主点，所形成的夹角被称为有效像角。由于有效像场通常是长方形或正方形，因此有效像角可归纳为三种，即水平像角、垂直像角和对角线像角。

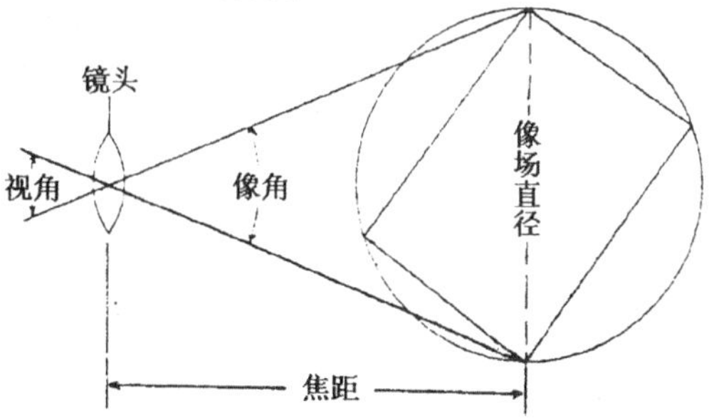

◁图 13-4 镜头的对角线视角▷

像场所对应的景物范围被称为视场，凡通过镜头主轴的平面，从与视场边缘相交的两点引直线至物方主点，同样形成三种视角，即水平视角、垂直视角和对角线视角。

当镜头位于空气介质中时，普通镜头的水平视角、垂直视角、对角线视角的数值，一般分别与该镜头的水平像角、垂直像角、对角线像角相等（某些鱼眼镜头除外）。因此，相应的像角与视角总是相等的。如图 13－4 所示。

摄影镜头的视角的大小，主要取决于画幅的尺寸和镜头焦距的长短。如果画幅的尺寸已固定，那么视角的大小完全决定于镜头焦距的长短。即焦距与视角成反比关系。镜头的焦距愈短，则该镜头的视角就愈广；反之，镜头的视角就愈窄。镜头的焦距与视角之间的关系如图 13－5 所示。

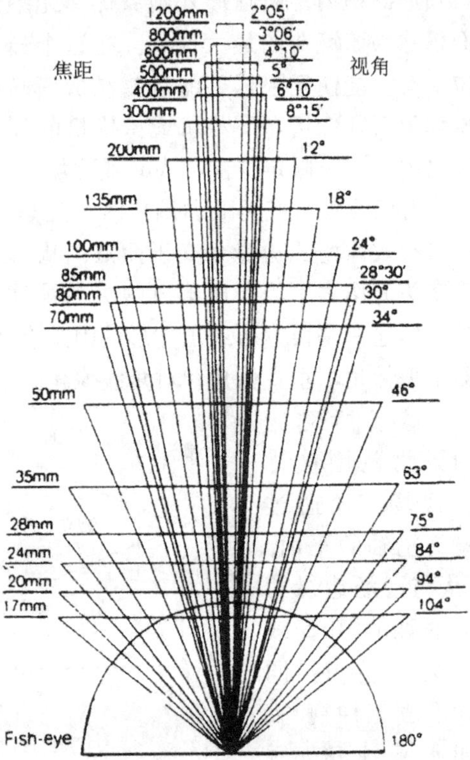

◁图 13－5 焦距与视角的关系▷

为了掌握和熟悉各种规格的摄影镜头的视角变化，下面分别列举 135 照相机摄影镜头的对角线视角和 35 毫米电影摄影机、16 毫米电影摄影机以及 2/3 英寸电视摄像机的摄影镜头，不同焦距与视角之间的关系。见表 13－3、表 13－4。

由于视角是镜头摄取景物的清晰范围的空间角度，所以，镜头的视角越大，所包容的画面空间也越大。还有，因为影像放大率与镜头焦距的长短成正比，而且镜头焦距的长短与镜头的视角成反比，所以景物影像的放大率也与镜头视角的大小成反比。镜头的视角越小，影像放大率越大，镜头的视角越大，而影像放大率也就越小。一般规律是镜头视角缩小二分之一，影像的高度增加一倍。

〔表 13－3〕　**135 照相机摄影镜头的对角线视角**

焦距（mm）	对角线视角	焦距（mm）	对角线视角
13	118°	135	18°13′
15	110°32′	180	13°43′
18	100°29′	200	12°21′
20	94°30′	300	8°15′
24	84°04′	400	6°12′
28	75°23′	500	5°58′
35	63°27′	600	4°08′
40	56°49′	800	3°06′
50	46°48′	1 000	2°29′
85	28°34′	1 200	2°04′
100	24°25′	1 600	1°33′
125	23°18′	2 000	1°15′

〔表 13－4〕 电影、电视摄影镜头的焦距与视角

镜头焦距(mm)	35mm 电影摄影镜头 画幅尺寸 22×16mm		16mm 电影摄影镜头 画幅尺寸 10×7.42mm		2/3 英寸电视摄像镜头 画幅尺寸 8.8×6.6mm	
	水平视角	垂直视角	水平视角	垂直视角	水平视角	垂直视角
9	101°		59°	48°	55°	46°
10	96°		55.14°	41.2°	51.5°	39.9°
12.5	84°		45°	34°	42.2°	32.2°
15	73°		37.7°	26.5°	34.3°	26.1°
16	68.54°	53.1°				
20	57.31°	43.36°	28.7°	20.8°	25.8°	19.4°
25	47.24°	35.29°	23.1°	16.7°	21.9°	16.5°
35	34.5°	25.45°	16.5°	12.0°	14.0°	10.9°
50	24.46°	18.1°	11°	8.4°	11.1°	8.3°
75	16.39°	12.11°	7.7°	5.4°	7.4°	5.6°
100	12.32°	9.1°	5.8°	4.2°	5.0°	3.2°
135	9.18°	6.47°				
150	8.2°	6.1°	3.8°	2.8°	3.4°	1.67°
300	4.1°	3.03°	1.59°	0.48°	1.54°	0.43°

二、相对孔径与光圈系数

摄影镜头的相对孔径，是指该镜头的入射光孔直径（用

D 表示）与焦距（用 f 表示）之比，即：相对孔径 = D/ f。

调节镜头上的光圈调节环，使光孔开至最大位置时，最大入射光孔直径与该镜头焦距的比值，称为该镜头的最大相对孔径。它往往标示在镜头上，如 1:1.2 或 f/1.2，即表示该镜头的最大相对孔径为 1:1.2，这一比例数只表示最大入射孔光直径与焦距的比值。

镜头相对孔径的大小直接决定着由景物投射来的光线，在通过镜头时的光通量大小，从而决定着像平面处所得照度的高低。镜头的相对孔径愈大，透光能力愈强，影像的密度（或光电信号）值愈大；反之，相对孔径愈小，透光能力愈弱，影像的密度（或光电信号）值愈小。

相对孔径的倒数称为光圈系数，又称为 f/制光圈系数或光孔号码。当摄影镜头的焦距不变，而改变镜头的入射光孔直径，可得到下列 f/制光圈系数：1、1.4、2、2.8、4、5.6、8、11、16、22，这些光圈系数一般刻在镜头光圈环的外围。光圈系数相邻两级之间数值上相差$\sqrt{2}$倍，曝光量相差一级。光圈系数的数值愈大，表示投射到成像平面上的照度越小；反之，光圈系数的数值每减小原数值的 $1/\sqrt{2}$，摄影镜头纳入的光量就增大原数值的 2 倍，平时摄影中所说的开大光圈，实际上是减小光圈系数值；而收小光圈，即是光圈系数值加大。

目前，使用的摄影镜头由于型号不同、光学结构不同以及制造工艺上的差异，不同焦距的镜头对光线的透过率也不相同。在实际拍摄中，使用不同焦距的镜头进行拍摄，如果不考虑镜头透光率对画面的影响，将会造成曝光不准。为了保证画面的技术质量，实现准确地控制曝光，有些新型的摄影镜头，除标出 f/制光圈系数外，还标有 T/值光圈系数。在光圈调节环上，T/值光圈系数值与 f/制光圈系数值在数字上彼此相对应，但 T/值光圈系数考虑了光线通过镜头时，该镜头透过率对像平面处照度的影响。

$$\text{T/值光圈系数} = \frac{\text{f/制光圈系数}}{\text{镜头透过率}}$$

总之，T/值光圈系数比 f/制光圈系数更科学，更便于对摄影进行准确的曝光控制。尤其对长焦距镜头和变焦距镜头更为有利。因此，目前常用的电影摄影机和电视摄像机都采用 T/值光圈。

光圈的主要作用是：控制进入镜头光通量的大小，使所摄画面获得适当的曝光量，同时它又是控制画面景深范围的重要手段。在拍摄同一景物时光圈越大，景深范围越小；光圈越小，景深范围越大。

现在使用的电视摄像机上的光圈，通常有手动、自动等方式。手动范围一般应用在拍摄一些高质量的电视节目中。为了使不同的景物亮度变化按创作者的主观意志在画面中得到充分的体现，拍摄时可采用调节镜头上的光圈，有意地让某些景物的亮度在画面中形成最佳效果，以实现有目的的控制曝光量。当采用自动光圈拍摄时，光圈的大小是根据摄像机机内安装的自动测量设备，并按光线的强弱自动调节镜头光圈，保证适当的曝光量，需要说明的是自动光圈对光线变化不能做艺术判断，只能做出技术处理。因此，在实拍中，自动光圈非常适合于拍摄镜头把视场角内所包容的景物亮度较为均匀，亮度间距不大，画面中主体物不十分突出等场景。有些场景摄制人员为了更好地控制景物亮度，实现准确地曝光，常采用自动、手动结合。方法是先用自动光圈进行测光，然后根据不同的景物亮度按创作者的主观意图去控制，使画面得到最佳的效果。

三、景深与超焦距

1. 景深

当摄影镜头对准某一被摄体平面准确调焦之后（该物平面称为调焦物平面或被摄主体平面），在像平面（即胶片平面或光电靶面）上，只有该调焦物平面处的物体才能结成最清晰的影像。而位于调焦物平面前、后的景物的影像都不是最清晰，其中离调焦物平面越近者，其清晰度相对就越高，而离调焦物平面越远者，其清晰度相对也就越差。也就是说，随着物体逐渐远离调焦物平面，其影像清晰度逐渐降低。当物体远离至一定程度后，甚至会使人的视觉上产生逐渐模糊的影像。显然，在景物空间中，位于调焦物平面前后一定距离内的景物，还能够结成相对清晰的影像。上述位于调焦物平面前后的能结成相对清晰影像的景物间之纵深距离，也就是能在实际像平面上获得相对清晰影像的景物空间深度范围，称为景深。

摄影中，纵深距离大的，称为景深大，纵深距离小的，称为景深小。景物中能够结成相对清晰影像，又距镜头最近和最远的物平面，分别称为景深近界或景深远界。调焦物平面至景深近界和景深远界的距离，分别称为前景深和后景深。景深近界与景深远界之间的距离，称为全景深。如图 13－6 所示。

景深反映在焦点平面上，清晰的像点形成像空间的纵深距

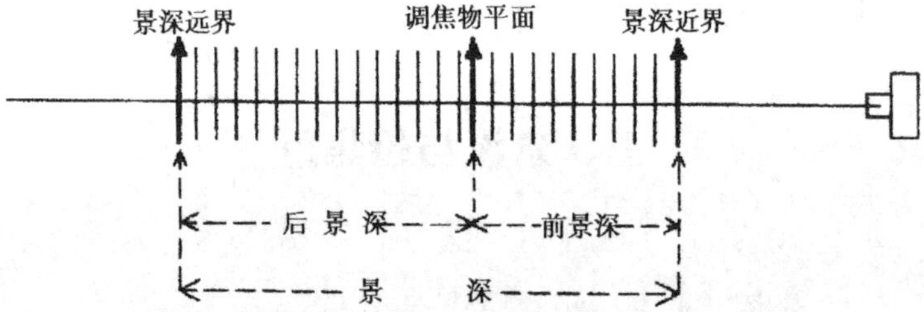

◁图 13-6 景深▷

离，这就是焦深。景深和焦深，是分别说明物方和像方结成清晰影像的纵深范围。形成景深和焦深的依据，关键在于可容许模糊圈直径。如图 13-7 所示。

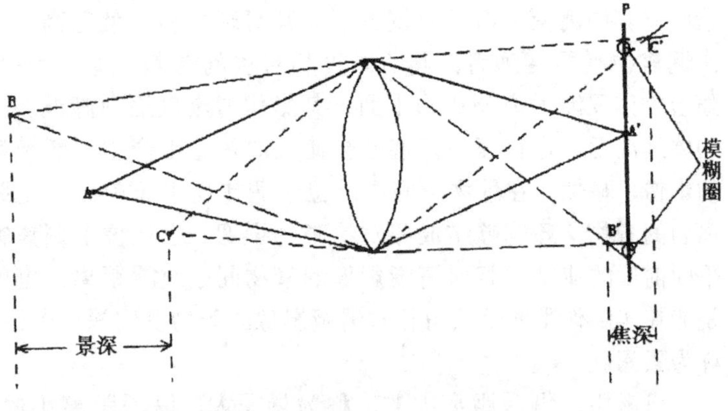

◁图 13-7 景深、焦距与模糊圈▷

由图 13-7 可知，当对被摄主体 A 准确调焦后，则 A 点的光线通过镜头汇聚成像点 A′，正好落在胶片平面 P 上，其影像清晰度最高。但是，物体 B 和 C 的结成的影像与物体 A 有所不同。B 点距离镜头远，根据物距和像距的共轭原理，以及高斯公式的规定，像点 B′距离镜头近，不能正好落在胶片平面上，就立即沿交叉直线向外扩展，在胶片平面上留下的将是一个扩散光锥的圆截面。同理可知，C点距离镜头近，其像点C′距离镜头远，也不能正好落在胶片平面上，只能留下汇聚光锥的一个圆截面。这种扩散或汇聚光锥的圆截面(即光斑)，在摄影中被称为可容许的模糊圈直径，又称为可容许弥散圈直径。

可容许的模糊圈直径的大小，关系到景深范围的大小。由于人眼的最小分辨角约为1分角（约为1/3 438弧度，即在3 438毫米远处人眼分辨出直径等于或大于1毫米的物体），也就是在1分角之内人眼不能分辨出光点和模糊圈之间的区别，而都认为是“光点”。因此，人眼在明视距离处所能清晰分辨开两物点的最小距离约为0.0727毫米。显然，凡直径小于0.0727毫米的小圆斑，小圆圈都被人眼视作几何点。当在较暗的环境中观察景物，人眼的分辨率会下降，因此，摄影界认为，人眼对于几何点和直径0.1毫米的小圆圈是分辨不出来的。

人眼视觉不能分辨出的最大模糊圈直径称为可容许的模糊圈直径。

如果物体B和C在胶片平面（P）上所形成的模糊圈直径，刚好符合可容许的模糊圈直径，其影像就是清晰的。另外，可容许的模糊圈直径的大小，还和对成像质量的要求、观察画面的距离和方法以及胶片的用途等因素有关。135照相机的可容许的模糊圈直径一般为0.033毫米，120照相机的可容许模糊圈直径一般为0.060毫米。

由于电影画面在放映时的影像放大率较高，所以对其要求也严格。为了更精确地控制景深，近来很多电影摄影镜头生产厂家，对新镜头的可容许模糊圈直径，提出了更高的要

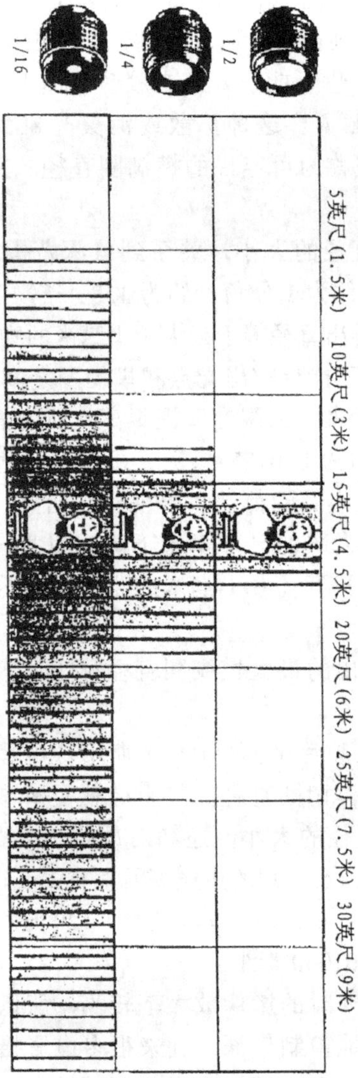

◁图 13－8 光圈大小对景深的影响▷

求。35 毫米电影摄影镜头，规定可容许模糊圈直径控制在 0.025～0.027 毫米。

景深范围的大小与镜头的光圈大小、焦距的长短以及调焦距离的远近相关。

当摄影镜头的焦距和调焦距离不变时，光圈愈小（即光圈系数愈大），所摄画面的景深愈大，前后景深范围也就愈大；反之，光圈愈大（即光圈系数愈小），景深则愈小，前后景深的范围也就愈小。如图 13－8 所示。

摄影时，位于调焦物平面前方和后方的景物，分别向摄影镜头投射出各自的一束光线。摄影镜头分别将这些光束汇聚为成像光束。显然，镜头的光孔越大，这些成像光束的圆锥角度就越小，该成像光束在胶片平面上所形成的光锥的截面积也就越小，这时其模糊圈直径也就愈小。由于物点在胶片平面上所形成的影像模糊圈直径愈小，该影像的相对清晰度也就越高，因此，当其他条件不变时，光圈越小，则所摄画面的景深就越大。

需要说明的是，虽然光圈收小而加大了景深范围，但是，当光圈选择的过小时，会由于光线衍射的影响，影像的清晰度反而有所下降，因此，摄影中一般不宜选择过小的光圈。

当摄影镜头的光圈和调焦距离不变时，镜头的焦距愈短所摄画面的景深愈大，前后景深的范围也愈大；反之，镜头焦距愈长，景深就愈小，前后景深的范围

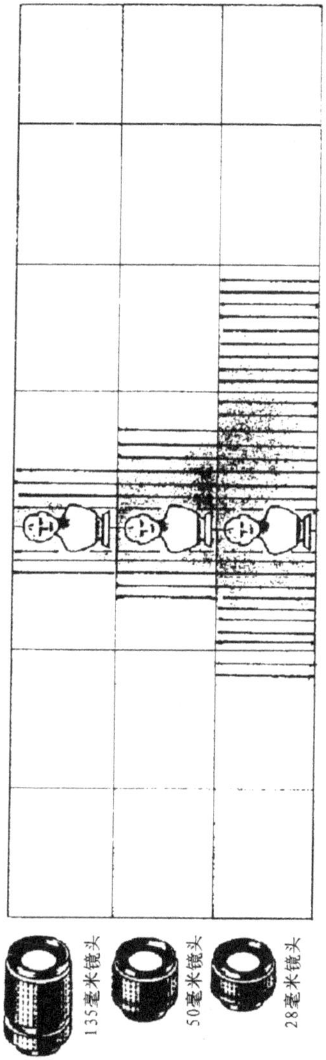

◁图 13－9　焦距长短对景深的影响▷

也就愈小。如图 13－9 所示。

当光圈和调焦距离确定后，调焦物平面处的被摄主体所成影像将随着镜头焦距的缩短而明显缩小，此外，所用镜头的焦距越短，则物距相对加大，像距相对减小，从而使同一物点的成像光束的圆锥角下降。镜头的焦距越短，同一前（或后）景物体的成像光束在胶片平面上所形成的模糊圈直径也就越小，该影像的相对清晰度也就越高，此时当其他条件不变时，焦距越短，那么所摄画面景深越大。如图 13－10 所示。

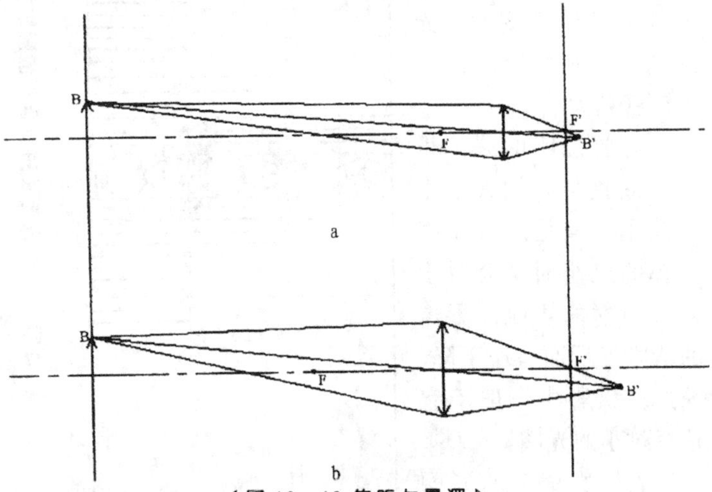

◁图 13－10 焦距与景深▷

由图 13－10 可知，当先后用不同焦距的镜头在同一调焦距离处拍摄同一无限远景物时，胶片平面将分别位于两镜头的各自像方焦平面处，此时有限远处的物点 B 所发出的成像光束，将汇聚于各自像方焦平面后方的像点 B′点处，即物点 B 在胶片平面上所结成的并非是像点，而是一模糊圈。摄影镜头的焦距越短，那么同一物点 B 在胶片平面上所结成的模糊圈直径就越小，因此，所摄画面的景深就越大。

当镜头的光圈和被摄体的影像放大率不变时，短焦距镜头所摄画面的景深从理论上讲，比长焦距镜头所摄画面的景深稍大。但实际中，当影像放大率较小时，上述差异较明显，而当影像放大率较大时，该差异则不明显。当光圈值和影像放大率都不变时，短焦距镜头所摄画面的前景深将比长焦距镜头所摄画面的前景深稍小，而短焦距镜头所摄画面的后景深却明显比长焦距镜头所摄画面的前景深大。

总之，用短焦距镜头需要靠近被摄主体，而用长焦距镜头又需远离被摄主体，以至此拍摄距离的差异使长、短焦距镜头所摄画面的景深差异相应缩小了；但这时短焦距镜头所摄画面的景深仍将比用长焦距镜头所摄画面的景深稍大，也就是镜头的焦距越短，则景深就相对大一些，焦距越长景深就相对小一些。而拍摄距离越远，则上述不同焦距镜头的景深差异越明显，反之，近摄时则上述差异就会很小。

变焦距镜头在变焦范围内的任一焦距位置上，都具有与相应定焦距镜头相同的景深。当镜头变焦时，其景深将跟着相应变化。如果被摄主体与摄影机之间的距离保持不变时，那么在变焦时上述景深的变化基本不影响该被摄主体的清晰度。如果镜头与被摄主体之间有相对运动，则必然在变焦的同时采用跟焦点技术，否则在变焦过程中被摄体很可能会超出景深范围而模糊不清。

当摄影镜头的光圈和焦距不变时，调焦距离越远，所摄画面的景深越大，前后景深的范围也就越大；反之，调焦距离越近，景深则越小，前后景深的范围也就越小。如图 13－11 所示。

由于摄影者离被摄主体越近（即调焦距离越近）则景深越小，所以摄影人员在拍摄特写，近景画面时，调焦工作也应特别认真，否则稍有疏忽就会使所摄景物超出景深范围，甚至会造成影像模糊不清。当拍摄景深范围大而广的场面时，摄影人员适当地退后一段距离，在较远处拍摄，也是一种较好的方法。

上述影响景深大小的三个因素中，也可以彼此协同调节。若将三个因素协同调节，就可以在不同的拍摄场合获得最大或最小的景深范围。

在摄影时，由于景物至曝光窗平面之间的距离比物距更便于精确度量，因此，镜头调焦环上刻印的是调焦距离而非物距。同样道理，

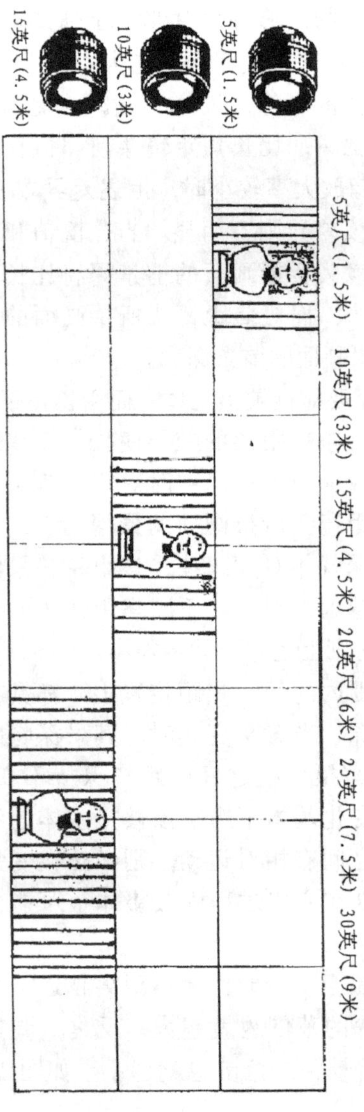

◁图 13－11 调焦距离远近对景深的影响▷

在摄影中为了更精确地控制景深，摄影人员都希望了解景深近界和景深远界各自至曝光窗平面的距离，而不是二者的物距。

为了便于摄影人员在摄影时对景深范围进行精确调节和控制，景深表中所列举的一般是景深近界和景深远界各自至胶片平面间的一对调焦距离值。为了便于摄影控制又避免繁琐的计算工作，下面将部分照相机、摄影机常用的摄影镜头的景深表列举如下，以供摄影人员参考（详见下表）。

焦距为 10 mm 的电影摄影镜头景深表

〔表 13－5〕 （m）

光孔 / 景深 / 物距(m)	f/1.4		f/2		f/2.8		f/3.5		f/4	
	清晰前后界	景深	清晰前后界	景深	清晰前后界	景深	清晰前后界	景深	清晰前后界	景深
0.75	0.55-1.20	0.65	0.5-1.50	1.0	0.44-2.51	2.07	0.4-5.86	5.46	0.38-∞	∞
1	0.67-2.0	1.33	0.6-3.0	2.4	0.52-15.3	14.78	0.46-∞	∞	0.43-∞	∞
1.25	0.77-3.33	2.56	0.68-7.5	6.82	0.58-∞	∞	0.51-∞	∞	0.47-∞	∞
1.5	0.86-6.0	5.14	0.75-∞	∞	0.62-∞	∞	0.55-∞	∞	0.50-∞	∞
2	1.0-∞	∞	0.86-∞	∞	0.70-∞	∞	0.66-∞	∞	0.55-∞	∞
3	1.2-∞	∞	1.0-∞	∞	0.79-∞	∞	0.67-∞	∞	0.60-∞	∞
4	1.33-∞	∞	1.09-∞	∞	0.86-∞	∞	0.71-∞	∞	0.63-∞	∞
5	1.43-∞	∞	1.15-∞	∞	0.88-∞	∞	0.73-∞	∞	0.65-∞	∞
7	1.56-∞	∞	1.24-∞	∞	0.93-∞	∞	0.77-∞	∞	0.68-∞	∞
10	1.67-∞	∞	1.30-∞	∞	0.98-∞	∞	0.79-∞	∞	0.70-∞	∞

（续表）

光孔 景深 物距(m)	f/5.6		f/8		f/11		f/16		f/22	
	清晰前后界	景深	清晰前后界	景深	清晰前后界	景深	清晰前后界	景深	清晰前后界	景深
0.75	0.31-∞	∞	0.25-∞	∞	0.20-∞	∞	0.15-∞	∞	0.12-∞	∞
1	0.35-∞	∞	0.28-∞	∞	0.21-∞	∞	0.16-∞	∞	0.12-∞	∞
1.25	0.38-∞	∞	0.29-∞	∞	0.22-∞	∞	0.17-∞	∞	0.13-∞	∞
1.5	0.40-∞	∞	0.30-∞	∞	0.23-∞	∞	0.17-∞	∞	0.13-∞	∞
2	0.43-∞	∞	0.32-∞	∞	0.24-∞	∞	0.17-∞	∞	0.13-∞	∞
3	0.46-∞	∞	0.34-∞	∞	0.25-∞	∞	0.18-∞	∞	0.13-∞	∞
4	0.48-∞	∞	0.35-∞	∞	0.25-∞	∞	0.18-∞	∞	0.14-∞	∞
5	0.49-∞	∞	0.35-∞	∞	0.26-∞	∞	0.18-∞	∞	0.14-∞	∞
7	0.50-∞	∞	0.36-∞	∞	0.26-∞	∞	0.19-∞	∞	0.14-∞	∞
10	0.51-∞	∞	0.37-∞	∞	0.26-∞	∞	0.19-∞	∞	0.14-∞	∞

焦距为 16 mm 的电影摄影镜头景深表

〔表 13－6〕 （m）

光孔 景深 物距（m）	f/1.5		f/2		f/2.8		f/3.5		f/4	
	清晰前后界	景深	清晰前后界	景深	清晰前后界	景深	清晰前后界	景深	清晰前后界	景深
0.75	0.65-0.88	0.23	0.63-0.93	0.30	0.59-1.03	0.40	0.56-1.14	0.58	0.54-1.23	0.69
1	0.84-1.24	0.40	0.79-1.35	0.56	0.73-1.57	0.84	0.69-1.84	1.15	0.66-2.09	1.43
1.25	1.00-1.65	0.65	0.94-1.85	0.91	0.86-2.30	1.45	0.80-2.91	2.11	0.76-3.58	2.82
1.5	1.16-2.12	0.96	1.08-2.46	1.38	0.97-3.31	2.34	0.89-4.76	3.87	0.86-6.98	6.12
2	1.44-3.28	1.84	1.32-4.18	2.86	1.16-7.41	6.25	1.05-23.05	22	0.98-∞	∞
3	1.89-7.25	5.36	1.68-13.17	11.49	1.43-∞	∞	1.27-∞	∞	1.17-∞	∞
4	2.25-18.29	16.04	1.96-∞	∞	1.63-∞	∞	1.42-∞	∞	1.30-∞	∞
5	2.53-21.3	18.77	2.17-∞	∞	1.77-∞	∞	1.52-∞	∞	1.39-∞	∞
7	2.96-∞	∞	2.48-∞	∞	1.97-∞	∞	1.67-∞	∞	1.51-∞	∞
10	3.38-∞	∞	2.77-∞	∞	2.15-∞	∞	1.80-∞	∞	1.61-∞	∞

（续表）

光孔 / 景深 / 物距(m)	f/5.6 清晰前后界	f/5.6 景深	f/8 清晰前后界	f/8 景深	f/11 清晰前后界	f/11 景深	f/16 清晰前后界	f/16 景深	f/22 清晰前后界	f/22 景深
0.75	0.48-1.66	1.18	0.42-3.43	3.01	0.36-∞	∞	0.29-∞	∞	0.24-∞	∞
1	0.58-3.70	3.12	0.49-∞	∞	0.41-∞	∞	0.32-∞	∞	0.26-∞	∞
1.25	0.65-14.27	13.62	0.54-∞	∞	0.45-∞	∞	0.35-∞	∞	0.27-∞	∞
1.5	0.72-∞	∞	0.59-∞	∞	0.48-∞	∞	0.36-∞	∞	0.28-∞	∞
2	0.81-∞	∞	0.65-∞	∞	0.52-∞	∞	0.39-∞	∞	0.30-∞	∞
3	0.94-∞	∞	0.73-∞	∞	0.57-∞	∞	0.41-∞	∞	0.31-∞	∞
4	1.02-∞	∞	0.77-∞	∞	0.60-∞	∞	0.43-∞	∞	0.32-∞	∞
5	1.08-∞	∞	0.81-∞	∞	0.61-∞	∞	0.44-∞	∞	0.33-∞	∞
7	1.15-∞	∞	0.84-∞	∞	0.64-∞	∞	0.45-∞	∞	0.33-∞	∞
10	1.21-∞	∞	0.88-∞	∞	0.65-∞	∞	0.46-∞	∞	0.34-∞	∞

焦距为25mm的电影摄影镜头景深表

〔表 13－7〕 (m)

光孔 / 景深 / 物距(m)	f/1.5		f/2		f/2.8		f/3.5		f/4	
	清晰前后界	景深	清晰前后界	景深	清晰前后界	景深	清晰前后界	景深	清晰前后界	景深
0.75	0.69-0.800	0.09	0.69-0.82	0.13	0.67-0.84	0.17	0.66-0.81	0.15	0.65-0.89	0.24
1	0.93-1.09	0.16	0.90-1.12	0.22	0.87-1.18	0.31	0.84-1.23	0.39	0.82-1.27	0.45
1.25	1.14-1.39	0.25	1.10-1.44	0.34	1.05-1.54	0.49	1.01-1.64	0.63	0.99-1.70	0.71
1.5	1.34-1.70	0.36	1.29-1.79	0.50	1.23-1.93	0.70	1.17-2.08	0.91	1.14-2.21	1.07
2	1.72-2.39	0.67	0.65-2.54	1.89	1.54-2.85	1.31	1.46-3.19	1.73	1.40-3.49	2.09
3	2.42-3.95	1.53	2.27-4.41	2.14	2.07-5.03	2.96	1.92-6.81	4.89	1.83-8.33	6.50
4	3.04-5.88	2.84	2.80-6.97	4.17	2.50-9.93	7.43	2.29-15.76	13.47	2.16-27.19	25.03
5	3.57-8.33	4.76	3.26-10.71	7.45	2.86-19.71	16.85	2.59-74.44	71.85	2.42-∞	∞
7	4.49-15.9	11.41	4.01-27.59	23.58	3.42-∞	∞	3.04-∞	∞	2.81-∞	∞
10	5.56-50.0	44.44	4.84-∞	∞	4.01-∞	∞	3.49-∞	∞	3.19-∞	∞

（续表）

光孔 景深 物距(m)	f/5.6		f/8		f/11		f/16		f/22	
	清晰前后界	景深	清晰前后界	景深	清晰前后界	景深	清晰前后界	景深	清晰前后界	景深
0.75	0.61-0.97	0.36	0.57-1.10	0.53	0.52-1.34	0.82	0.46-2.09	1.63	0.40-6.38	5.98
1	0.77-1.43	0.66	0.7-1.75	1.05	0.63-2.43	1.8	0.54-6.88	6.34	0.46-∞	∞
1.25	0.91-1.99	1.08	0.81-2.68	1.87	0.72-4.72	4.0	0.60-∞	∞	0.51-∞	∞
1.5	1.04-2.72	1.68	0.91-4.18	3.27	0.80-12.75	11.95	0.66-∞	∞	0.54-∞	∞
2	1.25-4.96	3.71	1.08-13.76	12.68	0.92-∞	∞	0.74-∞	∞	0.60-∞	∞
3	1.58-28.74	27.16	1.31-∞	∞	1.09-∞	∞	0.84-∞	∞	0.66-∞	∞
4	1.82-∞	∞	1.48-∞	∞	1.19-∞	∞	0.91-∞	∞	0.70-∞	∞
5	2.01-∞	∞	1.59-∞	∞	1.27-∞	∞	0.95-∞	∞	0.73-∞	∞
7	2.07-∞	∞	1.75-∞	∞	1.37-∞	∞	1.00-∞	∞	0.76-∞	∞
10	2.51-∞	∞	1.90-∞	∞	1.45-∞	∞	1.05-∞	∞	0.78-∞	∞

焦距为 50mm 的电影摄影镜头景深表

〔表 13－8〕 （m）

光孔 景深 物距(m)	f/1.4		f/2		f/2.8		f/3.5		f/4	
	清晰前后界	景深	清晰前后界	景深	清晰前后界	景深	清晰前后界	景深	清晰前后界	景深
0.75	0.74-0.76	0.02	0.74-0.77	0.03	0.73-0.77	0.04	0.72-0.78	0.06	0.72-0.78	0.06
1	0.98-1.02	0.04	0.97-1.03	0.06	0.96-1.04	0.08	0.96-1.05	0.09	0.95-1.06	0.11
1.25	1.22-1.28	0.06	1.21-1.29	0.08	1.19-1.31	0.12	1.18-1.33	0.15	1.17-1.34	0.17
1.5	1.46-1.55	0.09	1.44-1.56	0.12	1.42-1.59	0.17	1.40-1.61	0.21	1.39-1.63	0.24
2	1.92-2.08	0.16	1.90-2.11	0.21	1.86-2.16	0.30	1.83-2.21	0.38	1.81-2.24	0.43
3	2.83-3.19	0.36	2.78-3.26	0.48	2.70-3.38	0.68	2.63-3.49	0.86	2.59-3.57	0.98
4	3.70-4.35	0.65	3.61-4.48	0.87	3.48-4.70	1.22	3.37-4.92	1.55	3.30-5.08	1.78
5	4.55-5.56	1.01	4.41-5.77	1.36	4.21-6.15	1.94	4.05-6.52	2.47	3.95-6.82	2.87
7	6.14-8.14	2.00	5.96-8.61	2.65	5.55-9.47	3.92	5.27-10.40	5.13	5.10-11.17	6.07
10	8.33-12.50	4.17	7.89-13.64	5.75	7.28-15.95	8.67	6.82-18.77	11.95	6.52-21.43	14.91

（续表）

光孔 景深 物距(m)	f/5.6		f/8		f/11		f/16		f/22	
	清晰前后界	景深	清晰前后界	景深	清晰前后界	景深	清晰前后界	景深	清晰前后界	景深
0.75	0.71-0.79	0.08	0.69-0.82	0.13	0.68-0.84	0.16	0.65-0.89	0.24	0.61-0.96	0.35
1	0.93-1.08	0.15	0.90-1.12	0.22	0.87-1.17	0.30	0.82-1.27	0.45	0.77-1.41	0.64
1.25	1.14-1.38	0.24	1.10-1.44	0.34	1.06-1.53	0.47	0.99-1.70	0.71	0.91-1.97	1.06
1.5	1.35-1.69	0.34	1.29-1.79	0.50	1.23-1.92	0.69	1.14-2.21	1.07	1.04-2.68	1.64
2	1.74-2.35	0.61	1.65-2.54	0.89	1.55-2.83	1.28	1.40-3.49	2.09	1.26-4.84	3.58
3	2.45-3.89	1.44	2.27-4.41	2.14	2.08-5.36	3.28	1.83-8.33	6.50	1.60-24.95	23.35
4	3.08-5.70	2.62	2.80-6.97	4.17	2.52-9.87	7.35	2.16-27.19	25.03	1.84-∞	∞
5	3.64-7.98	4.34	3.26-10.71	7.45	2.88-18.74	15.86	2.42-∞	∞	2.03-∞	∞
7	4.60-14.67	10.07	4.01-27.59	23.58	3.45-∞	∞	2.81-∞	∞	2.29-∞	∞
10	5.72-34.90	29.18	4.84-∞	∞	4.05-∞	∞	3.19-∞	∞	2.54-∞	∞

焦距为 75mm 的电影摄影镜头景深表

〔表 13－9〕 (m)

光孔 景深 物距(m)	f/1.4		f/2		f/2.8		f/3.5		f/4	
	清晰前后界	景深	清晰前后界	景深	清晰前后界	景深	清晰前后界	景深	清晰前后界	景深
0.75	0.75-0.76	0.01	0.74-0.76	0.02	0.74-0.76	0.02	0.74-0.76	0.02	0.74-0.76	0.02
1	0.99-1.01	0.02	0.99-1.01	0.02	0.98-1.02	0.04	0.98-1.02	0.04	0.98-1.02	0.04
1.25	1.24-1.26	0.02	1.23-1.27	0.04	1.22-1.28	0.06	1.22-1.28	0.06	1.21-1.29	0.08
1.5	1.48-1.52	0.04	1.47-1.53	0.06	1.46-1.54	0.08	1.44-1.55	0.11	1.45-1.56	0.11
2	1.97-2.04	0.07	1.95-2.05	0.10	1.94-2.07	0.13	1.92-2.09	0.17	1.91-2.10	0.19
3	2.92-3.03	0.11	2.90-3.11	0.21	2.86-3.16	0.30	2.82-3.20	0.38	2.80-2.23	0.43
4	3.86-4.15	0.29	3.82-4.20	0.38	3.75-4.28	0.53	3.69-4.36	0.67	3.65-4.42	0.77
5	4.79-5.23	0.44	4.72-5.31	0.59	4.62-5.45	0.83	4.53-5.58	1.05	4.47-5.67	1.20
7	6.59-7.46	0.87	6.46-7.63	1.17	6.29-7.92	1.63	6.11-8.19	2.08	6.00-8.39	2.39
10	9.18-10.98	1.80	8.94-11.34	2.40	8.58-11.99	3.41	8.28-12.62	4.34	8.08-13.11	5.03

（续表）

光孔 景深 物距(m)	f/5.6		f/8		f/11		f/16		f/22	
	清晰前后界	景深	清晰前后界	景深	清晰前后界	景深	清晰前后界	景深	清晰前后界	景深
0.75	0.73-0.77	0.04	0.72-0.78	0.06	0.72-0.79	0.07	0.70-0.81	0.11	0.68-0.83	0.15
1	0.97-1.03	0.06	0.95-1.05	0.10	0.94-1.07	0.13	0.91-1.10	0.19	0.88-1.15	0.27
1.25	1.20-1.30	0.10	1.18-1.32	0.14	1.16-1.36	0.20	1.12-1.42	0.30	1.07-1.49	0.42
1.5	1.43-1.58	0.15	1.40-1.61	0.21	1.37-1.66	0.29	1.31-1.75	0.44	1.25-1.86	0.61
2	1.88-2.14	0.26	1.83-2.21	0.38	1.77-2.30	0.53	1.68-2.47	0.79	1.59-2.71	1.12
3	2.73-3.33	0.60	2.63-3.50	0.87	2.51-3.73	1.22	2.34-4.19	1.85	2.16-4.93	2.77
4	3.53-4.61	1.08	3.36-4.94	1.58	3.17-5.41	2.24	2.90-6.44	3.54	2.63-8.36	5.73
5	4.29-5.99	1.70	4.04-6.55	2.51	3.77-7.42	3.65	3.39-9.50	6.11	3.03-14.36	11.33
7	5.69-9.12	3.43	5.22-10.48	5.26	4.81-12.88	8.07	4.21-20.80	16.59	3.66-30.13	26.47
10	7.51-14.97	7.46	6.78-19.02	12.24	6.05-28.73	22.68	5.13-191.82	186.69	4.34-∞	∞

在摄影实践中，根据被摄对象的特点和创作意图的需要，合理地控制画面的景深，利用被摄体之间虚实变化，来突出主体，运用较大景深范围，介绍被摄主体的周围环境，通过远近景物所呈现出的近大远小的透视关系，表现被摄体的深度，增强画面的立体感、空间感。

2. 超焦距

摄影中的超焦距，是景深的一种特殊情况。在镜头的焦距和光圈系数确定的前提下，能够获得最大景深时的物距，称为在该焦距和该光圈系数下的超焦距。超焦距一般用 H 表示。物距为超焦距的物平面称为超焦距物平面。

摄影界又将超焦距近似定义为：当镜头的焦距和光圈系数确定之后，将镜头对无限远处调焦，可使无限远处的景物在胶片平面上结成最清晰的影像，同时使景深近界处的景物在胶片平面上结成基本清晰的影像，而比景深近界更近的物体的影像就模糊不清。此时，由景深近界至镜头物方主点之间的距离，称为此镜头在该焦距和该光圈系数下的超焦距 H。如图 13－12 所示。

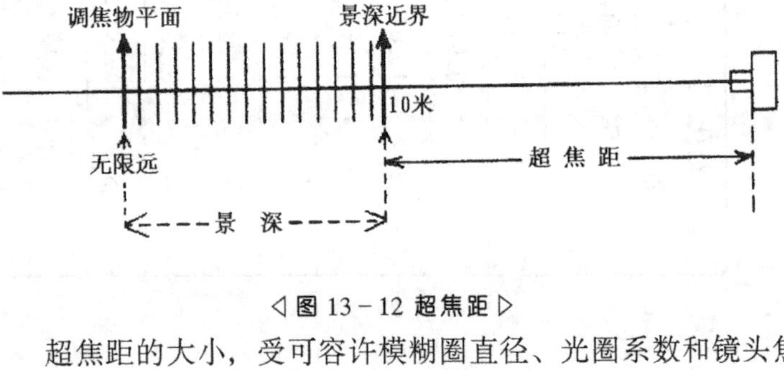

◁图 13－12 超焦距▷

超焦距的大小，受可容许模糊圈直径、光圈系数和镜头焦距（f）的影响，具体关系是：超焦距 H 与可容许模糊圈直径成反比；与光圈系数成反比；与镜头焦距的平方成正比。用公式表示如下：

$$H=\frac{f^2}{CF}$$

式中 f 为焦距，C 为可容许模糊圈直径，F 为光圈系数，H 为超焦距。

总之，一个摄影镜头的超焦距值都不是固定不变的。超焦距的大小将根据该照相机或摄影机的可容许模糊圈直径的大小，镜头焦距的长短，光圈系数的大小的改变，而呈现为一系列不同的数值；当可容许模糊圈直径确定后，镜头的焦距越短，光圈系数越大，则该镜头的超焦距越近，反之，则超焦距越远。

135 照相机和 35 毫米电影摄影机、16 毫米电影摄影机常用焦距的摄影镜头超焦距列表如下：（供参考）

135 照相机和 35 毫米摄影机常用焦距的摄影镜头超焦距

〔表 13－10〕

焦距 / F 数	18	20	25	28	35	50	75	100	105	135	150
1.4	6.96	8.59	13.4	16.8	26.3	53.6	121	214	236	391	482
1.8	5.42	6.69	10.4	13.1	20.5	41.7	93.8	167	184	304	375
2	4.88	6.02	9.4	11.8	18.4	37.6	84.5	150	165	274	338
2.8	3.49	4.31	6.72	8.43	13.2	26.8	60.3	107	118	195	241
4	2.45	3.02	4.71	5.91	9.22	18.8	42.3	75.1	82.8	137	169
4.5	2.18	2.69	4.19	5.25	8.2	16.7	37.6	66.8	73.6	122	150

（续表）

焦距 / F数	18	20	25	28	35	50	75	100	105	135	150
5.6	1.75	2.16	3.37	4.23	6.60	13.4	30.2	53.4	59.2	97.8	121
8	1.23	1.52	2.37	2.97	4.63	9.43	21.2	37.6	41.4	68.5	84.5
11	0.901	1.11	1.73	2.17	3.38	6.87	15.4	27.4	30.2	49.8	61.5
16	0.625	0.770	1.2	1.5	2.33	4.74	10.6	18.9	20.8	34.3	42.3
22	0.459	0.565	0.877	1.10	1.71	3.46	7.75	13.7	15.1	25.0	30.8

（单位为米，可容许模糊圈直径为 0.03）

16 毫米电影摄影机常用焦距的摄影镜头超焦距

〔表 13－11〕

焦距 / F数	10 (mm)	12 (mm)	16 (mm)	25 (mm)	50 (mm)	75 (mm)	100 (mm)
1.5	2	2.88	5.12	12.5	50.5	200	
2	1.5	2.16	3.84	9.38	37.5	150	
2.8	1.07	1.54	2.74	6.70	26.8	107.1	
3.5	0.86	1.23	2.19	5.36	21.4	85.7	
4	0.75	1.08	1.92	4.69	8.75	75	
5.6	0.50	0.77	1.37	3.35	13.39	53.57	
8	0.38	0.54	0.96	2.34	9.38	37.5	
11	0.27	0.39	0.70	1.70	6.82	27.27	
16	0.19	0.27	0.48	1.17	4.69	18.75	
22	0.14	0.20	0.35	0.85	3.41	13.64	

（单位为米，可容许模糊圈直径为 0.016）

上述表中列举的超焦距是指能获得最大景深时的摄影物距值。由于镜头调焦环上的距离刻度并不是物距，而是调焦距离，因此，为了便于掌握超焦距，引入了“实用超焦距”。实用超焦距是指能够获得最大景深时的调焦距离值。

摄影中可以利用镜头上的景深标尺或调焦距离标尺，迅速查出实用超焦距；把摄影镜头调焦至无限远，这时景深标尺中与所使用光圈系数值相同的那一刻线所指示的景深近界的调焦距离值，即为该镜头在该焦距、该光圈系数下的实用超焦距。

超焦距的主要特性是：当摄影镜头的焦距和光圈系数选定后，对超焦距物平面调焦可获得最大的景深。当对准超焦距处的物平面调焦时，景深近界的物距将刚好为二分之一超焦距值。也就是当摄影镜头对超焦距处调焦时，由二分之一超焦距处至无限远之间的景物，都会在胶片平面上结成相对清晰的影像。如图 13－13 所示。

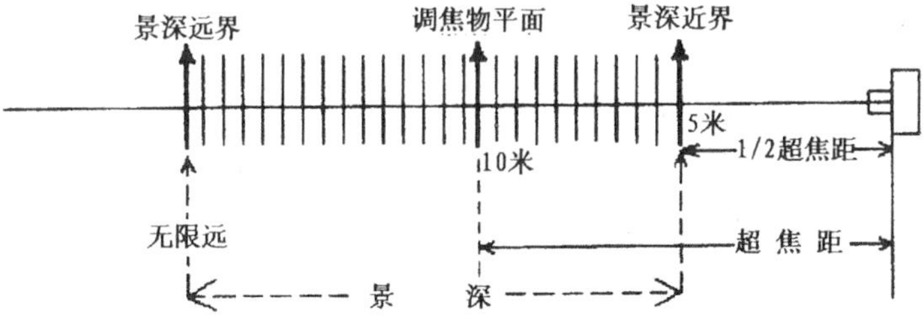

◁图 13－13 超焦距的应用▷

摄影人员在摄影中适当运用超焦距，有很多优势。如，拍摄时对超焦距物平面调焦，可以获得相当大的景深。如果是缩小光圈或减小焦距的同时对超焦距物平面调焦，可以获得非常大的景深，因而在风光摄影中常常利用超焦距，以便加大画面的景深。

超焦距还常用于抓拍、抢拍等紧急情况下的摄影。有些场合需要摄影迅速拍摄下来，当来不及迅速调焦时，可以预选将镜头的光圈收小，拍摄时对超焦物平面调焦，这样就可以不失时机地通过画面把景物较清晰地表现出来。

应用超焦距需要注意：被摄主体如果不在超焦距物平面处，则所摄画面中该被摄主体的影像就不是最清晰的，它只具有在可容许模糊圈直径范围内的相对清晰度而已，而且该被摄主体离超焦距物平面越远，其相对清晰度就越低。因此，超焦距的使用，只适于要求能清晰成像的被摄体有一部分在无限远，有一部分在有限远处。另外，应用超焦距时应使景深近界适当留有余地，以保证被摄景物有足够的清晰度。

四、调焦与跟焦点

调焦是调整焦点的简称，又称为“对焦”、“聚焦”、“对距离”等。它是通过调节镜头上的环使影像落在焦点平面上，形成清晰影像的过程。调焦是摄影一项基本操作技术，是保证成像清晰的一个重要环节。

摄影镜头的调焦环上，一般刻有调焦距离标尺，其单位一般为米（m），也有的同时刻有以米和英制（ft）为单位的。在摄影中，为了迅速获得清晰的影像，提高调焦的准确性，在取景时，应将镜头的光圈口径开到最大，以提高影像的明亮程度，从而有利于快速、及时地调整到最佳位置使被摄主体在画面上形成清晰的影像。

常用的调焦方法有两种，即时调焦和预调焦。即时调焦方法是根据被摄主体所处位置的具体距离远近，利用手动或自动当场直接针对被摄主体进行调焦。而预调焦方法则是根据被摄主体将要运动到的位置上或运动的纵深范围，预先把调焦环调节到相应的距离标尺上。这种调焦常常利用景深和超焦距来完成，且通常适用于拍摄快速运动的主体物。这样既可以保证运动主体在画面上清晰，也有利于抓取到最佳的瞬间，以免造成拍摄现场手忙脚乱，从而使画面焦点不实，影响被摄主体的表现。

当使用变焦距镜头进行拍摄时，由于变焦距镜头可以一头多用，可把变焦距镜头看成是不同定焦镜头的组合，拍摄时只要不改变镜头的焦距，使用时与定焦镜头基本相同。如果用变焦距镜头来拍摄模拟的“推镜头，拉镜头”效果时，调焦又采用先将变焦距环变焦至最大焦距处，以景物的局部进行调焦，使“推镜头”的落幅画面上景物成像清晰，或“拉镜头”的起幅画面上的影像清晰。采用这种调焦，可以使“推拉镜头”拍摄的全过程中其被摄主体影像保持清晰。这是利用焦距的长短对景深范围的影响来实现的。但是，这种调整方法与不同的定焦镜头进行精确调整对比，影像的清晰度会受到巨大影响。因此，为获得被摄主体的最佳效果，如能不采用变焦镜头处理的场景尽量不用或少用，应更多地采用定焦镜头或变焦距镜头而不用“变焦”，而当作定焦镜头来用，以保证画面的成像质量。

在实际拍摄中，常常由于被摄体的运动或摄影机（摄像机）的运动，造成景物与摄影镜头之间的距离发生明显的变化，当被摄主体超出景深范围时，主体物就会形成模糊的影像，譬如画面中一辆汽车自远至近开来经镜头前掠过又逐渐远去，摄影师在处理这样一个连贯的镜头时，用跟摇的同时应及时地调整焦点，以实现被摄主体在画面中始终保持着平稳的影像。摄影中把这种调整称为“跟焦点”。

跟焦点是摄影中一种特殊调焦方式。拍摄中当遇到以下几种情况时，需要采用跟焦点拍摄。

（1）由于被摄对象的运动改变了主体物与摄影机（或摄像机）之间的距离时，而镜头的景深又容纳不下它的运动范围时需跟焦点。根据被摄主体物的运动变化随时调焦，使运动的主体保持清晰的影像。

（2）由于摄影机（或摄像机）的运动改变了与被摄对象之间的距离，如移动摄影机机位进行“推拉镜头”、“跟移镜头”的画面处理，拍摄时随着机位的纵深或横向移动，应根据两者之间距离变化及时调整镜头的焦点。

（3）被摄对象和摄影机（或摄像机）都不动，但画面上表现的重点的远近有了变化。通过前后影像的虚实变化，先后交替突出不同远近的被摄体，从而转移了画面中的视觉中心和趣味中心，使观众的视觉注意力时而集中在近处景物，时而又集中在远处景物，这种调焦也称为调焦转移。

跟焦点是摄影中不可缺少的重要技术保证，它能使影像清晰，能引导观众的视线。跟焦点要跟得自然，不能使观众在画面中察觉到调整变化。摄影人员的跟焦点操作应做到准确、平稳。

思考题

1. 摄影镜头焦距的长短与镜头的视角有什么关系？
2. 什么是摄影镜头的相对孔径？
3. 光圈的主要作用有哪些？
4. 什么是景深？什么是超焦距？
5. 影响景深的因素有哪些？
6. 超焦距的主要特性是什么？
7. 摄影中常用调焦方式有几种？怎样调焦？
8. 摄影中遇到什么情况需要跟焦点？

第十四章　摄影镜头的特点及其应用

不同焦距的摄影镜头都有各自的特点，能够拍出各不相同的画面效果。在摄影创作过程中，这些不同焦距的镜头彼此之间又难以相互代替，因此，摄影人员在熟悉和了解了镜头的基本结构和性能之后，还应了解各种摄影镜头所具有的特点，以及镜头适用的范围，以便创作出丰富多彩的艺术形象。

一、短焦距摄影镜头

“短焦距摄影镜头”又称为“广角摄影镜头”。它的焦距比标准镜头短，同时又比鱼眼镜头的焦距长。此类镜头还可分为“超广角镜头”和“普通广角镜头”，前者的焦距接近鱼眼镜头，而后者的焦距接近标准镜头。用于16毫米电影摄影机和目前使用的便携式电视摄像机上的短焦距镜头，其视角大于24度，焦距通常在10～12毫米左右，水平视角大约在40度～60度之间。

这类镜头的特点是焦距短、视角大、景深大，所摄画面具有很强的透视感。如拍摄近物时，有明显的纵深透视变形和畸变效果。

短焦距摄影镜头适合于拍摄远、全景画面，表现开阔的空间和宏大的场面，可使极大的纵深范围内的远近景物，都能在画面中获得清晰的影像，画面中呈现出大景深效果，以及景物间强烈的对比效果。它还适合于在狭窄的空间环境中进行拍摄，能在紧急的场合下抓拍、抢拍和拍摄快速运动的物体。特别是在手持摄影（像）机进行拍摄时，可使画面保持平稳，能保证画面的技术质量。

在大型记录片《望长城》中多次出现了由短焦距镜头拍摄的大全景画面。在这些画面中人物呈点状，而长城则失去细节，成为一条蜿蜒在苍茫大地上的白线，逐渐消逝在重重的群山之中。这时画面中人物的表情、长城保存的情况都很重要。画面带给观众的则是延续五千年中华文化的宽广、博大、深沉之感。而影片《孩子王》的第一组镜头则是西南部所特有的绵延起伏的红土山上的一个小小的村落。一条小路从镜头前弯弯曲曲通向远方的小村，利用隔时摄影表现的从清晨浓密的暮霭，一直到黄昏浓重的光线。摄影师顾长卫选用超广角镜头，使这一影像显得离观众很远，却清楚可见，因而保持着若即若离的感觉。它和环境共同给观众造成一种朦胧、浪漫又气韵不断的神秘气氛。而这些传达给观众的感觉是不用说一句话、而完全是用镜头语言来表达的，是真正的视觉语言。

由于短焦距镜头的视角大，在摄像机受到相同振幅振动影响的情况下，短焦距镜头所拍摄的画面比标准镜头或长焦距镜头拍摄的画面清晰度相对要高。所以在手持、肩扛摄像机、摄影机拍摄，尤其是在近几年来比较流行的纪实性专题片中，利用短焦距镜头肩扛摄像机进行大范围的跟随拍摄的镜头非常多。在四川电视台王海兵拍摄的《深山船家》中，有一个在崎岖的山路上跟随转运货物的船上拍摄的镜头，在一分多钟的时间内，在近一尺宽的山道上上上下下，十分颠簸。如果不是使用短焦距镜头则根本无法保证画面质量，从而了解这些在大山中的船家人的生活情境和状况，以及人们在艰苦的生活中所爆发出来的生命的坚韧和奋斗精神。

人类的进步伴随着生活空间的拓展，无论上天揽月还是下海捉鳖，观众都有兴趣知道。在许多宇航员、飞行员或跳伞师身上所携带的微型摄像机上所使用的都是短焦距镜头。而在水下摄影中，由于水的折射率是空气的 1.33 倍。同样的镜头在水下的视角是在陆上的 0.75 倍，而且水对光线的吸收较强，在水下不可能用长焦距镜头远距离拍摄，所以水下拍摄的镜头大都用短焦距镜头在较近的距离拍摄的。而医用内窥镜上装备的超广角或鱼眼镜头，可以在人体内狭小的腔体中拍下前所未见的清晰影像。

短焦距镜头在调焦距离和光圈一致的情况下，可以取得比标准镜头或长焦距镜头更大的景深，在通常情况下可拍摄前后景物都非常清晰的大景深画面。在以长镜头场面调度为主要表现手段的影视作品中，对镜头内部的空间调度要求较高，往往需要从近景到背景都比较清晰的画面以利于进行纵深调度。实际在通常视距上，正常人眼的视觉效果就是从远到近都十分清晰。所以可以说这样的景深镜头保持了现实空间的真实。且在保持了真实的基础上，利用画框将不同空间或同一空间的不同部分的人和景物框在了同一画面中。让观众可以看到不同人物之间的关系由于同处于一个画面内而产生的变化，及感觉到观众自己的心理的变化。而短焦距镜头视角广、景深大的特点就可以满足这样的创作需要。以第一个有目的的系统采用这种大景深画面来表现艺术观念的美国影片《公民凯恩》中的经典性长镜头为例，摄影师格雷格·托兰利用普通广角镜头拍摄，使位于前景的凯恩父母及收养代理人和位于后窗外雪地上玩耍的小凯恩均在银幕上得到了清晰的表现。凯恩父母与收养代理人之间在前景对凯恩的命运进行着严肃的谈判，而后景上在白雪衬托下小凯恩则在无忧无虑地打闹。处于前后纵深不同场景中的人物同时在画面中得到展现，观众的视线在这两者之间不断地跳动，观众心理也随之产生了变化，而对小凯恩命运转变的关注则也随之不断增加。从而对凯恩后来的命运及悲情性格的形成有了一个较为清晰和深切的认识。

视角广、景深大——短焦距镜头这两个最明显的画面特征并不是互相独立的，人们在使用它的时候通常同时将这两个特征发挥出来。在新闻摄影中，摄影师大都采用肩扛摄像机来拍摄，同时由于现场情况瞬息万变，往往来不及仔细地调整焦点和准确跟焦，就只有靠短焦距镜头的上述这两个特征来弥补了。所以在新闻摄影尤其是突发性新闻的拍摄中短焦距镜头拍摄的画面占有很大的比例。

在一些特殊的拍摄场合，如十分拥挤的新闻现场，不能正常取景，或干脆不允许拍摄。则摄影师往往利用短焦距镜头的这两个特点，进行无取景的拍摄，如把摄像机举过头顶，或者把带有短焦距镜头的小型摄像机放入提包或衣服口袋内进行偷拍。近来批评性、揭露性的报道中常常可以看到采用这种方法拍摄的画面。在 1998 年 5 月 30 日中央电视台《焦点访谈》栏目名为《期货，欺骗!》的节目中记者利用装在微型眼镜中的鱼眼镜头进行隐性采访，以眼平高度和迫近的距离将行骗者恬不知耻的欺骗手段和嘴脸及行骗场所都清楚地拍了下来，生动有力地对骗子的欺骗行径进行了揭露。

这两个特点还可以用于拍摄一些运动速度不稳定，方向变化多的动体，以保证跟拍的动体不会出画。最典型的就是对足球、网球、羽毛球等比赛的拍摄，不论有多少个机位，都会有一个用短焦距镜头拍摄的主机位，以保证有完整的动作展现给观众。

短焦距摄影镜头具有很强的透视夸张效果，能渲染特定的意境和气氛，能有意地丑化人物形象，使画面中的人物或景物明显地出现透视变形。详见彩图 14 - 1《利用超广角镜头拍摄的效果》。

许多创作者利用短焦距镜头来拍摄是看重了其独有的夸张透视效果，以及它带来的强大的视觉冲击力。在这里短焦距镜头好像一只笔，书写下带有鲜明感情色彩的视觉语言，这样的例子在影视作品中不为鲜见。在短纪录片《难圆绿色梦》中，摄影师以短焦距镜头低角度拍摄，前景是一个由于摄距近而显得巨大无比的新砍伐的树根，旁边由于干旱而龟裂的土地上的裂缝赫赫在目，画面咄咄逼人。只这一个镜头就将乱砍乱伐后惨遭破坏的生态环境表现了出来。这样一个镜头对乱砍乱伐行为的控诉胜过千言万语的描述。同样是夸张透视的效果，在影片《阳光灿烂的日子》中表现主人公马小军时大量采用短焦距镜头仰角拍摄，把常见的纵深型的夸张透视变形变为高低型透视变形，使这些青春少年显得腿长身高，表现出英雄般的气概，对影片表现青春期的冲动与激情做出了理想化的诠释和描述。

利用夸张透视效果最突出、最集中的例子就是香港前卫导演王家卫的《堕落天使》。全篇 616 个镜头中只有 49 个镜头是由非短焦距镜头拍摄的。在《堕落天使》中，这样的选择是与香港本地的生存环境和表现人物心态相吻合的。影片中大量地出现了人物极靠近镜头的近景画面。由于超广角镜头的夸张透视，人物都是头大身小的畸形，而背景的人物都似乎被推的很远，很小，好像从来就与主人公无关。这样还不够，摄影师杜可风还大胆地使用了一般在故事片摄影中很少使用的对角线鱼眼镜头，不但大大夸张了透视畸变程度，还利用了鱼眼镜头的负（桶形）畸变像差。在如此这般的“摧残”下，美丽、英俊的偶像派明星李嘉欣、黎明、金城武在镜头前几乎不可辨认。人物的形象极度变形、扭曲，人与人之间距离很远，从而表现出人物心灵的扭曲、变态和孤独。

使用短焦距摄影镜头进行创作时，由于它焦距短、视野范围广，包括的景物多，拍摄时一定要根据主体和创作意图进行拍摄。当景物亮度间距过大或景物亮度分布不均时，如拍摄场景中的景物，主体物的亮度确定曝光。如果景物的亮度间距过大时，要充分考虑到画面中的主体，以保证不同的景物亮度按创作者的主观意图，在画面中形成最佳效果，另外使用短焦距摄影镜头要注意透视变形对被摄主体的歪曲，还要防止出现不适合于大景深表现的物体，不要随便应用短焦距，应在创作意图允许的范围内进行拍摄，切勿滥用。

二、标准焦距摄影镜头

标准焦距摄影镜头与短焦距和长焦距摄影镜头相比，它的焦距比较适中，因而它的视角、拍摄范围、影像放大率、景深等也比较适中。由于标准摄影镜头的水平视角接近于人眼正常的视角感受，因此在摄影中无论哪种类型的摄影镜头，都依据人眼的正常视角来确定照相机、摄影机、摄像机的镜头标准。人眼的水平视角约为 24 度，因此，摄影摄像中使用的各类镜头，凡是接近于这一视角的均称为该系列镜头中的标准镜头。16 毫米的电影摄影机和电视摄像机（2/3 英寸）接近人眼水平视角的镜头焦距为 25 毫米，因此，标准镜头的焦距为 25 毫米。它们的水平视角分别为 23.1 度和 21.9 度。运用标准镜头所摄画面中的景深的比例关系和透视关系与人眼直接观察该景物时所感受到的正常视角效果基本一致，既不夸张，又不压缩，无变形，使观众感到所摄画面自然、真实、可信。

标准镜头的特点是，成像质量好，分辨率高，从而使所摄影像清晰度高，反差适中，色彩还原好，还有标准镜头的相对孔径大，透光性能好，在低照度下也能进行正常拍摄。因此，在摄影中，能用标准镜头拍摄的，一般不在使用其他焦距的镜头，以便获得最佳的画面效果。

由于标准镜头的特点和广泛的适应性，所以在摄影摄像中常常成为创作者主要选择的镜头，从而满足人们正常的视觉习惯。该镜头适合于不同题材、不同环境、不同的光照强度和不同画面构图的需要。

摄影中一般不宜采用标准镜头过于靠近被摄人物拍人物特写，以免造成人物透视变形，歪曲人物形象。

三、长焦距摄影镜头

“长焦距摄影镜头”又称为“望远摄影镜头”、“窄角摄影镜头”。它的焦距比标准镜头的焦距长，其水平视角通常在 10 度～12 度左右。

长焦距摄影镜头的重要特点是：视角窄、拍摄范围小、影像放大率大、景深小，所摄画面空间深度明显减弱，一般不易较好地再现被摄主体与周围环境的关系。由于镜头的焦距较长，因而镜头的最大相对孔径一般较小，成像质量不如标准镜头。该镜头只能拍摄下狭小的景物空间范围，压缩了景深，但却提高了摄远的能力。

长焦距摄影镜头由于它特有的功能，非常适合于拍摄景物的局部，从广阔的环境中选取具有表现力的被摄对象进行拍摄。它具有简化背景、突出主体的作用。运用该镜头还常常可以把人们从未仔细观察到的景物展现在观众面前，扩大了人眼正常的视野范围。当遇到无法靠近被摄体进行拍摄时，利用长焦距镜头在远处抓拍，这样不容易使被摄对象发现。因此，这种方法经常运用于新闻和纪实性节目中，以获得真实自然的画面效果。由于长焦距镜头景深小，可以在杂乱的环境中找出秩序，利用前后景物的虚实变化，来突出、烘托被摄主体。可以通过画面中影像的虚实转换，来引导观众的视觉注意力。长焦距镜头在彩色拍摄中，还可以起到汇聚色彩的作用。详见彩图 14－2《运用长焦距镜头拍摄的效果》。

使用长焦距镜头时，应注意，由于景深小，不宜拍摄多层次的全景画面；视角小，不宜采用手持机拍摄，因稍微的抖动都会影响画面的稳定，应尽量运用三角架，以保证影像清晰。相对孔径有限，不宜在低照度下拍摄。不宜用过长焦距的镜头拍摄，应注意及时准确地调焦或跟焦点，以免影响画面质量。

四、变焦距摄影镜头

变焦距摄影镜头是相对于定焦距摄影镜头而言的，是一种可连续变换焦距的镜头。它由多组正、负透镜组成，除固定镜组外，还有可以移动的镜组；通过镜筒上的变焦环，移动活动镜组。改变镜头镜片间的距离，可以达到连续变动镜头的焦距。变焦距摄影镜头最长焦距值与最短焦距值的比值，称为该镜头的变焦倍率。如目前摄像机中应用的变焦距镜头，变焦倍率多为 10 倍（10～100mm）和 15 倍（10～150mm）等。变焦倍率愈高，记录景物和表现空间的能力愈强，反之，变焦倍率愈低，则愈弱。如图 14－1 所示。

变焦距摄影镜头焦距值的大小，可连续迅速进行改变，因而如果改变焦距镜头，可以兼起若干个定焦距镜头的类似作用。在拍摄位置、角度、调焦距离不变的情况下，变焦距镜头为摄影创作提供了更多的方便条件，有利于画面构图，可避免频繁更换镜头，节省时间，有利于抓拍。外出摄影，携带方便。因此，变焦距镜头被影视创作者广泛地应用。

当前电视摄像机上使用的变焦距镜头，控制变焦距的方式有两种：手动变焦和电动变焦。电动变焦是把变焦开关放在自动档上，操作变焦距镜头上的电动推拉杆来控制，按下推拉杆前方位置，镜头的焦距由短焦距变为长焦距，画面中包括的景物由多变少；按下后方，镜头的焦距则由长焦距变为短焦距。手在推拉杆上的用力大小，可以改变推拉的速率，控制着推拉的节奏变化，利用自动变焦方式，能获得连续变焦过程中速度的均匀平稳、和谐流畅。手动变焦是把镜头上

◁图 14－1 变焦距摄影镜头▷

的变焦开关拨到手动位置，拍摄时直接用手操作变焦环来控制。手动控制可以按创作意图和节奏的快慢，达到某种特殊效果。如利用变焦距镜头急速推拉某一景物可将观众的注意力从周围环境引向具有揭示性和戏剧性的某一局部，或者是从某一局部迅速拉全，对主体物所处的环境进行交代，强调局部与整体的关系。快节奏的变焦可对观众产生巨大的视觉冲击力和震撼力，从而使画面充满新意。但是运用手动变焦常常由于在变焦的过程中操作不准、不稳影响画面的质量。因此，在手动变焦时一定要具备熟练的操作技术和过硬的基本功。

变焦距镜头从短焦距变到长焦距的过程中景深变小、视角变窄、影像的放大率愈来愈大，画面中心愈来愈突出，这种变焦适合于模拟“推镜头”效果；反之，则适合于模拟“拉镜头”效果。在这里需要说明，采用变焦距镜头来模拟“推拉”效果与定焦距镜头改变机位进行纵向运动所形成的推拉效果相比，两者在某些方面有共同之处，但也存在着很大的差别。定焦距镜头随着机位的前后移动，由于镜头视角不变而只是镜头视点在连续变化，画面中被摄主体与前后景物的透视关系也在逐渐变化，而景深效果却始终不变。因此，推拉效果能够真实地反映人在运动中观察景物时的视觉感受。而变焦距镜头拍摄的“推拉”效果，由于镜头的视角在不断变化，而机位不变，尽管被摄主体的影像产生了明显变化，但被摄主体与背景和前景之间的透视关系却始终没有变化，因此，拍摄“推拉”效果，在画面上产生的只是观众心理空间的变化。所以，在实际拍摄中，不论是拍摄“推拉”镜头，还是拍摄其他各种效果的画面，都应根据主题及表现形式上的需要，来合理、巧妙地运用变焦距摄影镜头，为节目内容服务，变焦距镜头可以获得一系列的拍摄效果，它除适合于与其变焦距镜头相应的定焦距镜头所具有的应用场合拍摄之外，还非常适合迅速拍摄远距离的景物和抓取运动的物体。因此，它已成为纪实性节目常用的镜头。所以，近年来电视摄像机几乎全部采用变焦距镜头。

使用变焦距镜头应注意：拍摄中为了获得清晰的影像，当把变焦距镜头当做定焦距镜头使用时，应根据选择好的焦距，先变好焦，再按这一焦距进行精确调焦。当用变焦距镜头在固定机位时，通过变焦来模拟“推拉镜头”效果时，则应该先把变焦镜头调至到所需最长焦距处，经调实后再进行拍摄。利用变焦距进行“推拉”时，还要注意画面的起幅和落幅的准确，推拉的方向要根据被摄体的运动方向和情节的需要来决定，推拉的速度要平稳，防止忽快忽慢。当采用手持拍摄时，要寻找合适的支撑点，防止画面的抖动。另外，使用变焦距镜头拍摄，切忌不问情况、不管题材和表现形式是否需要，效果是否理想，滥用变焦手法。这样不但不能帮助理解画面形象，反而会使观众感到不自然、不舒服，进而影响了节目内容的表现力。所以，应从内容的需要处理好每一个画面，以达到理想的效果。

五、摄影镜头的发展趋势与技术指标

1. 摄影镜头的发展趋势

科学技术的飞速发展，光学理论的不断完善，新型光学材料的不断更新，加工工艺水平的不断提高，为提高摄影镜头的技术性能开创了广阔的前景。展望未来，摄影镜头的发展趋势将主要体现在以下几个方面：

（1）摄影镜头的大孔径。摄影镜头最大相对孔径的加大，为摄影创作在低照度时进行拍摄提供了必要的条件。

（2）摄影镜头的高透光率、高分辨率、高明镜度，将对获得高质量的影像非常有利。

（3）摄影镜头的高倍率。在保证成像质量的前提下提高变焦距镜头的变焦倍率，为摄影者的创作提供了更加方便的条件和充分的选择性。

（4）摄影镜头具有优良的色彩还原，无畸变，体积小，超近幅也是今后发展的趋势。

（5）摄影镜头的系列变化，为摄影艺术创作摄取不同的画面效果，提供了必要的手段。

（6）摄影镜头的自动化。由于摄影镜头自动化程度的提高，减轻了摄影人员的复杂操作；可以使创作者把更多的精力投入到摄影创作中去。提高了节目的技术质量和画面的艺术效果。为繁荣电影、电视事业，创作出大量的优秀影视节目，提供了广阔的天地。

2. 摄影镜头的技术指标

目前，在摄影摄像中使用的镜头，品种繁多，由于生产厂家不同、型号不同，电影摄影机上使用镜头与电视摄像机上安装的电视摄像镜头也有很大差别。为了便于了解当前电影摄影机和电视摄像机上使用的镜头及它们的技术指标，在此仅列举目前世界上部分著名的摄影摄像镜头及国内电影摄影镜头，供参考。

（1）常用的电视摄像镜头与技术指标。

我国电视台及电化教育、厂矿企业等电视系统所使用的摄像机类型不同，摄像镜头也有很大差别。但多采用变焦距镜头，主要产品是日本两大公司的电视镜头，它们被摄影人员广泛地应用。为了摄影人员对镜头的指标有一个基本的了解，下面把富士侬公司生产的2/3英寸ENG/EFP电视变焦镜头，卡侬公司生产的2/3英寸ENG/EFP电视变焦镜头列于表后，供使用人员参考（详见表14－1、14－2）。

(2) 常用的电影摄影镜头与技术指标。

主要列举世界著名的德国卡尔蔡司公司生产的“蔡司”电影摄影镜头，法国昂热尼厄公司生产的“昂热尼厄”电影摄影镜头，这种镜头也被称为“安琴”摄影镜头，与我国部分35mm摄影镜头、16mm电影摄影镜头的技术指标近似。为了方便查找，现把国内外35mm电影摄影镜头和16mm电影摄影镜头分表列出（详见表14－3、14－4、14－5、14－6）。

〔表 14－1〕 富士侬(FUJINON)2/3 英寸 ENG/EFP 摄像机用变焦镜头

规格 \ 镜头	A8.5×5.5RM/RD A8.5×5.5ERM/ERD	A14×8.5ERM/ERD	A14×8ERM/ERD	A16×9.5RM A16×9.ERM	A18×8.5RM/ERD	A24×115ERM	A24×16.5ERD
焦距范围毫米(mm)	5.5－47mm ………… 5.5－47mm (1.7×)9.4－80mm	8.5－119mm (2×)17－238mm	(1×)8－112mm (2×)16－224mm	9.5－152mm ………… (1×)9.5－152mm (2×)19－304mm	(1×)8.5－153mm (2×)17－306mm	(1×)11.5－276mm (2×)23－552mm	(1×)16.5×400mm (2×)33×800mm
变焦倍率倍数(X)	8.5X …… 8.5X	14X	14X	16X …… 6X	18X	24X	24X
增倍镜倍数(X)	无 1.7X	2X	2X	无 …… 2X	2X	2X	2X
最大相对孔径(F)	F1.7(5.5－37mm) F1.9(47mm) F1.7(5.5－37mm) F1.9(47mm)	F1.7(8.5－103mm) F2.0(119mm)	F1.7(8－91mm) F2.1(112mm)	F1.8(9.5－114mm) F2.3(152mm) …… F1.8(9.5－124mm) F2.2(152mm)	F1.7(8.5－114mm) F2.3(153mm)	F2.0(11.5－207mm) F2.7(276mm)	F2.8(16.8－290mm) F3.9(400mm)
最小物距米(m)	0.5m …… 0.3m	0.8m	0.7m	0.95m …… 0.95m	0.9m	1.8m	1.8m
最小物距像面尺寸毫米(mm)	5.5mm492×369mm 47mm57.9×43.4mm 5.5mm492×369mm 47mm57.9×43.4mm	8.5mm777×583mm 119mm55×42mm	8mm885×664mm 112mm63×47mm	9.5mm817×613mm 152mm51×38mm …… 同上	8.5mm876×657mm 153mm49×37mm	11.5mm1296 ×972mm 276mm54 ×40.5mm	16.5mm903.3 ×677.5mm 400mm37.3 ×27.9mm

（续表）

规格 \ 镜头	A8.5×5.5RM/RD A8.5×5.5ERM/ERD	A14×8.5ERM/ERD	A14×8RM/ERD	A16×9.5RM A16×9.ERM	A18×8.5ERM/ERD	A24×115ERD	A24×16.5ERD
视角范围度(°)	5.5mm77°19′ ×61°55′ 47mm10°11′ ×8°02′ 5.5mm77°19′ ×61°55′ 47mm10°01′ ×8°02′	8.5mm55°44′ ×42°26′ 119mm4°14′ ×3°10′	8mm57°37′ ×44°50′ 112mm4°30′ ×3°23′	9.5mm49°42′ ×38°19′ 152mm3°19′ ×2°29′ …… 同上	8.5mm54°44′ ×42°26′ 153mm3°17′ ×2°28′	11.5mm41°52′ ×32°01′ 276mm1°49′ ×1°22′	16.5mm29°51′ ×22°37′ 400mm1°15′ ×0°56′
滤光镜直径(Ø)	Ø95mm P=1.0 Ø95mm P=1.0	Ø=77mm P=0.75	Ø95mm P=1.0	Ø=77mm P=0.75 …… 同上	Ø95mm P=1.0	Ø107mm P=1.0	Ø107mm P=1.0
尺寸毫米(mm)	216.5mm …… 235mm	186mm	237mm	160mm …… 178.5mm	200.5mm	261mm	270mm
重量公斤(kg)	1.75kg/1.82kg …… 1.85kg/1.92kg	1.28kg	2.3kg/2.37kg	1.4kg …… 1.43kg	1.5kg/1.57kg	2.9kg	2.9kg
用途(操作系统)	ENG/EFP 超广角镜头	ENG/EFP 有扩展镜, 向伺服变焦	ENG/EFP 标准镜头 ERM/ERD	ENG/EFP 标准镜头 RM ERM	ENG/EFP 标准镜头 ERM/ERD	ENG/EFP ERD	ENG/EFP ERD

〔表 14－2〕 卡侬(CANON)2/3 英寸 ENG/EFP 摄像机用变焦镜头

规格＼镜头	J8×6BJRS/KRSA	J13a×9BIRS	J14a×8.5BIRS	J14×8BIRS	J15×9.5BIRS/KRS	J18×8.5BIRS	J33a×11BIAS
焦距范围毫米(mm)	(1X)6－48 (2X)12－96	(1X)9－117 (2X)18－234	(1X)8.5－119 (2X)17－238	(1X)8－112 (2X)16－224	(1X)9.5－143 (2X)19－286	(1X)8.5－153 (2X)17－306	(1X)11－363 (2X)22－726
变焦倍率倍数(X)	8X	13X	14X	14X	15X	18X	33X
增倍镜倍数(X)	2X	2X	2X	2X	2X	2X	2X
最大相对孔径(F)	F1.7(6－33mm) F1.9(48mm)	F1.7(9－100mm) F2(117mm)	F1.7(8.5－103mm) F2(199mm)	F1.7(8－91mm) F2.1(112mm)	F1.8(9.5－121mm) F2.1(143mm)	F1.7(8.5－113mm) F2.3(153mm)	F2.0(11－220mm) F3.3(363mm)
最小物距米(m)	0.3	0.8	0.8	0.7	0.95	0.9	2.2
最小物距像面尺寸毫米(mm)	6mm513 ×385mm 48mm64 ×48mm	9mm722 ×542mm 117mm57 ×43mm	8.5mm755 ×566mm 119mm55 ×41mm	8mm878 ×659mm 112mm61 ×46mm	9.5mm800 ×600mm 143mm54 ×41mm	8.5mm862 ×646mm 153mm49 ×36mm	11mm1620 ×1210mm 363mm49 ×37mm
视角范围度(°)	6mm72.5° ×57.6° 48mm10.5° ×7.9°	9mm52.1° ×40.3° 117mm4.3° ×3.2°	8.5mm54.7° ×42.4° 119mm4.2° ×3.2°	8mm57.6° ×44.8° 112mm4.5° ×3.4°	9.5mm49.7° ×38.3° 143mm3.5° ×2.6°	8.5mm54.7° ×42.4° 153mm3.3° ×2.5°	11mm43.6° ×33.4° 363mm1.39° ×1.04°
尺寸毫米(mm)	140.5 ×103.5 ×226	127.6 ×100 ×183.1	130.6 ×103 ×192.6	131 ×106 ×229.5	146 ×100 ×186.4	140.5 ×101 ×205	167 ×131 ×308.4
重量公斤(kg)	1.7kg/1.6kg	1kg	1.28kg	2.4kg	1.6kg/1.53kg	1.59kg	4.5kg
用途	ENG/EFP 超广角 (内部聚焦系统)	ENG/EFP 标准 (超轻量)	ENG/EFP 标准 (内部聚焦系统)	EFP 标准 (广角高性能)	ENG/业务用 标准	ENG/EFP 高倍率变焦距	ENG/EFP 超高倍率变焦距 (内部聚焦系统)

〔表 14－3〕 **国产电影摄影镜头**

类型	镜头型号	焦距(mm)	对角度视角	光圈系数	最小物距(m)	重量公斤(kg)	备注
35毫米电影摄影镜头	甘光牌 F18	18mm	74°	f/2－f/22	0.3		
	甘光牌 F28	28mm	52°	f/2－f/22	0.3		
	甘光牌 F40	40mm	37.3°	f/2－f/22	0.5		
	甘光牌 F75	75mm	20.24°	f/2－f/22	1		
	甘光牌 F300	300mm	5°	f/4－f/22	5		
	长春二光 JS35－30X	25－750mm	57°－2.3°	f/3.5－f/22	3	5.5kg	变焦倍率 6 倍
	长春二光 JS35－10X	25－750mm	57°－6°	f/3.2－f/22	1.7	2.3kg	变焦倍率 10 倍
16毫米电影摄影镜头	甘光牌 F16	16mm	44.52°	f/1.9－f/22	0.5		
	甘光牌 F25	25mm	28.3°	f/1.5－f/22	0.5		
	甘光牌 F50	50mm	14.36°	f/1.6－f/22	1		
	甘光牌 F10	10mm	59.59°	f/1.6－f/22	0.3		
	长春二光 JS16－10X	9.5－95mm	69°－7°	f/2.2－f/22	0.75	1.4kg	变焦倍率 10 倍
	长春二光 16SJ－6X12.5	12.5－75mm	54°－9.7°	f/2－f/22		0.9kg	变焦倍率 6 倍

〔表 14 - 4〕　**国外 35 毫米电影摄影镜头**

生产国	镜头牌号	焦距(mm)	水平视角(°)	最大相对孔径(F)	光圈系数(F)(T)	最小物距(m)	长度(mm)	重量(克)
德国卡尔·蔡司公司	蔡司	18mm	66°	F/1.2	T1.3—T16	0.25	93	1130
	蔡司	25mm	51°	F/1.2	T1.3—T16	0.25	65	820
	蔡司	35mm	37°	F/1.2	T1.3—T16	0.35	65	710
	蔡司	50mm	28°	F/1.2	T1.3—T16	0.7	65	670
	蔡司	85mm	16°	f/1.2	T1.3—T16	0.9	65	940
	蔡司	135mm	10.5°	f/1.2	T2—T16	1.5		920
	蔡司	180mm	7.7°	f/2.8	T3—T16	1.5	124	945
法国昂热尼厄公司	昂热尼厄	28mm	51°	f/1.8	T1.9—T16		47	45
	昂热尼厄	50mm	29°	f/1.8	T2—T16		75	90
	昂热尼厄	75mm	21°	f/1.8	T2—T22		106	230
	昂热尼厄	100mm	15°	f/2	T2.2—T22		142	420
	昂热尼厄	35 - 140 mm	43° - 12°	f/3.5	T4.4—T22	1.5	186	690
	昂热尼厄	17 - 120 mm	79° - 15°	f/2.5	T2.9—T22	0.75		7800
	昂热尼厄	20 - 120 mm	68.5° - 13°	f/2.6	T2.9—T22	1	350	4100
	昂热尼厄	25 - 250 mm	57° - 6°	f/3.2	T3.9—T22	1.7	313	2300

〔表 14－5〕　**国外 16 毫米电影摄影镜头**

生产国	镜头牌号	焦距(mm)	水平视角(°)	最大相对孔径(F)	光圈系数(F)(T)	最小物距(m)	长度(mm)	重量(克)
德国卡尔·蔡司公司	蔡司	9.5mm	55.5°	F/1.2	T1.3—T16	0.25	65	650
	蔡司	12mm	45°	F/1.2	T1.3—T16	0.2	65	450
	蔡司	16mm	35°	F/1.2	T1.3—T16	0.2	65	400
	蔡司	25mm	23°	F/1.2	T1.3—T16	0.25	65	360
	蔡司	50mm	12°	f/1.2	T1.3—T16	0.7	65	550
	蔡司	85mm	6.9°	f/2	T2.1—T22	0.9	55	560
	蔡司	135mm	4.4°	f/2	T2.1—T22	1.5	93	945
法国昂热尼厄公司	昂热尼厄 2.8×16	16－44 mm	35°－13°	f/1.2	T1.3—T22	1.5	192.8	1140
	昂热尼厄 4×17	17－68 mm	41°－11°	f/2.2	T2.5—T22	1.2	115.5	400
	昂热尼厄 6×9.5	9.5－57 mm	68°－13°	f/1.6	T1.8—T22	0.6	190	820
	昂热尼厄 6×12.5	12.5－75 mm	54°－9.3°	f/2.2	T2.5—T22	1.2	157	530
	昂热尼厄 10×12	12－120 mm	56°－6°	f/2.2	T2.5—T22	1.5	195	860
	昂热尼厄 12×10	10－120 mm	56.3°－6°	f/1.8	T2—T22	1.5	249.7	2100
	昂热尼厄 15×10	10－150 mm	53°－4°	f/2	T2.3—T22	1.5	188.3	920
	昂热尼厄 20×12	12－240 mm	56°－3°	f/3.5	T4.2—T22	1.5	248	1970

〔表 14-6〕　16mm 电影摄影"安琴"变焦距镜头技术数据

变焦倍数	焦距(mm)	相对孔径	最大线视场	最大角视场	最近调焦距离	长度(mm)
4	17—68	f/2.2	12.8mm	41°-11°	1.2m	115.5
4	17.5—70	f/2.2	12.8mm	41°-11°	1.2m	139
6	12.5—75	f/2.2	12.8mm	54°-9°30	1.2m	157
6	9.5—57	f/1.6	12.8mm	68°-13°	0.6m	190
10	9.5—95	f/2.2	12.8mm	68°-7°30	0.75m	227
10	12—120	f/2.2	12.8mm	56°-6°	1.5m	195
20	12—240	f/3.5	12.8mm	56°-3°	1.5m	248

第十五章　摄影镜头的维护

摄影镜头成像质量的优劣，直接影响着所摄画面的技术质量，因为它与影像的清晰度、反差、色彩还原和畸变等都有关系。为了长期保证镜头的成像质量，应严格遵循正确的使用和维护方法。

一、正确装卸摄影镜头

摄影镜头的结构非常精密，装卸镜头时，应注意正确的旋转方向，以免损伤镜头联接机构。在卸镜头时，有的镜头要求反转，而有的镜头要求正转，还有些镜头在卸下前，应先释放镜头锁钮，否则无法将镜头卸下。如，阿里电影摄影机上的镜头，要将镜头卸下，只需捏紧两个锁钮，就可以直接把镜头向外拔出。

装镜头时，应使镜头的后端和机身上的镜头安装标志(一般为 12 点标志）彼此对正，将镜头后端插入镜头座内，插到底，再按要求的方向旋转到终点，听到“咔嗒”声后，即锁紧。

装卸镜头时，手应握住摄影镜头进行操作，不应握持调焦环、变焦环或光圈调节环转动镜头，因这几个部位不宜受力过大，否则容易损伤摄影镜头。

有些摄影镜头上设有安装环，装卸镜头时用手握住，将其拧松就会很容易把安装环旋下来，进行镜头的装卸。

装卸具有镜间快门的摄影镜头时，一般应先给快门上弦，然后才可以装卸镜头。

二、摄影镜头的保养与维护

摄影镜头的镜片镀膜强度较低，极容易受损伤，因此，平时可以在镜头前安装一片吸紫外线的 UV 镜，以保护镜片表面不受损。因为更换一块划伤的或损坏的滤光片，比更换镜头的镜片，在费用上要便宜得多。

当摄影镜头在照相机、摄影机上取下来之后，应及时将镜头前后两端盖上镜头盖和镜头保护盖。

平时应尽可能防止灰尘落到镜头上，如在风沙、粉尘多的环境拍摄时，应对镜头采取保护措施，拍摄完成后，应立即对摄影镜头进行清洁。

平时使用摄影镜头时，要防止镜头受到剧烈震动或突然的碰撞，因此在颠簸路面上行驶时，应将镜头随身携带，以减轻震动；使用三脚架拍摄时，要注意三脚架各支柱的连接处要锁牢、拧紧，防止碰撞，摔倒，损伤镜头。携带摄影镜头时，要防止与坚硬、锐利的物品放在一个包内，以免造成对镜头的磨损和挤压。

在使用摄影镜头时，要防止手指触摸镜头的镜片，以免留下手指印，时间长了会损伤镜头表面的镀膜；另外手指印迹还会影响镜头的成像质量。

摄影镜头在使用中，要注意防止日晒、雨淋、风沙进入镜头内，注意在温度骤变时保护好镜头，防止胶合镜片开胶，和调节不灵活，影响成像。需特别一提的是从寒冷的室外进入到温暖的室内，要注意应使镜头逐渐升温，不然，快速取出镜头拍摄，很容易在镜片表面凝结出水珠，既不好擦，又会使镜头生锈。拍摄时还应注意具有腐蚀性的气体或水蒸气、海水等侵入镜头，以免腐蚀损伤摄影镜头。

摄影镜头用过之后，应存放在干燥阴凉通风的地方。存放前要对镜头进行检查吹去镜片上的灰尘，擦去镜片上的手印，油污水渍等。擦拭镜头时，不得用硬的织物或薄纸来擦，因为这样做，会由于擦拭物上粘有细微坚硬的颗粒造成镜面划伤，安全的擦拭方法是：把散落在透镜上的灰尘用软毛刷子刷掉，或者用气吹掉。注意：吹前应在空气清新洁净的地方把气吹反复捏几次，当镜头上存有手指印等污迹时，则应使用镜头清洁液，稍稍湿润镜头，然后用湿润过的织物或镜头纸在镜面上转着圈轻拭，边拭边翻动手中的擦拭物，这样，透镜表面的异物就会被擦掉。特别需要说明的是，镜头表面上落有少量的灰尘是不可避免的，这并不会对成像质量有太大的影响，而镜片上的指纹和油污却会对影像有很大的影响，因为手指印迹中含有酸性物质，它对镜头的镀膜会产生持久的腐蚀作用，所以要及时擦掉。

对摄影镜头的清洁与维护应注意以下几点：

(1) 摄影者不能自行随意拆卸镜头。有问题要到专门维修部门修理，否则，拆卸后无法复原，又不能进行精确调校，会造成镜头的损伤，进而影响该镜头的成像质量。

(2) 不能用粗糙不清洁的物品擦拭镜片。

(3) 不宜用镊子夹棉球擦拭镜头，防止镊子划伤镜片。

(4) 用镜头刷刷镜头表面时，应保持毛刷的清洁，不能用手触摸刷毛，刷毛用脏后应及时用酒精清洗。

(5) 不能往摄影镜头调节环处随意加润滑油，以免流入镜头内部沾污透镜表面。

(6) 不拍摄时，应把镜头调焦环调至到无限远，把光圈调至到全开状态，把推拉式变焦环和微距环缩回，以改善镜头的抗震性能。

(7) 长期不使用摄影镜头时，应保存在储有干燥剂的玻璃密封器皿内，或将其密封在有干燥剂的塑料袋内。

思考题

维护、清洁摄影镜头时需注意哪些问题?

第十六章　电影摄影机的结构、类型

电影摄影机是摄影的器材。不管今后会出现哪一种新的摄影方法，这种基本的机械装置，仍将在电影和电视中起到重要的作用。

电影摄影机是记录活动影像的光学机械装置。摄影人员通过它可以把所表现的对象，按一定的摄影频率逐幅连续地拍摄到电影胶片上，经过洗印后，成为可供连续放映的影像。影片的每一个画幅（或画格），是连续活动的人和物各瞬间的静止影像，这些静止的影像，按照不低于每秒 16 幅的放映频率（正常的电影放映频率为每秒 24 幅，而电视、电影摄影机、播放设备则为每秒 25 幅），连续不断地放映在银幕上，由于人眼具有视觉残留现象，当物体很快地连续呈现出来，而眼睛所见到的前一形象还没有完全消失，另一形象又随继出现，两个形象彼此相距的时间不超过十分之一秒，这两个形象就会融为一体。另外，根据人们生活经验中对运动的印象积累，当人们看到先后两个影像的位置变化时，就会以为后一幅影像是前一幅影像运动的延续。银幕上活动逼真的形象，就是借助人眼生理上所具有的“视觉暂留”作用和观察运动过程中的“心理因素”而形成的活动的感觉。

电影摄影机的基本功能，就是能够在胶片上连续记录一系列称为画格的静止画面。这些画面在胶片上的位置必须非常准确，同时画面质量不仅要求清晰度高，而且每一个画格的曝光也要完全均匀。为达到上述目的，摄影机就需要具有操作简便、可靠性强的精密机械部分和完善的光学部分，以及提供传动动力的驱动部分和齐全的辅助器材等。只有这样，才能在拍摄时不至于影响摄制工作的正常进行。

一、电影摄影机的结构

电影摄影机的结构，主要由以下几个部分组成：机械部分、光学系统、驱动部分和辅助设备。

1. 机械部分

现代电影摄影机的机械原理，是从导致当代电影摄影术的早期摄影发展而来的。全部机械部分又可分为两种机械，每种机械均有它各自的任务。

第一种机械作连续式运动，它的任务是把未曝光的胶片从储片室中拉出来，通过曝光后，再把胶片输送到另一个储存曝光片的片室内。

连续输片是通过输片齿轮实现的。输片齿轮上的齿牙插入胶片的片孔，使其做平滑、稳定的运动。输片齿轮的直径相当大，几个齿牙可以同时插入缠绕在输片齿轮上的胶片片孔中，这有助于维持胶片在运行过程中的平稳状态。此外，为了有利于齿牙经常连续地在一定角度上进出片孔的动作，它的形状要做成圆锥形，以免损伤片孔边缘。摄影机的输片齿轮一般有 32 齿；每秒钟走片 24 格时，输片齿轮的转速为每分钟 180 转。在装有整个输片齿轮的摄影机中，每个输片齿轮的齿数可以为 6、8 或 16 不等。输片齿轮的尺寸应按摄影机的结构和如何走片的具体情况而定。大多数输片齿轮在靠近齿牙边缘的地方，都装有一个档板，以免齿牙钩住片孔，使胶片不致缠住输片齿轮。

在摄影机内部，胶片从一个储片室运行到另一个储片室的片路，有两种方法可供选择。第一种方法，是胶片始终在同一个平面上运行，这种方法通常称为单平面片路。也就是说，两个诸片室要在同一个平面上。如国产红旗牌摄影机、瑞士产的鲍莱克斯摄影机，都是使用单平面片路。这种片路可以简化摄影机结构，便于挂片。连续输片有两种结构，一种是只用一个公用的输片齿轮在片门上、下同时连续输片，另一种是用两个直径较小的齿轮分别负责供片和收片。另一种运行方法是三平面片路。这种片路减小了摄影机的尺寸，它把两个储片室并排设置在摄影机里，这样就形成了两个不同的平面。用这种方法时，胶片离开供片室时是一个平面，在通过片门时又是另一个平面，当回收到收片室时又进入第三个平面。

第二种机械是间歇机械；间歇输片部分是摄影机机械中最精密的一个部件。它的任务是快速连续地把胶片送至片门后进行逐格曝光。这项工作是通过一系列相互配合的动作才能完成的。间歇输片大致可分解成以下几个动作：

(1) 抓片爪上的一个爪或数个爪插入胶片的片孔里，将胶片向下拉一定长度。35 毫米胶片拉下 19 毫米，16 毫米胶片拉下 7.62 毫米。这样就把胶片的一个画幅送到了片门的后面；

(2) 当胶片上的画幅被固定在片窗后面时，抓片爪立刻开始了向下行走的动作；

(3) 在抓片爪完成上行动作后，抓片爪又插入胶片的片孔，重新开始另一个动作的周期。

正常摄影时，此间歇周期一秒钟要重复 24 次，而且每一画格都必须准确地停在曝光位置上。完成间歇输片功能的还有另外一个与抓片爪的间歇运动同步的机械装置，即定位针。它在胶片处于静止状态时，把胶片定稳，保证成像位置准确，以便曝光。定位针的作用是使胶片非常稳定，既不跳动，又不摇晃；它与承影背配合，使胶片到达片窗时不产生振动，起到定位的作用。

定位针也可以调整胶片和片窗的相对位置。在输片机械中，当定位针移向片孔时，片孔的位置不一定总是那么准确，因此，很多摄影机的定位针都是圆锥形的。等定位针走到头时，片孔的边缘则紧靠在定位针的表面上，这样就可以把胶片推移到它的正确位置上。定位针的行程与抓片爪交替工作，当抓片爪从片孔中退出时，定位针进入片孔，将胶片稳定在曝光片窗处进行曝光，胶片曝光后，定位针退出，此时抓片爪进入片孔将未曝光的胶片下拉至下一个画格，定位针又重新进入下一个循环。定位装置可以作用在胶片的一个边上，也可以同时作用在胶片的两个边上。当其作用在胶片的两边时，一边的定位针负责水平方向的准确性，另一边的定位针负责垂直方向的准确性。当定位针只作用在胶片的一边时，它只负责垂直方向定位，而水平方向的正确性则要靠安在片门上的承影背装置来校正。现代高档的专业摄影机都采用双定位针系统的间歇机构，在一些具有高速摄影功能，运转稳定性要求高的摄影机中，抓片爪采用双爪构件，通常将具备双抓片爪和双定位针的器件称作“双抓双定机构”。

双定位针系统的两个定位针的大小是不相同的，这是由于它们在进入片孔定位时，不能同时完成充满两侧的片孔，否则会造成片孔撕裂。因而一般是一个定位针完成充满，另一个两侧要留有一定的空隙。

片门是摄影机中使胶片放置在片窗的后面，等待曝光摄影的一个部件。当胶片通过片门时，应使胶片运行平稳，以便胶片到达片窗时不产生振动。稳定胶片的工作是靠两侧的压片装置实现的。这种两侧的压片装置的作用是控制胶片的行程，并在拍摄时对胶片起到定位作用。特别是在没有定位针的摄影机中，它的作用更为明显。

片门的主要部件是指片门内表面的两个分开的部分，即片窗板和承影背。片窗板是指带有片窗的那一块金属板，胶片的乳剂面就是挨着这块板向前运行。为此，对它的表面一定要进行仔细的抛光，务必使它不会划伤胶片的乳剂面。为了达到不会划伤胶片的目的，凡是与胶片接触的部分，都要厚厚地镀上一层铬。此外，还应把与胶片乳剂接触的部分制成凹形状，使两边有稍微突起的边缘，这样就会使胶片只接触到片窗板的两条边，而不致划伤胶片。承影背是片门的另一个内表面，它轻轻地压在胶片片基上，使胶片平铺在片窗的后面。虽然承影背的表面所接触的是片基面，不是乳剂面，但为了使该表面不损伤胶片，要保持承影背表面的清洁。

另外，机械部分还包括叶子板（也称遮光器）机械，叶子板机械与间歇输片机械是同步的，它的作用是当胶片上每一格画幅经过曝光后被拉下，第二格画幅进入摄影位置之间的瞬间，挡住投向胶片的光线。简单的叶子板是置于胶片和镜头之间有限空间中的一个可转动的圆盘，胶片运动时，圆盘上开口的位置应安排在使圆盘正好遮挡住胶片。不同型号的摄影机上叶子板的开口角度不同。

叶子板开口角度的大小，取决于要让胶片处于完全静止状态的间歇周期的长短。一般来讲，整个机构应设计得能尽可能长的静止时间，这样才可能获得较长的曝光时间。但是，通常胶片的曝光时间不可能长于间歇周期的一半以上，因为叶子板扇形面的最大开口角在170度～180度之间。这样对于24格/秒的标准摄影频率来说，可获得额定1/50秒的实际曝光时间。

现代摄影机都采用可调式叶子板开口角度。它是通过两个半圆形叶片组成，其中一块固定，可通过移动第二块叶片将叶子板的开口角度从最大值180度调到包括0度在内的任何一个角度，0度表示完全关闭。这样便可以提供一种不必调节镜头光圈而控制曝光量的办法。例如，当摄影人员想拍摄景深很小的景物时，需将镜头上的光圈开大，缩小叶子板开口角，可以减小由于光圈开大的纳光量。另一种用法是通过调整叶子板开口角度，逐渐减小曝光量直到完全关闭，或者由完全关闭状态逐渐调至一定的开口角度，获得一个连续运动的画面形成渐隐、渐显或叠化的特技效果。目前在电视摄影中，已不再使用此方法，而是放到后期制作中利用特技设备，完成上述特技效果。

2. 光学部分

电影摄影机的光学系统是摄影机的一个重要组成部分。它包括摄影镜头、取景器两部分。摄影镜头起着把被摄对象聚焦后，利用取景器进行画面构图、调焦，使景物形成清晰的影像，并把被摄对象记录在胶片上的作用。

(1) 摄影镜头。

摄影镜头是一种光学装置。它的作用是把视野中的景物经过控制或调整之后，投射到胶片平面上成像。

摄影镜头成像的大小受镜头焦距控制，焦距是指曲面镜或透镜的中心至主焦点之间的距离。也就是当镜头聚焦到无限远时，从镜头中的一点至一个垂直于光轴，能产生清晰影像的平面之间的距离。镜头所产生的影像是圆形的，长方形的片窗正好镶在这个圆形的中央。

一般来说，电影摄影机镜头的焦距所提供的视角，比照相机镜头的视角要窄些。最常用的电影摄影标准镜头，其焦距均为画幅对角线长度的两倍，因此其水平视角均为 24 度。对于 35 毫米胶片来讲，焦距相当于 50 毫米；而对于 16 毫米胶片来说则相当于 25 毫米；广角镜头的焦距可能等于或小于画幅对角线长度，而长焦距镜头，其焦距长度往往为画幅对角线长度的 4～6 倍，视角变窄。目前，电影摄影常用的几种规格的电影胶片，标准镜头的焦距分别如下：

胶片规格	8 毫米	16 毫米	35 毫米	70 毫米
标准镜头焦距	13 毫米	25 毫米	50 毫米	100 毫米

镜头的视角，取决于画幅尺寸和镜头的焦距。下面列举 35 毫米摄影机和 16 毫米摄影机几种不同焦距的镜头，其视角如图 16－1 所示。

标准镜头拍摄的是中等视野，它所产生的影像与画格的比例和人眼所见的比例相似。广角镜头拍摄较大的视野，缩小了组成影像的各部分的比例；长焦距镜头拍摄的只是人们视野的一部分，视角相应变窄，放大了被摄景物的影像。因此，它能在很远的距离拍摄到景物的局部。

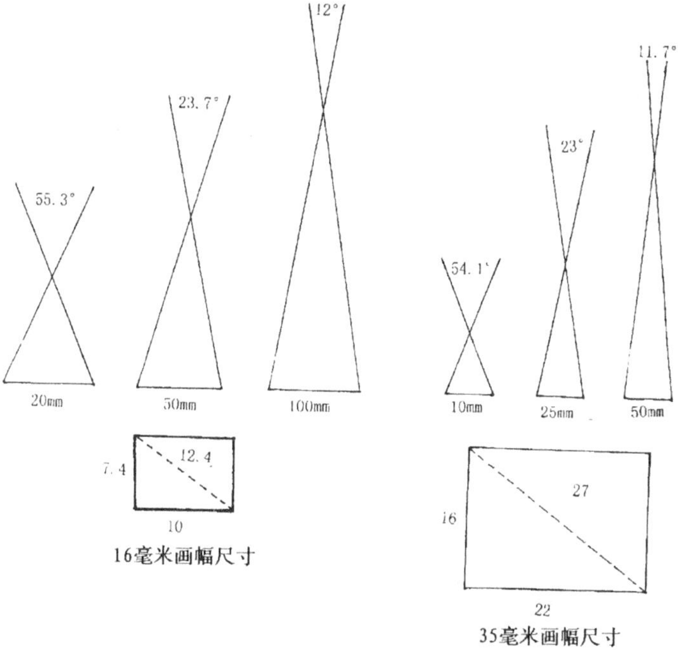

◁图 16－1 焦距与视角▷

组成光学组件的各个镜片是装在一个特制的金属套筒里，这个套筒就是镜头架。它的作用是容纳全部镜头，并有能使各镜片沿同一光轴作微量位移的适当方法。

电影摄影镜头上一般有两个控制环：一个控制环是调节不同光学镜片之间相互位置的对焦环，另一个是用一个装在光学系统内部的可变光圈控制曝光量的光圈环。对焦环作用在一组螺旋形的螺纹上，环上刻有相当于胶片平面与被摄景物之间距离的刻度；刻度采用英尺或米为单位。短焦距镜头对焦环上的刻度从很短的距离开始至无限远之间只能转动很小的范围。可是长焦距镜头对焦环上的刻度，允许的最近距离都在2米以上，拍摄时需将对焦环转动较大的范围才能到达刻度值。为对焦增加了难度。

光圈环是按“f”或“T”值标度的。“f”值是决定镜头允许光线通过能力的数值，一个镜头的孔径确定后，如果它的焦距长，相对孔径就小；反之，焦距短，则相对孔径就大。相对孔径的大小，直接影响到被摄体平均受光的程度。镜头入射光瞳直径与焦距的比值称为相对孔径。该值愈大，能进入镜头到达成像面的光通量愈大。在镜头上，常标有光圈f值，这是相对孔径的倒数。f值越大，相对孔径越小，镜头透过的光量越小；f值越小，相对孔径越大，光通量越多。

镜头的f值只代表了镜头焦距和孔径之间的几何关系，而没有考虑镜头内部光学元件的透光率的影响。光线在透过任何透镜时，都会因为透镜材料本身的透光率大小而造成一定的损失。镜头透光率高，损失小，反之则大。为此在专业摄影机上，除了提供f值光圈外，还提供一个T值光圈，T值光圈则是由实际测量的光输出量求得的。但是绝大多数专业用测光表并不考虑摄影镜头内的透光损失。所以尽管测光表上的刻度有“f”制，但其100%的全透射也仅相当于摄影镜头的T值。“T”值是把由于受到吸收、反射等作用及光线在镜头中的损失量考虑进去后的数值，因此它比f值更精确。所以当我们使用由许多镜片组成的镜头时，特别是在使用变焦距镜头拍摄时，T值光圈就显得尤为重要。由于景深是以几何计算为基础的，因此，在计算景深时，正确的方法是使用摄影镜头上的“f”制光圈刻度。

变焦距镜头是一个精密的光学系统，在不明显改变它的孔径及调焦位置的情况下，能把其视场改变；变焦距镜头主要作为一个焦距可变的基本摄影镜头使用。利用它可以在机位不动时，起到随意调整画面景别的作用，亦可达到定焦距镜头前后移动机位拍摄时的画面效果。变焦距镜头运用连续改变视场及其他方式的变焦，还能完成许多特殊效果。变焦距镜头也可以起到变速效果。从广角快速变焦到紧跟快速运动着的被摄主体的拍摄，可加快被摄主体的运动速度。运用适当的变焦运动能使无生命的被摄体看起来似乎在运动。摄影机常用的变焦距镜头有 5 倍、10 倍、15 倍甚至更大倍数的，可供选用。

摄影机的镜头有两种安装法。一种是单镜头安装法，多数为安装一个变焦距镜头，用这种镜头时，不需要换其他镜头。另一种方法是把几个不同的定焦镜头安在一个可转动的镜头转塔上。这种安装有镜头转塔的摄影机，通常用于拍摄新闻纪录片。

(2) 取景器。

取景器是一个与摄影机镜头配合工作的光学系统。它使摄影人员准确地看到胶片上拍摄的影像，以确定画面构图，调节焦点，使之形成清晰的影像。随着科技的进步，现代摄影机的取景器和对焦系统愈来愈完善。

现在摄影机的取景器多为反光式直接取景器和分光棱镜式直接取景器。

反光式直接取景器是在片窗前面设置了一个与遮光器同步，与镜头光轴成 45 度角的反光镜，当胶片静止时，该反光镜随同遮光器一同闪开，使光线投射到胶片上进行曝光。当胶片移动时，反光镜又随同遮光器一起挡住光线透过，此刻反光镜把镜头汇聚的光线反射到取景器上，让摄影者取景和调焦。这种取景器的优点是，在拍摄过程中可以无视差取景，影像明亮，而且不影响胶片的曝光量。此类取景器在目镜上有屈光度调节装置，调节屈光度时，一般把镜头距离标尺放在无限远的位置，对准景物，根据每个人的视力情况调节。当从取景器中看到景物清晰时，屈光度即调节好。

分光棱镜式取景器是在遮光器前面的光学系统中安装了一个分光棱镜，该分光棱镜镀有半透膜。当被摄物体的光线通过镜头到达分光棱镜后再到成像表面，使胶片曝光，而另一部分光线被反射至取景器，用来取景。这种取景器的优点是，可以始终进行无视差取景，无闪烁现象。但由于分光棱镜使部分光线用来取景，造成片窗处的光线减弱了，因此，为了使画面正常曝光，应适当进行曝光补偿，以保证画面的技术质量。

现代摄影机上都装有电视监视器，它是利用电视摄像头通过反射式取景或分光式取景的方法将入射光线转射入摄像机镜头中，以呈现出视频画面影像。这种监视器的最大优点就是可以在现场实际拍摄时观测到拍摄的全过程。而且可以利用视频技术将合成画面预置于其中，以便取得更好的创作效果。

3. 驱动部分

驱动机构是电影摄影机动力的主要来源。它的设计逐渐得到改进，使摄影机的机械装置恒速运转得到了保证，使胶片的曝光也更加稳定、准确。

驱动部分多位于机身的外测和下部，有的位于机身的内部，早期的部分便携式摄影机采用发条驱动。而目前使用的大多数专业摄影机，机械部分都是由一个电动机驱动的。

发条驱动的摄影机在机身内部安装一组齿轮装置，用摇把上紧发条进行驱动。其转速由一个特种离心稳速器控制。稳速器可在摄影机外按一个表盘上的刻度进行调节，选择适宜的转速。稳定器对机械的控制能力应保证转速变化小于预定速度的 4%。发条驱动的摄影机每上紧一次发条，持续拍摄时间为 30 秒，在正常频率的情况下，35 毫米的摄影机可拍摄 45 英尺胶片，16 毫米的摄影机可拍摄 18 英尺胶片。这种驱动机构的最大优点是，拍摄中不需任何外加电源，适合于在边远地区无电场景下进行拍摄。缺点是由于采用发条驱动，不能长时间连续拍摄。

电动机驱动的摄影机，目前由于摄影机的品牌和类型的不同，使用的电动机也有所不同，归纳起来有以下几种：

（1）同步马达；

（2）变速马达；

（3）晶体控制马达；

（4）伺服马达。

同步马达通常装有隔音罩，使它不产生噪声。其主要特征是，速度稳定，运行无声，可与驱动录音机的同样类型的电动机准确地同步。这种电动机一般体积较大，多用于需要进行直接录音的摄影场合。

变速马达通常没有隔音装置，因此，噪音较大。它常用于不需要现场录音时的拍摄。这种电动机上装有一个特制的变阻器，可用以调节摄影速度，改变摄影频率，可从每秒最低走片 4 格调至每秒走片 80 格。

目前较新型号的摄影机，应用了晶体振荡控制的特种电动机，这种电动机与其他电路中加有信号发生器的电动机连接在一起，能保证转速高度稳定，其速度精确性可在 0.001% 以内，适用于同期摄录。拍摄同期声时如果与录音机上的晶控同步脉冲发生器联用，无需在摄影机与录音机之间用电缆连接，这种电机的精度在拍摄长镜头时也可以保证从始至终的精度。

电动机一般是一个不属于摄影机的单独组件。在多数情况下，它能够很容易地被安装到摄影机上，并能互换使用。电动机上一般要有起动开关和供电电缆插座。它可用交流电或直流电，用直流电池作电源的电动机，所用的电压一般为8、12、16或24伏。采用交流电时的电压，一般为90、110或220伏。

4. 辅助部件

摄影机上的辅助部件是帮助摄影人员正确地操作摄影机，了解摄影机工作情况的部件。

(1) 起动开关。摄影机上的起动开关不是安装在电动机上，就是安装在供电电缆上或安装在机身的前方。一般来说，它是一个较大的开关，上面有防护装置，以免操作摄影机时发生意外。

(2) 可变遮光器。遮光器开口角度的大小，可以通过拨动在一个刻度盘上滑动的拉杆来实现。刻度盘上从开口角度的最大值到最小值之间，每隔十度刻上一个记号，在摄影中用来调整画面的曝光量，实现准确地控制曝光。

(3) 胶片长度和曝光格数计数器。这是一种小型的计数器，它与主输片运动相连接，指示曝过光的胶片量。格数计数器适用于需要计算格数的摄影机。有些摄影机的长度计数器与片盒中的一个压在胶片卷上的杠杆相连接，它可以指出已经曝光的胶片量和供片盒中还存有的胶片量，供摄影人员拍摄时掌握。

(4) 摄影频率指示器。摄影机的工作速度是由电动机来控制的，并可以从变阻器上的刻度以及从一个可拆卸下来的频率指示器上看出来。这些频率指示器的刻度都是以每秒拍摄的画幅数为单位，供摄影人员拍摄时调节摄影频率使用。

（5）遮光罩和滤光片架。这个组件是摄影机上的一个重要附件，它主要用来保护镜头免受反射光的影响，同时，还可以在它上面插入滤光片等。

二、电影摄影机的类型

目前，电影摄影机在电影、电视、科研等领域都有着广泛的应用。尽管当今世界上电视摄像机已经普及，但它依然代替不了电影摄影机的位置。由于现在世界各国生产的摄影机品牌和类型较多，因此专业摄影人员必须熟悉和了解各种摄影机，以便正确地选择符合自己需要的摄影机，进而更好地为创作服务。

目前使用的各类摄影机，不论什么型号，其基本结构大同小异，不同的只是摄影机之间的主要技术指标和用途有某些差别。根据这些差异，可以把摄影机归纳为以下几种类型。

1. 按使用胶片分类

电影摄影机按所用胶片的宽度规格和画幅比例可分为四种类型：

（1）使用35毫米电影胶片拍摄普通画面（其宽高比为1.33∶1或1.375∶1），遮幅画面（其宽高比为1.66∶1）和宽银幕画面（其宽高比为2.35∶1）。

（2）使用16毫米电影胶片拍摄纪录片、科教片、广告片的摄影机。

(3) 使用70毫米（或65毫米）电影胶片拍摄宽幅影片的电影摄影机。

(4) 使用8毫米电影胶片的电影摄影机。

2. 按摄影频率分类

电影摄影机按摄影频率可分为四类：

(1) 逐格延时摄影机。这种摄影机是以预定的间隔时间(频率以秒、分、小时、天为单位）自动拍摄若干片格。它主要用于动画、科学研究、医学、生物、天文等题材的拍摄。

(2) 常速摄影机。这种摄影机是电影、电视中常用的一种，它的摄影频率是每秒24格或每秒25格，应用变速马达时，摄影频率可由每秒4格调至每秒50格。

(3) 快速摄影机。它是指那些完全依靠传统的间歇输片机械，使摄影频率超过每秒钟24格的摄影机。摄影频率一般由每秒钟40格到每秒钟120格之间，主要用于拍摄体育项目和对物体的运动进行科学研究。

(4) 高速摄影机。这种摄影机是指胶片曝光速度比间歇输片系统所能达到的曝光速度高的摄影机。它的摄影频率在每秒钟300格以上，有的高达每秒钟拍摄1万格画面。主要用于各式各样的科学研究工作，比如有关导弹和卫星的弹道学、火箭跟踪、原子裂变、生物医学等课题研究。

3. 按专业功能分类

电影摄影机按专业功能可分为普通摄影机和特种摄影机两大类。

特种摄影机按用途又可分为以下几种：

（1）低噪音同步摄影机。这种摄影机噪音低，在进行同期录音的拍摄中常常使用这种摄影机。噪音水平在28分贝左右。

（2）水下摄影机。它是专门在进行水下摄影时使用的电影摄影机。它的外部是蛋形金属壳，所有的控制器件都装在机壳的里面，可以进行各种水下操作，机壳里装有一台摄影机，它的片盒外形细长，使用6～8伏马达。

另外，还有特技合成电影摄影机；立体电影摄影机；全幕（环幕）电影摄影机；显微摄影机；射线电影摄影机等。

思考题

1. 电影摄影机由几部分组成？
2. 机械部分的主要任务是什么？
3. 电影摄影机的光学系统由几部分组成？
4. 摄影机有几种取景方式？
5. 电影摄影如何分类？

第十七章 介绍几种常用的电影摄影机

一、国产红旗 S－16 电影摄影机

红旗 S－16 型电影摄影机是我国甘肃光学仪器厂生产的一种摄影机。它适用于新闻、科教等摄影。这种摄影机体积小、重量轻、携带方便、操作简单。这种摄影机是仿瑞士产的鲍莱克斯 H－16 型摄影机制造的。如图 17－1 所示。

该摄影机采用发条驱动，由齿轮上条。动力由发条通过离合齿轮的传递，分别带动下输片齿轮过渡轮、上输片齿轮，以及使装有偏心推爪的齿轮推动米数盘运动，再由上输片齿轮经过一对增速齿轮使抓片机构和叶子板旋转，并由过渡齿轮传至离心式调速器。收片芯轴由下输片齿轮通过过渡齿轮带动。

摄影采用三镜头转塔，在镜头转塔上可用 C 型镜头座安装三个镜头，配备三个不同焦距的镜头：广角镜头 16mm，相对孔径 1：1.9F；标准镜头 25 mm，相对孔径 1：1.5F；中焦镜头 50 mm，相对孔径 1：2F；采用直接取景。被摄物体的光线，通过镜头至分光棱镜。该分光棱镜镀有半透膜，使

60%的光线透过到感光胶片；而40%的光线反射至取景器镜头组，再通过目镜放大10倍到取景窗口，在取景时，有屈光度调节机构，其调节范围为±5个屈光度。

◁图 17－1 国产红旗 S－16 电影摄影机▷

在取景对焦时，只须通过目镜将影像调至清晰即可。由于每个人的视力不同，所以，目镜位置是可以前后调节的。调节方法是，先将镜头调焦距离至无限远处，再拧动取景器目镜调节环，使无限远处的景物成像清晰即可。然后，把目镜锁紧。

使用该摄影机如果需要更换镜头，只需转动镜头转塔即可。每当镜头转到正确位置时，均有“咔嗒”一声响。装镜头时，螺丝必须拧到底。当使用较长焦距的镜头或变焦距镜头时，为了克服因镜头过长太重而造成的转塔位移现象，应在转塔下方的镜头孔中，拧上转塔固定螺帽。

红旗 S－16 摄影机使用的胶片是放在机身内部的两个片盘上，每个片盘可容纳 30 米（或 100 英尺）带有片夹的单边或双边片孔的 16 毫米电影胶片。该摄影机以发条驱动，每上紧一次发条，可拍摄 5.5 米（或 16.5 英尺）胶片。它装有一个摄影频率选择器，可在每秒钟拍摄 12、16、24、36 格之间任意选择。摄影机采用平面单叶遮光器，叶子板的开口角度为 175 度。由于该机采用了分光棱镜式取景，有一部分光用作反射取景。因此 S－16 摄影机的实际曝光时间，在正常摄影频率每秒拍摄 24 格时，曝光时间为 1/83 秒。

机身上装有已拍胶片米数的计数器，供摄影人员掌握摄影机内胶片的使用情况。

二、鲍莱克斯系列电影摄影机

1. 鲍莱克斯 H16 型摄影机

这种摄影机是瑞士生产的，它被广泛地应用于新闻报道，其特点是体积小、重量轻、携带方便，同时也操作简单、设计精致、加工质量很高。

机身里装有驱动发条和输片机械。像其他手持式摄影机一样，胶片是放在机身内部两个片盘上，每个片盘能容纳一边打孔或双边打孔的胶片 100 英尺。如图 17－2 所示。

（1）间歇输片系统。

这是一个很精密的机械，带有一个定位针，以保证影像稳定，间歇输片机械与两个连续输片联锁，形成一个合成式的自动拍片机械，这样可以保证挂片迅速，又不致把胶片挂错，这就给工作压力很大的电视摄影记者提供了一个很大的方便。

（2）发条驱动。

◁图 17－2 鲍莱克斯 H16 电影摄影机▷

发条用一个相当长的摇把上紧，摇把每上紧一次，可以曝光 16.5 英尺胶片。摄影机中还装有一个用电池供电的小型电动机，电动机的重量很轻，使这种摄影机成为一种可供长时间手持摄影的很理想的摄影机。机内装有一个联锁装置，在用电动机和摇把驱动时，它就将发条与传动机械分开，摇把驱动装备有一个均速控制器，用摇把也可以使机器逆转，还有一个摄影频率选择器，摄影人员用它可以在每秒钟 8 格至 64 格之间任选。

(3) 镜头转塔。

在镜头转塔上可用 C 型镜头座安装三个镜头，镜头转塔由一个杠杆转动，镜头转塔上还有一个锁固装置，有较重的镜头时，也可以将镜头锁固。

(4) 滤光片槽口。

像大多数专业摄影机一样，这种摄影机也能从镜头转塔旁边的槽口中将明胶制的滤光片插到镜头与片窗之间。

(5) 取景器。

在鲍莱克斯摄影机的最新型号中，在摄影镜头与片窗之间增加了一个分光棱镜，组成一个反光式取景系统。这种反光式取景系统能提供一个与通过片窗摄录在胶片上的影像完全一样的影像，只不过被放大了六倍，这样就保证了准确的取景与对焦。在取景器的目镜上，有一个可以按摄影者视力进行调整的调节装置；另外，取景器的目镜还可以关闭起来，以免光线渗入摄影机里。

(6) 计数器。

在这种摄影机上，装有一个指示用过的英尺数和曝光画幅数的精致的计数系统。尺数计数器是装在摄影机的右手一边，它与摄影机相互连接，以便自动回复零位。

(7) 可变开度叶子板。

叶子板是可变开度型的，这对于控制曝光和拍摄飞速移动着的景物是很有用的。推开一根滑动杠杆，就可以调节叶子板的开口度。叶子板全部打开时，每秒走片 24 格，曝光时间为 1/65 秒。还有一个附件可以在 28 至 40 个画格的长度上自动拍摄淡入或淡出。

2. 鲍莱克斯 H16RX－5 型摄影机

这种摄影机是为了适应拍摄长镜头同时进行同期录音的要求，而生产的一种新型的摄影机。这种机器配备了一个 400

英尺的片盒，一个专用的马达和一个便携式电池，它同鲍莱克斯 H16 型摄影机的不同点，就在于它可以装 100 英尺的片盒，也可以装放可更换的 400 英尺的片盒。

400 英尺的片盒是单腔式片盒，可容纳 200 英尺以内的片卷。这种片盒装在摄影机的顶部，片盒的底部在片槽的地方有一个防光装置，当片盒从摄影机上拆卸下时以免光线渗漏到片盒。这种片盒由它的专用马达驱动，片盒上备有一个指示没有曝过光的胶片长度的计数器。

这种摄影机上最重要的一项革新就是装有新式的 MST 型马达，它是受离心稳速器以电子方式控制的电枢使之恒速，每秒走片 24 格或 25 格。在电动机上装有音频发生器，便于用脉冲信号取得音响同步。

这种机器所使用的电瓶，是一个由 10 个镍镉电池组成的电瓶（12 伏），这一单元还包括一个接交流 100 至 250 伏 50/60 赫兹 的带电压表的充电器，这个充电器还可以作“缓冲器”使用，当电瓶正在充电时，也可接通摄影机的电动机。这个电瓶的容量足够拍完 25 个 100 英尺片卷或 5 个 400 英尺片盒用。

3. 鲍莱克斯 H－16EBM 型摄影机

它的基本部件在外形与尺寸上同 H16 RX－5 摄影机很相似。它的主要不同点在于它的内装式马达。这个马达用电子方法控制，能改变摄影频率，从每秒钟 10 格到 50 格；同时还可以用同步脉冲信号发生器或晶体进行同步录音摄影。马达由装在手柄中的一个小型可充电的电瓶供电。充满电的电瓶可供拍摄 2 400 英尺（720 米）胶片。摄影机后部有一个指示灯，灯亮时表示电瓶应该重新充电。

H16 EBM 摄影机的特点还有：

（1）卡口式镜头筒结构简单，能承载较重的镜头，带有锁固环和快速换镜头的保险装置。

（2）用倒片摇把进行重复曝光时，在 100 英尺（30 米）的摄影机上可以无止境地倒片。

（3）叶子板开口角度为 170 度。

（4）模制手柄，便于手持摄影机和携带摄影机，它同时可兼作往三角架上安装时的机器底座。

（5）有同步脉冲信号发生器，这一附件能发出 1.2 伏 60 周的同步脉冲信号，用软线将其接至磁带录音机上，由同步脉冲信号录音头录在磁带上。

4. 鲍莱克斯 H16EL 型摄影机

这种摄影机是由脉冲控制的电动机作驱动，电动机由蓄电池作电源，使用电池组的最佳值时，可以得到连续的拍摄速度。摄影频率在每秒钟 10、18、24、25、32、40、50 格或逐格任选。如图 17－3 所示。

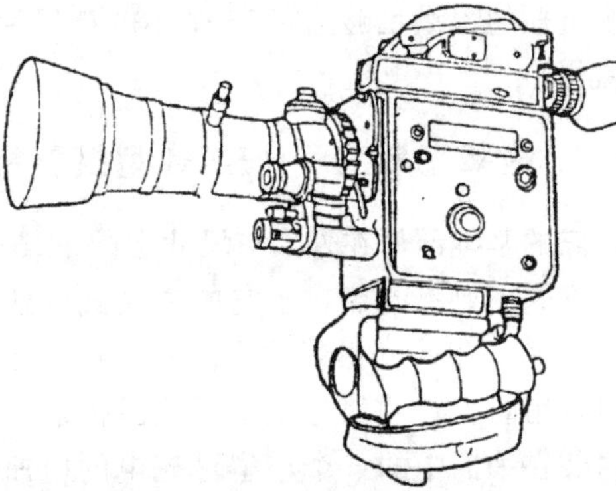

◁图 17－3 鲍莱克斯 H16EL 电影摄影机▷

电动机带有晶体控制附加装置，使转速稳定，在同期录音时，可使声画同步，每秒钟精控在 25 格。该摄影机能双向输片，自动穿片，备有 400 英尺片盒。当采用 400 英尺片盒拍摄时，最大偏差不大于 1 格。当关闭摄影机快门后，即失去一切功能。在重新启动该摄影机之后，瞬间开始或停顿时，拍摄的画面之间无明显的曝光过渡现象。

摄影机有两种蓄电池，均能快速充电，蓄电池在使用到终止放电电压时，需再充电 12 小时左右才能正常工作。如需快速充电，12V/0.45Ah 电池组充电 30 分钟左右，12V/1.2Ah 电池组充电 1.2 小时，在一般环境里以每秒 25 格的摄影频率，可拍摄 2 000 英尺左右的胶片。

摄影机的光学系统，通过安装在叶子板与镜头之间的分光棱镜，把镜头汇聚的光线中的一部分反射到取景器进行取景，而另一部分透过棱镜到达胶片进行曝光，在分光棱镜上方，有固定的防护玻璃，目镜上装有屈光度调节环，调节范围 ±5 度。镜头座为卡口型，里面装有滤光器座。

摄影机叶子板开口角度为 170 度，有自动上片装置，有缓冲弯大小的控制机构。

摄影机具有测光功能，利用机内的发光二极管，以指示正确的曝光量。当摄影人员选好胶片的感光度，确定了被摄景物以后按下测光装置，这时处于片窗与镜头之间的硅光敏电阻即可进行测光，通过调整光圈，使被摄体达到满意的控制。该内测光系统可测量感光度 ASA10 至 630（11 度至 29 度 DIN）的感光范围。

三、阿里弗莱克斯系列电影摄影机

1. 阿里弗莱克斯 ST 型摄影机

阿里弗莱克斯 ST 型电影摄影机是法国电影摄影机制造厂阿诺德——里希特公司生产的。多年来该公司生产的摄影机被广泛地应用于科教片、纪录片创作中，被世界各国的电影摄影人员普遍采用。如图 17－4 所示。

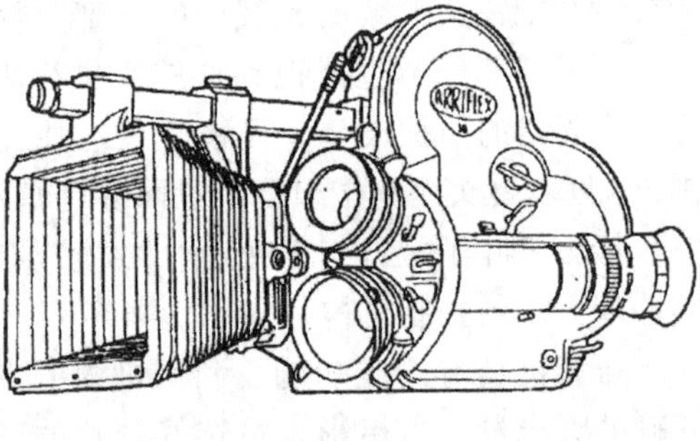

◁图 17－4 阿里弗莱克斯 16ST 电影摄影机▷

这家公司生产的第一台 16 mm 摄影机就是 ST 型摄影机，机身外形紧凑，是专为手持摄影设计的。机身里装有间歇输片机械，反光式取景器和留有安装胶片的空间，镜头转塔装在机身的前方，整个机身为一个整体，用轻金属合金铸造，其重量大约为 6.5 磅。

这种机器的间歇输片系统包括一个将胶片向下拉的抓片爪和一个曝光时稳定胶片的定位针。所有部件都是用优质钢制造的，并经过精密的平衡与加工，以保证胶片的稳定性。

片门部分在压片板上装有弹簧，使其能上下左右活动，凡是与胶片接触的表面都是用不锈钢合金制造，经过镀铬处理的，压片板上装有合叶，打开压片板，可直接摸到片窗的胶片导板。

这种机器具有对焦快、取景准确等一系列优点的取景器（反光取景器），首先于 1936 年应用于阿里摄影机上，兹后 16 mm 摄影机都采用一这种取景器，它能显示出很明亮的影像，甚至在摄影时光圈已缩小情况下，也是如此，光学看筒可将影像放大 10 倍，目镜可以调节；不用时会自动关闭起来，以免漏光使胶片产生灰雾。

镜头转塔上可装三个镜头，其镜头筒设计特殊，最小的镜头焦距 5.7 mm。转塔结构紧凑，镜头光轴呈散射状，以便各镜头的视野彼此不受影响。更换镜头时，按下转塔边缘伸出的翼柄，即可转动转塔。每个翼柄的背面都刻有文字，说明哪个镜头正处于摄影位置上。在摄影机的后部有：刻度从每秒钟 0 格至 50 格的转速表，长度计数器和格数计数器。两者都有复零位旋钮。

阿里弗莱克斯 ST 型摄影机由一个小型马达驱动，这个马达既便于安装，又可根据摄影人员的需要换成另一个马达。标准马达用 8 伏直流电，有一个变阻器可将摄影机的速度在每秒钟走 4 格至 48 格之间进行调整。马达还可以以各种速度倒转。可选用的马达，有下列几种：110 伏或 220 伏，50 或 60 赫兹的同步马达，它可驱动摄影机每秒钟走片 24 格或 25 格；用稳速器控制的 8 伏马达，也是每秒钟走片 24 格或 25 格，还有拍摄动画的定格设备。

这种摄影机还配备一些附件：

（1）400 英尺片盒。片盒可装在摄影机顶部的槽口上，它能容纳 200 英尺或 400 英尺的片卷。收片盘由一个独立的可以自由拆卸的马达驱动。当片盒装到摄影机上以后，这个马达即自动与摄影机的电流接通，这些片盒上都有它们自己的长度计数器。

(2) 这种摄影机的隔音罩很复杂，隔音罩上装有控制焦点的装置，还有反光取景器看筒的延伸部分。隔音罩的设计允许加装机外片盒，并留有更换马达的位置。

(3) 潜望镜式取景器附件。它能转向任何一个方向使摄影人员在摄影机和被摄景物相应的任何一个位置上都能通过取景器看筒取景。

2. 阿里弗莱克斯 M 型和 BL 型摄影机

由于阿里弗莱克斯 16ST 大受各界欢迎，该公司又生产了两种新型号，M 型和 BL 型 16 mm 摄影机。

M 型摄影机是在 1936 年出品的 35 mm 阿里的“片盒——摄影机”原理的基础上设计而成的。马达装在机身上，机身内部装有间歇输片机械。在可更换的片盒中，装有连续输片齿轮，将胶片挂到片盒内的输片齿轮上以后，把片盒安到摄影机上时应将片盒外留出的胶片缓冲弯插入摄影机里。

阿里弗莱克斯 16 mmBL 型摄影机，是纪录片摄影中用得最多的一种摄影机。它综合了 ST 型摄影机的特性和优点，此外，它又增加了一些优点，如走片机械无噪声，使用专门特性的变焦镜头，能用磁性录音组件进行单片和双片录音等。

机身是装在一块底板上的部件。底板用音响学的术语来说，是悬浮在机壳里面的，其目的是隔绝马达转动时发出的噪声。经过这样的处理，间歇输片系统的噪声水平就不会超过 31 分贝。

输片机械这一部分同其他型号的输片机械一样，有单爪抓片爪和定位针。

变焦距镜头成像质量的重大改进，使这种镜头几乎可以用于各种场合。因此，镜头架的外面有一个特制的镜头罩。以限制马达的噪声，现在这种机器上可以使用以下几种牌号的变焦距镜头：昂热尼埃 f 2.2　12.5～75 mm；昂热尼埃 f 2.2　12～120 mm 镜头；昂热尼埃 f 2.2　9.5～95 mm 镜头；或蔡斯声纳可变焦距（Zeiss Vario Somar）f 2.8　10～100 mm 镜头，镜筒上装有带刻度的镜头光圈和对焦控制器。在镜头架的前方有一个可伸缩的皮老虎或遮光罩和滤光片盒。由于这一整套光学部件的重量较大，所以采用了结构坚固的钢制镜头架。变焦距镜头可用手柄上的控制器通过一个马达自动操纵。

马达是可以互换的，并被安置在摄影机的一侧，马达用两个齿轮与摄影机的机械相连接，标准马达用 12 伏直流电，每分钟 3 000 转，摄影机走片速度每秒 24 格。用更换齿轮的办法，可使摄影机走片的速度改为每秒 25 格。马达上装有稳速器，可将转速稳定在 1.5%的范围以内，还有一个作为附件供应的特殊装置，能改变马达的转速。有些牌号的摄影机其导频信号不是 50 周/秒，而是 60 周/秒。

这种摄影机的主要控制器件和电线接头都位于机器的后部。主要的控制器件有：每秒走片 0 至 50 格的转速器，或带有 0 位按钮的四位数字长度计数器，电瓶接线插座，耳机插座，导频信号发生器插座，标志摄影机正在工作的指示灯，及一个标志同步机械正在工作的指示灯，还有一个片边标志灯。主开关安在马达上。

这种机器的取景系统与其他型号的阿里弗莱克斯 16mm 摄影机一样，通过一个与胶片平面呈 45 度角的反光镜面光圈取景，成像可从一个可转动的潜望镜式取景系统中观看，其目镜上装有自动关闭装置，并能调节到任何一个工作位置，用左眼或右眼都可取景。取景系统上还可增加一个附件，使用肩膀扛着摄影时能将取景光轴提高。取景器中所见的影像明亮，能被放大10倍，并便于对焦。取景器上的毛玻璃可以换成带有栅格刻线的，或带有指示电视安全范围标志及带十字线的毛玻璃。

这种摄影机所用的片盒，是生产厂家生产的装200英尺和400英尺胶片的普通片盒。这些片盒里装有驱动系统，外面有隔音罩，属于单室型片盒。片盒上装有长度计数器，有的刻度以英尺为单位，有的以米为单位。

阿里弗莱克斯BL型摄影机上，还可以加上一个内装式曝光控制装置，它可以测量出相当于16 mm范围内的50%面积上的光值，这一装置是安在取景系统里的，并在取景器中指示出曝光量。曝光表有的是硫化镉光电管。胶片的感光度范围从16至500ASA。这个系统的控制器件装在摄影机机门的前端。

这种摄影机里安装有录音系统，一个录音头，一个还音头，一个惯性飞轮和几个导片滑轮。用这个部件可将声音录到涂布在胶片上的磁道上。为配合这个部件还有一个晶体管扩大器，装有为连接两个低阻抗话筒用的插座，一个讲话或音乐录音开关后，增益控制器及调制仪表。

这种摄影机还有许多附件。有磁带录音用的振荡器，1 200英尺同轴片盒，手提把，带扳机开关的手枪式手柄，各种滤光片，运输和存放摄影机用的箱子，肩垫和电瓶。

3. 阿里弗莱克斯16SR型摄影机

这是阿诺德——里希特公司在16 mm摄影机方面一项最新的产品，是摄影机技术进一步发展的结果。它是一种电影、电视两用的 16 mm 摄影机，它在快速摄影、设计紧凑、机动灵活和使用舒适等方面都创建了新的标准。

这种摄影机只有 1 磅重。它是专门为手持摄影机和摄影师扛在肩上不觉劳累而设计的。这是一台在功能对称性方面从没有过的第一台摄影机。因此，摄影机从而与传统的阿里弗莱克斯 16 mm 摄影机相区别，它在设计上的一个重要特点是附件已成为机器的一个整体部分，使用时无需再加其他配件装置，它体积小，左右对称，肩扛操作，不仅操作简单，工作迅速，而且还可以随意放在左右肩上，也可以用左眼或右眼取景，并可在任何一个位置上操作机器。所以这种摄影机适用于电视报道、纪录片、科教片等的拍摄工作。

这种机器用的片盒是同轴，双腔式的，可装 200 英尺或 400 英尺胶片，便于快速更换和控制缓冲环。片盒中装有压片导轨，片窗板就是摄影机机身的一部分，可在亮室装片。

机器的间歇输片系统，有完全可控制的下拉抓片爪和定位针。

取景器是一个开度为 180 度的镜面反光叶子板，取景器可以转动并在三个平面上旋转，有成像位置补偿装置，因此，用任何一个目镜观看时，取景器中的影像都是直立的，左右与原来景物一样。

摄影机的马达是高功效直流 12 伏马达，有内装式晶控装置，在配合带有晶体振荡器的任何一种磁带录音机进行同步摄影时，可将走片速度控制在每秒钟 24/25 格。摄影机上装有一个报警灯，当声画不同步时，这个灯就会点亮报警。电动机还有伺服功能，用一个控制机械附件，可以将马达转速调成各种不同的摄影速度（从每秒 24/25 格至 50 格）。当摄影机停机时，机内有一个电子制动装置永远可使镜面光闸处于取景位置上。

这种摄影机有内装式曝光控制系统，使用的是硫化镉指针式曝光表（当胶片感光度在16至500ASA范围内时，可全部自动控制曝光量）。在取景器中有一个+2f档指示器，可在胶片允许反差范围内控制曝光量。十分利于新闻采访摄影，还有一个专用附件，可对它进行全自动曝光控制，但它只适于有弹簧负载光闸的镜头，摄影人员能自由选择摄影期间的连续手动曝光调节或全自动曝光装置。

这种机器所使用的镜头，是用单镜头阿里弗莱克斯卡口镜头。

这种摄影机还具备一些其他特征，同步录音摄影时不需加隔音罩，因为走片声音不大，片门上有调整垫，明胶滤光片槽设在镜头的后面，摄影机内部装有自动开启光圈的装置(因此在对焦时，镜头光圈永远是大开着的)。

阿里弗莱克斯16SR摄影机被公认为是现代摄影机的一个典范。

4. 阿里弗莱克斯16SRⅡ型摄影机

前西德阿里弗莱克斯公司是摄影工作者比较熟悉的厂家，阿里弗莱克斯16 SRⅡ型摄影机是该公司80年代生产的一种新型16 mm电影摄影机。如图17－5所示。

(1) 技术性能和有关指标。

△镜头座孔为卡口型，工作距离（由镜头座孔表面至焦平面即片窗）为52 mm。该机可使用变焦镜头和定焦镜头。机身上安装的卡尔蔡司10倍变焦镜头，变焦范围为10～100 f1.8。

△该机的抓片机械为单面单爪，带有定位针，画幅稳定

性好，误差≤0.007。

△叶子板为单叶反光叶子板，其开口角度为180度，曝光时间在24格/秒时为1/48秒。

△取景器的放大倍数为10倍，取景目镜可以转到机身的两侧，便于摄影人员用左眼或右眼取景，取景屏是用光导纤维制成的。使取景影像明亮而清晰。取景器可由水平方面旋转为垂直方向，无论转到任何方向，影像永远是直立的。

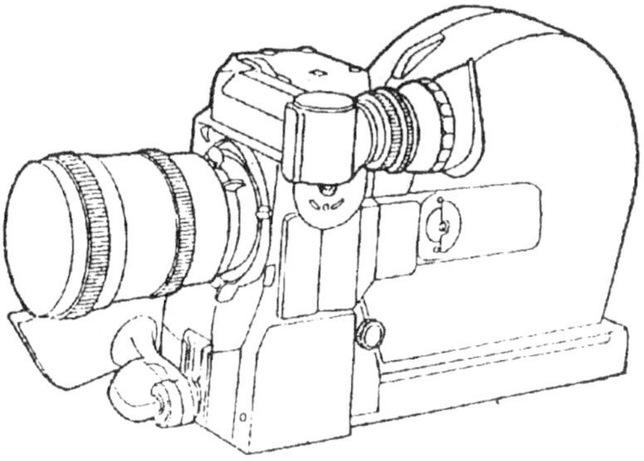

◁图 17－5 阿里弗莱克斯 16SRⅡ型电影摄影机▷

△该机采用TTL方式（即通过镜头测光）曝光控制系统，当机器未启动时，镜头光圈完全张开，机器启动后，光圈便自动调整到正确曝光所需要的数值，停机时镜头光圈又会自动全开，这样在取景和调焦时都十分方便。从取景目镜中有指针可显示正（＋）负（－）值，测光范围是DIN13－31，ASA16－1000，本机除可以手动曝光控制外，如用自动曝光控制，则需要安上自动曝光控制附件。

△摄影频率有24格/秒和25格/秒。加附件后可在5～75格/秒变速，24格/秒和25格/秒时为晶体稳速，可进行同步录间。

△摄影机采用的是无刷晶控直流急速马达。24格/秒时转速为1 440转/分。25格/秒时转速为1 500转/分，稳速精度为5×10^{-6}。该机采用直流电源，电压为12伏1.8安的镍镉

电池。

△该机的机械传动简单，只采用了三对齿轮和二条齿形同步链传动，大大降低了摄影机的噪音，其噪音水平为 26 ± 分贝。

△片盒为插入式快装同轴暗盒，最大容片量为 400 英尺。也可使用 100 英尺和 200 英尺的亮室片夹。该暗盒上有两个米数指示装置，一个是未拍数，一个是已拍数。

△使用温度范围为零下 20℃到零上 50℃。

△该机带有 EBV 制的时基编码装置，以秒为单位，时基编码所记录的内容为：拍片的年、月、日、时、分、秒，机器号码等。在后期制作时，可以在专用的剪接台上自动找出画面及和声音的同步点。也可以用一台打印机将 EBV 时基编码翻译成数字打印在胶片和磁带边上。工作需要时可根据打在画面和磁带边上的数字找出画面及和声带的同步点。

△导频同步讯号，使用 5 脚 DIN 制标准 15575 型插头，输入频率 50 或 60 赫兹，电压约为 1.5 伏。

△机器重量：（带暗盒，不带镜头，电池，胶片）大约为 5 公斤重。

△机器尺寸：（带暗盒，不带镜头）长：264 mm，宽 100 mm，高 195 mm。

△保险装置，负载超过约 4.5 安培时，过载开关即切断总电源。

△此机可肩扛拍摄，也可用三脚架，机身后部有工作指示灯。

(2) 使用与操作。

△调换保险丝：接通电流后如果摄影机不转动应检验和调换保险丝。从电机身上取下暗盒后，在机身底座上后方可

以看到有一透明的有机玻璃盖，须用硬币逆时针方向拧开，盖上有两个直径为 2.2 mm 的小孔，在孔中储存有两根保险丝，分别标有 10 和 3/4 的字样。取下该盖后在机身底座的圆孔中有两个按前后次序排列的保险丝。前面的是 10 安培，后面的是 0.75 安培。当需要调换时，首先把上述盖中存放的保险丝用工具取出，然后把两脚弯成 U 字形状，两个脚之间的距离为 10 mm。然后用工具取下机身上的保险丝并把已弯好的保险丝装在取下的位置上。注意：安装时把标有 10 字样的安装在前面（靠镜头方向），有 3/4 字样的装在后面。

△改变摄影机频率的操作：取下暗盒后，用硬币拧下底座上前方的一个有机玻璃盖，即可看见里面兰色的框子，其中有两个黄色的小型开关搬手。左面一个是调格数用的。右面一个是调周率用的。如果拍摄电影片，可把左面的搬手开关搬向后方标有 24F/S 的位置一侧，如果拍摄电视片，可将此搬手推向前方有 25F/S 字样的方向。频率搬手推向前方是 50 赫兹。注意：在每次工作前，首先要检查一下两个开关是否停在所需的位置上。

△使用肩架和三脚架时的注意事项：使用肩架或三脚架时，因阿里 16SRⅡ或 16SR 摄影机底座内全部安装的是电子线路及其电子器件，所以它对连接三脚架或肩架，到摄影机底座的螺丝长度有相应的要求。当从摄影机上取下暗盒以后，在底座上面贴有一张黄底黑线条的图，该图规定了连接螺丝的长度及其直径。它规定的螺丝长度不得大于 7mm 或者是 0.275 英寸，螺丝直径为 3/8 英寸。使用上述两种附件时，一定要按图上的尺寸经对照测量无误后，方可拧入使用。否则，可能会损坏电子器件。

△音频讯号：在机座后部左边的一个 5 芯插座是音频讯

号发生器。如果同步录音时所使用的录音机不是晶体稳速的，那就需要接上该插座的接线。

△外用附件插座：在机座后面中间有一个 11 脚的插座，它是作为外接同步变速器及其摇控等附件使用的。

△电源输入插座：在机身底座后面最右边的一个四头插座是摄影机的电源输入。要按规定接入 12 伏直流电源。最理想是使用本机原有电瓶，假如需插接其他电瓶时，要注意电压值和正负极。该插座 1 脚是负（－），4 脚是正（＋），千万不可接错，否则会损坏电子元件。

△变焦距镜头：阿里 16SR Ⅱ 装配的镜头是 10 倍变焦距镜头，变焦范围是 10～100 mm，光圈是 T 制 2～16，最大孔径 f1.8，最近物距为 1.5 m、20m 以外是无限远。

镜头座的规格是阿里厂的钢制卡口座。

因机中装有半自动光圈及其受光系统，所以镜头的后镜组旁侧有光圈开启的拨动片。

该变焦距镜头有近摄装置，当拍摄小物体时，可以把物距刻度圈移向最近设有刻度的区域。

变焦搬手可以停在任意位置，操作时非常方便。

调焦点的搬把，上面分布了很多搬动片，调焦点很方便。

△取景器：该机目镜处有橡胶眼罩。此眼罩既起遮光作用，又带有防光片压动开关。每次拍摄前用眼框顶住眼罩时，在目镜中的两片遮光片会自动向两侧分开，当眼睛离开眼罩时又自动关闭。使用前，要根据自己的眼睛首先调好屈光度。

调整屈光度时，首先顺时针方向拧开中间一个镶有横纹的圆环，然后再调动后面接近眼罩处的环，当看清场镜上的十字线后，可把中间的圆环以逆时针方向转动使其固定。

该机最大的特点，是取景器可以搬动停在摄影机机身的左右两侧，既可用左眼又可用右眼观察景物。

△手柄开关：它与机身右前方的结合座相连接。连接后的角度可以任意调节、使手柄的高低产生变化。

当手柄与机身结合时，顺时针方向拧动手柄上的扇形零件即可锁紧。然后把手柄上螺旋形电线的四头插头凸起面向外插入机身前右下方的插座上，最后把插头上面的方形钢丝挂在插座上。

手柄开关的操作：由拇指按动上面一个分为两档的钮形开关，按下第一档时，测光系统开始工作，按到最下端时摄影机开始转动。拍完后再按动一下开关，拇指开关抬起，摄影就停止运转，光圈自动开大。

该机共有两个开关，一个在手柄上，而另一个在机身左下方。在左下方的开关性能与上述开关相似，当按下第一档时，这时测光系统处在工作状态，按到最下端（即第二档）时摄影机开始转动。

△半自动光圈：首先根据所用底片的感光度调整好机身左前方的感光度调节盘，把度数对正在小窗口位置上（如ASA100是DIN21），然后校对好频率。把开关按到第一档位置，这时通过取景器可以看到画面左侧的曝光指针不一定正好停在中心黑点位置上。此时可用手转动光圈，如果指针停在上面会曝光不足，指针停在下面会曝光过度，当取景器中指针恰好停在中间黑点处方可进行拍摄。该机如安装有自动的伺服系统，则可把光圈刻度环下的AUTO字对正在刻线上，那就不必用手调动光圈了。

△暗盒的装片：暗盒的右面是供片即未拍底片，左面是收片即已拍底片。装片时，首先搬起暗盒右侧门前中间的扇形搬手，同时按动它旁侧的红色小按钮，然后将扇形搬手逆

时针方向转动至 90 度卡住时，即可打开暗盒盖。

关好暗房灯，从胶片盒中取出底片，药膜向里，片基靠外，在把片头插入出口的同时，另一只手逆时针方向转动前面的齿轮，这时片头由承影背上方伸出后再把片卷放在供片轴芯上，再搬动压片滑轮使其压在底片片卷上，盖好暗盒盖并锁好。

操作的方法，把由暗盒伸出的片头经承影背旁拉向暗盒底部与白色刻度线对齐，然后穿入录影背下部的导片入口处，用另一只手转动齿轮，使输片轮将片头输入。再打开收片一侧的门，把片头插在片轴芯上，药膜向里卷紧并拉动压片滑轮压在片卷外圆上，把暗盒前上方的米数表对在零位，盖好盒盖并锁住。最后要把底片挂在承影背的上下金属勾中，并使上下缓冲圆相等。该机的暗盒可以使用双面片心，可以在亮室装片，但要把小片心取下才能装入双面片心。装片时不可在直射光下进行，用双面片心时不能使用压片滑轮，因为暗盒后上方的尺数表不起作用。

△把暗盒由机身上卸下的操作：首先向后搬动暗盒上部最前方的小搬把，同时把暗盒后部向上抬起再向后方拉动，就可取下暗盒。

△阿里 16SR 和 16SRⅡ有两种电瓶，一种是 12 伏，4 安培小时，上面有一提手，携带方便，即能挎在肩上又能系在腰上；另一种是 12 伏，1.8 安培小时，体积较小，它与机身不需电线连接，而是用一个可以折动的金属插头，将机身与电瓶连在一起，而电瓶则通过磁铁吸在暗盒的后部。这种电瓶的最大优点是减少了电线出故障的可能，此外，又可调节机身平衡，取下暗盒时，只要把电瓶搬向后方的倾斜位置即可。

△低速运转开关：在机身左下方有一红色小按钮，在它的上边有 TEST 的字样，意为“试验”。装片并通电后，可先试运转看输片是否正常。

△叶子板转动柄：在机身左前方有一个转动柄，未通电时可转动此柄使反光叶子板停在反射位置，以便取景。

△镜头的安装：安装变焦距镜头时，必须把镜头座处的拨动光圈金属片向上，顶针在右方并把镜头座上的两上凸起部分分别对正机身座孔上的两个缺口，按到底后，以顺时针方向（从镜头方向看）转动，听到有卡住的声音时为止，然后再检查一下是否安牢。注意：安装时还要把光圈搬手对正在齿轮圈上的两个爪之间。

取下镜头时，须用拇指和食指分别按下镜头座孔左右两侧的两个镶有横纹的电镀按钮，同时用另一只手拿住镜头，逆时针方向转动即可取下。

△充电机：把充电机的电源插头插在 220 伏电源上，另一端插在电瓶上就可以进行充电。

5. 阿里弗莱克斯 435 型 35 mm 摄影机

全新的德国阿里弗莱克斯 435 型电影摄影机的面世，标志着高速摄影，高空和配减震器取景的新时代已经来临。采用最新和优秀技术开发的 435 型摄影机系统，具备多项优越功能。435 型摄影机外型相当纤小，重量也轻，而且操作简便。如图 17－6 所示。

435 型摄影机也可以称为阿里弗莱克斯 535 型电影摄影机系列的家庭成员之一，因为这两种摄影机能够通用大部分配件。

阿里弗莱克斯 435 标准型电影摄影机的叶子板是用机械

方式调节的，开口角度从 11.2 度至 180 度。取景器能够在两个不同轴线上调位，务求取景角度不受限制，也同时提高了取景的舒适度。机身采用双抓片和多钩式机芯设计，保证胶片从 1 至 150 格（正/倒片架）范围内有极高的稳定性。在加装时间码插件后，435 标准型摄影机更可提升为时间码摄影机。

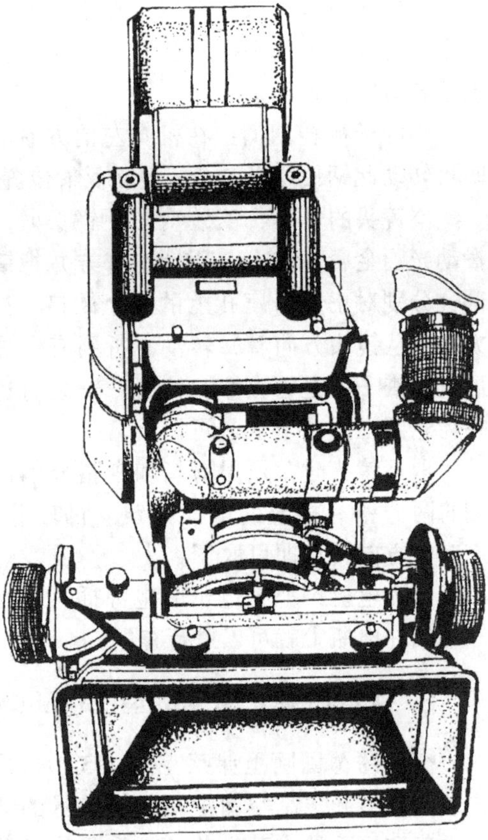

◁图 17－6 阿里弗莱克斯 435 型 35 毫米电影摄影机▷

阿里弗莱克斯 435 型摄影机采用电子叶子板。它的电子叶子板能够在机器转动时，利用简单的电子编程方式把叶子板开口角度在 11.2 度至 180 度之间作连续调节，充分地掌握曝光补偿工作。此外，机身拥有功能扩展式设计，附有多个电子接合界面，方便连接电脑作全电子高空摇控取景，实现现今先进的拍摄制作方法。当然，功能扩展也包含时间码的功能，可配合时间码录音的一体化制作。

阿里弗莱克斯 435 型摄影机的取景器，源自 535 型摄影机系列。结合现今先进的组合式设计技术，使 435 型摄影机的取景质量更优越，操作更灵活方便。

标准式取景器包含了全部超 35 格式，并能够在机身两边轴线作调节和定位。无论在任何位置上取景，取景器上的景物都是正立的影像。此具备伸缩功能的取景器能够方便摄影师用左眼或右眼取景。这种设计能够协助实现在几乎任何可想到的位置下舒适地取景，也可以同时有明亮的取景效果。此外，阿里弗莱克斯 435 型摄影机的机身体积小，能够允许在极拥挤环境下顺利取景，机身内藏有一片内置式中性灰（ND0.6）滤光片，在需要时，摄影师只需把中灰滤光片翻到预定位置即可。

该机器标准式取景器还附带视频辅助取景器的接插件及分光器件，以连接配用半英寸的 CCD－2 摄像镜头。

最值得注意的是整个标准式取景器系统是允许拆卸的，并可改放在一块轻巧的全视频取景顶盖上。经过这种改配，机身重量可明显减轻，适合对摄影机体积和重量有极严格要求的拍摄环境。如高空全摇控取景，配减震器拍摄或安装在直升机上拍摄等。

该摄影机的驱动部分采用多个直流马达分别控制送片和叶子板开口角度；在功能灵活性上订下新的标准，传统的高速摄影机常有复杂机械结构和传统式传动组件，而 435 型摄影机已简化成直接和专用式设计驱动方式。独立式驱动设计大大提高效率，创造有利条件，完全地在外型上表现出来。

独立式控制驱动系统较传统方式设计有更优越的动态能力，也大大减低因塞片带来的意外损失。

阿里弗莱克斯 435 型摄影机的主要特点是它有一个几乎无需保养维护的 5 钩式机芯和双抓片定位针，在光学打印器的标准位置上操作。无论是正拍还是倒拍，片速从 1 格至 150 格/秒范围内，都能有极稳定的影像。

该摄影机使用的片盒是利用新一代的人体工程学研制而成的。采用当今最新的碳化纤维制造技术，使片盒外壳更坚固、更轻巧。片盒产品系列中包括标准机械式 400 英尺片盒和马达驱动式 1 000 英尺片盒。两种片盒均允许前向或倒向卷片，片速范围从 1 至 150 格/秒。此外，还有一个小巧的 400 英尺片盒，专配减震器使用。

在 435 型摄影机机身左侧特设有大型液晶显示器，能够清晰地展示机器的状态和预调功能。显示器旁的控制面板，设计简单实用，位置也方便接触和操作。显示器顶部另设有保险锁，保护机器的后项操作数据和预调功能，不致因误触而消失。

显示器能够清楚地展示和调校以下内容：

（1）片速。

（2）前向或倒向操作。

（3）胶片长度测算（可选米或英尺为长度单位）。

（4）叶子板开口角度。

（5）时间码，用户专用编码，时间码感应度。

（6）电池电压，附带电压过低示警功能。

（7）片尾示警和非同步拍摄信号。

另外，阿里弗莱克斯 435 型摄影机还配有两种该机专用的发光划幅插件，与 535B 型摄影机上的相同，并且同样可以加装插片。划幅格式的边线会投射在毛玻璃上，亮度可以调节。在取景器里，同样有多项功能显示，包括非同步操作，电压过低和片尾示警等等。

〔表 17－1〕　**阿里弗莱克斯 435 型电影摄影机技术数据**

胶片格式	35 毫米
镜头座	54 毫米 PL 型插座，可调节以符号超 35 格式制作
法兰焦点距离	51.95～0.01 毫米
标准型	
机械式叶子板	机械式调节从 11.2 至 180 度。可以在 11.2 度、22.5 度、30 度、45 度、60 度、75 度、90 度、105 度、120 度、135 度、144 度、172.2 度及 180 度锁定位置。
ES 型	
电子叶子板	以机械式或电子方式锁定叶子板位置，并允许在机器转动时，连续调节叶子板的开口角度，范围从 11.2～180 度。
片速	1～150 格，前向和倒向操作均可（石英准确度为 0.001 格）
取景器功能显示	非同步操作，电压过低和片尾结束。
反差滤光片	中灰 ND0.6

（续表）

胶片格式	35 毫米
相位变换功能	已设置在机身内。在操作时，只需按下相位（PHASE）键，便即时起动。
感应器	机身左侧显示器展示片尾结束和机芯位置有误等功能。同时，若机器未能候命操作，红色操控灯会发亮。
工作温度范围	－20 度至＋50 摄氏度
视频辅助取景监视	C 型卡口，配半英寸 CCD 摄像机
分光器	可调节式，比例为 80/20 及 50/50
片　盒	400 英尺及 1 000 英尺
减震器专用片盒	400 英尺
机芯系统	5 钩式机芯，双抓片定位针，选配 35 毫米负片 DIN15501
驱动系统	多个晶控直流马达
供　电	24 伏及 12 伏，3/5 安培
电　池	NC24/7R
重　量	6.5 公斤，不连片盒
尺　寸	连 400 英尺片盒，但不带镜头 长：400 毫米；宽：250 毫米；高：331 毫米

（续表）

胶片格式	35 毫 米
时间码格式	SMPTE RP 136 格式 C 型 80 比特 时间码准确度在正/负百万分之一（0～50 摄氏度）

四、爱克勒尔电影摄影机

1. 爱克勒尔 NPR 型摄影机

巴黎的爱克勒尔公司，打破了长期以来在制造 16 mm 摄影机方面建立的成规，放弃了把片盒装在机器顶部的传统作法，把它改装到机器的后部，以便使摄影机能放置在摄影师的肩膀上。这个同轴片盒里装有摄影机连续输片机械，因此挂片的工作是在片盒里，而不是在机身里进行。

这种机器的片盒很容易安装，甚至机器在走动时，也能更换片盒。这一点对于换用不同型号的胶片和分秒必争的摄影场合，是非常重要的。

取景和对焦用的毛玻璃其成像面积比片窗的成像面积大 20%（在毛玻璃上用长方形标示片窗的面积，并刻有电视安全面积的范围），这种摄影机可以检查进入画幅的景物及应留在画幅外面的部分。取景器中的影像非常明亮，并被放大 12 倍。这种取景器可以任意用右眼或左眼观看，又因它可以旋转 360 度，这对于摄影人员背对着被摄人物趁他不备时，“偷拍”镜头是很有用的。

这种摄影机的叶子板是从一边向另一边，横着遮档片窗，其动作很像许多照像机焦平面快门。这样的安排使摄影机可以较快地做摇镜头动作，而不产生频闪现象。

这种摄影机有各种马达可用来驱动。它的标准马达是直流 12 伏晶控型马达，具有恒速调节装置和一个脉冲信号发生器，后者使摄影机与纳格拉(Nagra)型录音机同步。其他配套的马达还有一台变速马达、一台交流同步马达和一台晶体控速马达。

这种机器的突出特点是它制造得非常精致，这就保证了高效，无噪声的运转，消除了因加用隔音罩而使机器不便于携带的不利因素，更便于手持摄影。

片盒的供片室和收片室并排紧挨在一起，所用的胶片可为 100 英尺或 200 英尺片卷，或是暗室装片的 400 英尺片卷。片盒上装有胶片长度计数器（以英尺或以米为单位）。

2. 爱克勒尔 ACL 型摄影机

爱克勒尔 ACL 型摄影机是最新牌号，具有十分现代化的技术含量。这种摄影机机械结构简单，用途广泛，具备当代摄影人员希望得到的诸多方便条件，如一推就能装好片盒，视野比画面大的反射取景器，无声机械等。

(1) 一般性能介绍。摄影机的机身小巧，内装输片机械，反光式叶子板，片门，镜头架和驱动马达。带有连续输片机械的大片盒，有一个往摄影机上安装用的压板。

(2) 间歇运动。在片门的旁边装有一个楔形抓片爪。抓片爪的运动由一个偏心轮和一个固定齿轮控制，并用一个反向齿轮使其成为正向运动。影像的清晰程度和稳定性都达到了专业的最高标准。

(3) 叶子板。叶子板是大直径的平面叶子板，它的位置紧挨在胶片的前面，其开度为175度。

(4) 反光取景。用一个振荡反光镜进行反光取景。这种取景器可以提供非常明亮的影像，使用感光最快的胶片时也能准确而方便地对焦。像上面提到的那种机器一样，取景器上毛玻璃的视野比拍摄的画面要大许多，这有助于避免其他景物进入画面，取景器可旋转360度，有一个延伸附件，使摄影人员能用左眼操作。

(5) 镜头架。使用钢制TS带丝扣的镜头架，可安装米曲尔可尼康套镜。

(6) 片盒。ACL型摄影机用的一推就能装上的同轴片盒，是为安装100英尺或200英尺（30米或60米）亮室装片片卷而设计的。在片盒中，供片部分被安排在左边，收片部分被安排在右边。有一个胶片计数器可指出剩下来未曝光的胶片量。

(7) 马达。所用的马达是宇航设计的晶控无刷马达，通过12伏直流电瓶供电，行走无声。这种马达每秒钟可走片24格/25格，晶体是安放在马达的小盖子下面，这种摄影机还可以用直流12伏变速马达，但有噪声。

(8) 其他特征。有供磁带录音机用的导频部件，但不带晶体控制器，摄影机里装有半自动照度计，镜头后面有装滤光片用的槽口，有皮老虎式遮光罩和可旋转的滤光片架，有与录音机连接的插座，还有自动拍板装置，手柄可调节，噪音水平与爱克勒尔NRR16相近，电力消耗低于0.8安培，不带镜头时的重量为7.7磅（3.5公斤）。

五、电影摄影机的发展趋势

随着科学技术水平的不断提高，先进的电影摄影机不断出现。近几年来，电影事业受到来自电视方面的强大冲击，电影摄影机的发展亦受到了很大影响，但由于电影所特有的艺术表现形式和表现手段是其他艺术不能代替的，特别是高质量的画面，更是电视所不能替代的。因此，电影摄影机仍然被广泛地应用在故事片、纪录片、科技片和电视广告节目的制作中，特别是最近一个时期，电视广告节目的制作大量采用 35 毫米电影摄影机，这也是今后的发展趋势。就近几年电影摄影机技术进展来看，今后的发展趋势其主要动向有以下几个方面：

(1) 自动化程度高。摄影工作常常是多变而紧张的，它要求摄影机的操作简便迅速、准确可靠，以利于集中精力进行摄影创作。因此，新型的摄影机多采用电子技术。如发光二极管；微型伺服电机；有的还装有微机处理，使摄影机结构简化，自动化程度提高。不但有自动曝光系统、自动变焦、自动装片、自动调焦等结构，而且还能根据创作者的需要来选择画面和同步录音、自动渐隐渐显，并且有摄影频率的多种变化速度。

(2) 反光取景，电视取景。新型摄影机都采用了反光取景，反光取景能获得较高的亮度，目镜的放大倍数也由原来的六倍发展到十二倍，甚至更高。取景器可旋转 360 度，以便在各种条件下均能拍摄。有的还安装了电视取景器，并能在拍摄的同时通过分光棱镜进行录像。使取景更为方便，视野更开阔，同时还可以使拍摄现场的其他人同时观看。

(3) 插入式片盒。这种片盒可以保证摄影人员迅速及时的装卸胶片。

(4) 低噪音。电影是视听艺术，声音在画面中愈来愈被创作人员所重视。为了满足现场同期录音的需要，要求摄影机必须具备低噪音的特点。新型摄影机都采用了隔音、吸音材料，具有低噪音性能，并采用晶体控制无刷同步电机，以保证摄影机稳定的速度，噪音级为 26 分贝以下。

(5) 镜头和摄影频率有明显改进。摄影镜头向大孔径、高透过率、高分辨率、高倍率、广角化、电动变焦、自动化等方向发展。摄影频率除了一般的 24 格/秒或 25 格/秒外，全部配有可变装置。

(6) 轻量化。摄影机采用现代新型材料，如轻度铝合金、塑料、高压玻璃纤维等，使整个机器体积缩小，重量减轻便于携带。

(7) 摄影机辅助设备有新突破。如摄影减震器，该减震器弥补了摄影师肩扛摄影机带来的运动画面不稳的缺陷，解决了在复杂环境下移动拍摄的困难，可方便地架设在人体或其他运动物体上进行拍摄。有的还配有彩色液晶取景器，使拍摄更加方便、灵活。另外还有的使用了影像增强器，这种电子光学增强器用于夜间拍摄，即使在月光或星光下也能正常工作。这种增强器能自动控制光亮度，因物镜不同，可把影像亮度增大3 000～5 000 倍。

特技装置，能使不移动的被摄体向纵深移动。有些被摄体如飞机、轮船等模型，人或物都能按比例地扩大或缩小尺寸。

思考题

各种型号的摄影机如何操作?

第十八章　摄影机曝光时间与耗片长度的计算

摄影人员在了解了摄影机的结构、性能以及掌握了摄影机的操作技术的同时，还应掌握摄影机的曝光时间、拍摄时所消耗的胶片长度，以便实现准确地曝光和控制胶片的用量。

一、电影摄影机曝光时间的计算

电影摄影机的曝光时间不同于摄像机和照相机。摄像机的曝光时间受拍摄频率的影响，当具有电子快门时，它的曝光时间有许多级数。而照相机的曝光时间的级数就更多，供摄制人员选择。而摄影机的曝光时间是由摄影频率、叶子板开口角度共同决定的。部分摄影机由于采用分光棱镜式取景，因此还受到分光棱镜透射率的影响。所以要想了解摄影机的曝光时间，应首先掌握摄影机的摄影频率和叶子板开口角度的关系。摄影机的正常频率为 24 格/秒或 25 格/秒，改变摄影频率时，可以从 8 格/秒调至 72 格/秒，甚至更高。摄影频率不同，则到达胶片的曝光量不同。

摄影机的叶子板开口角度，因机型不同存在着较大的差异。叶子板有回转圆盘叶子板和回转式反光叶子板。这两种叶子板有可调的和固定的，有单开口的还有双开口的。当叶子板开口角度固定时，摄影机的曝光时间只有一个固定值。而可调叶子板，随着它的开口角度的改变而改变着每幅画面的曝光时间，这时叶子板的开口角度与曝光时间的长短成正比。当摄影机不具备分光棱镜取景装置时，计算曝光时间依据的公式为：

$$t=\frac{\alpha}{\theta\cdot n}$$

其中 t 表示曝光时间（也称理论曝光时间），α 表示叶子板开口角度，n 表示摄影频率，θ 表示每拍一幅画面叶子板旋转的角度。

例如：摄影机在正常频率 24 格/秒时，当叶子板为单开口，开口角度为 175 度，每旋转一周（360 度）拍一幅画面，其曝光时间依据公式为：

$$t=\frac{175^\circ}{360^\circ\times 24}\approx 1/49\ (\text{秒})$$

摄影机在正常频率 24 格/秒时，如果叶子板为双开口，开口角度分别为 90 度，每旋转半周（180 度）则拍一幅画面，其曝光时间依据公式为：

$$t=\frac{90^\circ}{180^\circ\times 24}=1/48\ (\text{秒})$$

根据上述分析和计算，可以看出，摄影机的曝光时间与摄影频率、叶子板开口角度有着密切关系，它决定着摄影机曝光时间的快慢。为了便于了解和掌握曝光时间、叶子板开口角度、摄影频率三者之间的关系，可见下表。

〔表 18－1〕 曝光时间与叶子板开口角度、摄影频率关系表

曝光时间 频率 / 开口角度	8	16	24	32	48	72	96	120
180°	1/16	1/32	1/48	1/64	1/96	1/144	1/192	1/240
170°	1/17	1/34	1/50	1/68	1/102	1/152	1/203	1/254
160°	1/18	1/36	1/54	1/72	1/108	1/162	1/216	1/270
140°	1/21	1/41	1/62	1/82	1/123	1/185	1/247	1/309
120°	1/24	1/48	1/72	1/96	1/144	1/216	1/288	1/360
100°	1/29	1/58	1/86	1/115	1/173	1/259	1/346	1/432
90°	1/32	1/64	1/96	1/128	1/192	1/288	1/384	1/480
60°	1/48	1/96	1/144	1/196	1/288	1/432	1/576	1/720
30°	1/96	1/192	1/288	1/384	1/576	1/864	1/1152	1/1440
10°	1/288	1/576	1/864	1/1152	1/1782	1/2592	1/3456	1/4320
5°	1/576	1/1152	1/1728	1/2304	1/3456	1/5184	1/6912	1/8640

改变叶子板开口角度时，用光孔号码作曝光量补偿

〔表 18－2〕

叶子板开口角度（°）												
10	20	40	60	90	120	135	150	170	200	230	250	280
光孔号码 f/												
								2	2.2	2.3	2.4	2.6
					1.9	2	2.1	2.3	2.5	2.7	2.8	3
				2	2.4	2.5	2.6	2.8	3.1	3.3	3.4	3.6
			1.9	2.3	2.7	2.8	3	3.2	3.5	3.7	3.8	4.1
		1.9	2.4	2.9	3.4	3.5	3.7	4	4.4	4.6	4.9	5.1
		2.2	2.7	3.3	3.8	4	4.2	4.5	4.9	5.3	5.5	5.8
	1.9	2.7	3.3	4.1	4.7	5	5.3	5.6	6.1	6.6	6.8	7.3
	2.2	3.1	3.7	4.6	5.3	5.6	5.9	6.3	6.7	7.4	7.7	8.1
1.9	2.7	3.9	4.7	5.8	6.7	7	7.5	8	8.7	9.3	9.8	10.4
2.3	3.2	4.5	5.5	6.7	7.7	8	8.5	9.1	9.9	10.6	11.1	11.7
2.8	4	5.6	6.8	8.3	9.6	10	10.6	11.3	12.2	13.2	13.6	14.5
3.1	4.3	6.1	7.4	9.1	10.5	11	11.7	12.5	13.6	14.5	15.2	16
3.9	5.5	7.8	9.5	11.6	13.5	14	15	16	17.4	18.6	19.4	20.3
4.4	6.2	8.7	10.7	13.1	15.1	16	16.9	18	19.5	20.1	21.8	22.7
5.4	7.5	10.7	13.1	16	18.5	19	20.3	22	23.8	25.6	26.7	28.2
6.1	8.6	12.1	14.9	18.2	21	22	23.5	25	27.1	29	30.3	32.5
8	11	15.5	19	23.2	27	28	30	32	35	37	39	41

改变摄影频率时，用叶子板开口角度作曝光量补偿

〔表 18－3〕

原用频率（格/秒）	摄影时改用的频率（格/秒）												
	24	22	20	18	16	14	12	10	8	6	4	2	1
24	170	156	142	130	120	100	85	72	56	42	28	14	7
22		170	156	140	124	108	92	78	62	46	30	15	8
20			170	153	136	119	102	85	68	51	34	17	8
18				170	152	133	114	95	76	57	38	19	9
16					170	148	126	106	85	64	42	21	11
14						170	145	121	97	73	49	24	12
12							170	142	113	85	57	28	14
10								170	136	102	68	34	17
8									170	128	85	43	20
6										170	123	57	28

改变摄影频率时，用光孔号码作曝光量补偿

〔表 18－4〕

摄影时所用频率（格/秒）																	
6	8	10	12	14	16	18	20	22	24	28	30	32	40	44	48	72	96
光孔号码 f/																	
3.2	3	2.8	2.6	2.4	2.2	2.1	2	1.9	1.8								
4	3.5	3.1	2.8	2.6	2.4	2.2	2.2	2.1	2								
4.5	4	3.5	3.2	3	2.9	2.7	2.6	2.5	2.3	2.2	2.1	2					

（续表）

摄影时所用频率（格/秒）																	
5.6	5	4.5	4	3.8	3.5	3.2	3.1	2.9	2.8	2.6	2.4	2.3	2.2	2.1	2		
6.3	5.8	5.2	4.5	4.4	4.2	4	3.8	3.5	3.2	3	2.9	2.8	2.6	2.4	2.3	2	
8	7	6.2	5.6	5.2	4.8	4.5	4.3	4.1	4	3.7	3.5	3.2	3	2.6	2.8	2.3	2
9.1	8	7.1	6.3	6	5.8	5.6	5.2	4.8	4.5	4.3	4.1	4	3.7	3.5	3.2	2.8	2.3
11.3	10	9	8	7.3	6.8	6.3	6.1	5.8	5.6	5.2	4.8	4.5	4.3	4.1	4	3.2	2.8
12.5	11.2	10.1	9.1	8.6	8.3	8	7.3	6.8	6.3	6	5.8	5.6	5.2	4.8	4.5	4	3.2
16	14	12.5	11.3	10.4	9.8	9.1	8.7	8.3	8	7.4	6.8	6.3	6	5.8	5.6	4.5	4
18	16	14.2	12.5	12.1	11.7	11.3	10.7	9.8	9.1	8.7	8.3	8	7.4	6.8	6.3	5.6	4.5
22	20	18	16	14.8	13.6	12.5	12	11.7	11.3	10.5	9.8	9.1	8.7	8.3	8	6.3	5.6
25	22	20	18	17.4	16.7	16	14.5	13.2	12.5	12.1	11.7	11.3	10.5	9.8	9.1	8	6.3
32	29	25	22	20.6	19.4	18	17.3	16.6	16	14.8	13.7	12.5	12.1	11.7	11.3	9.1	8
36	33	29	25	24	22.9	22	21	19.2	18	17.3	16.7	16	14.8	13.7	12.5	11.3	9.1
45	40	36	32	30	28	25	24	23	22	20.7	19.3	18	17.3	16.7	16	12.5	11.3
	45	40	36	34.8	33.4	32	30	27	25	24	23	22	20.7	19.3	18	16	12.5
			45	42	39	36	34.6	33.2	32	30	27	25	24	23	22	18	16
					45	43	41	39	36	34.4	33.5	32	30	27	25	22	18

有些摄影机在镜头与片窗之间的光轴上装有分光棱镜，光线通过镜头至分光棱镜，使大部分光线通过分光系统到达片窗进行曝光；而另一部分光线则反射至取景器进行取景。如国产红旗S－16电影摄影机和瑞士生产的鲍莱克斯系列的电影摄影机均采用分光棱镜，其透射率为80%，反射率为20%。对于这类摄影机来讲，它们的曝光时间应为理论曝光时间（t= ——）与分光棱镜的透射率（T%）二者的乘积。

用公式表达分光棱镜式摄影机的曝光时间（t 分）为：

$$t分 = \frac{\alpha}{\theta n} \cdot T\%$$

例如，红旗 S－16 电影摄影机，在正常频率 24 格/秒时，叶子板开口角度为 175 度，分光棱镜的透射率为 80％，其曝光时间：

$$t分 = \frac{175^\circ}{360^\circ \times 24} \times 80\% \approx 1/62（秒）$$

二、电影摄影机耗片长度的计算

电影摄影机在实际拍摄中，消耗胶片的长度与所使用的胶片规格、拍摄时间、摄影频率直接相关。胶片规格根据其尺寸分为 35 毫米、16 毫米、8 毫米不等。35 毫米电影胶片每一画幅的齿孔数为 4 个，画幅间距为 19 毫米，一米胶片的画幅数为 52.6 格（即 52.6 格/米），一尺胶片的画幅数为 16 格（即 16 格/尺）；16 毫米电影胶片每一画幅的齿孔数为 1 个，画幅间距为 7.62 毫米，一米胶片中的画幅数为 131.25 格（即 131.25 格/米），一尺胶片中的画幅数为 40 格（即 40 格/尺）；而 8 毫米电影胶片每一画幅齿孔数为 1 个，画幅间距为 3.81 毫米，一米胶片中的画幅数为 262.5 格（即 262.5 格/米），一尺胶片中的画幅数为 80 格（即 80 格/尺）。

摄影频率可通过公式：$n = p/t$ 求出。公式中 n 表示摄影频率，单位为幅/秒；t 表示拍摄时间，单位为秒；p 表示画幅数，单位为幅（一幅画面等于一格）。

实际拍摄中，当已知拍摄频率和拍摄时间后，就可以求出拍摄的画幅数，把 $n=p\cdot t$ 写成 $p=n\cdot t$。对于 35 毫米电影胶片来讲，一米胶片画幅数为 52.6 格，如果当画幅数为 p 格时，消耗了胶片 $\frac{p}{52.6}$ 米，也就是 $\frac{n\cdot t}{52.6}$ 米，这就是消耗掉的胶片的米数。

若用字母（L）表示消耗胶片的长度，即为：

$$L=\frac{n\cdot t}{52.6}\text{（米）或 }L=\frac{n\cdot t}{16}\text{（尺）}$$

因此，耗片长度 $=\frac{\text{摄影频率}\times\text{拍摄时间}}{\text{单位长度上的画幅数}}$。

当使用 16 毫米电影摄影机进行拍摄时，它所消耗的胶片长度可用下式计算：

$$\text{即 }L=\frac{n\cdot t}{131.25}\text{（米）或 }L=\frac{n\cdot t}{40}\text{（尺）}$$

当使用 8 毫米电影摄影机进行拍摄时，它所消耗的胶片长度可用下式计算：

$$\text{即 }L=\frac{n\cdot t}{262.5}\text{（米）或 }L=\frac{n\cdot t}{80}\text{（尺）}$$

为了便于摄影人员在拍摄中了解和掌握摄影频率、拍摄时间与耗片长度的关系，现将上述三者之间的关系列表如下，以供参照。

35 毫米摄影机摄影频率、拍摄时间与耗片长度（米）关系表

〔表 18－5〕

长度（米）幅/秒 时间（秒）	8	16	24	32	48	64	72
1	0.15	0.30	0.46	0.61	0.91	1.22	1.37
2	0.30	0.61	0.91	1.22	1.82	2.43	2.74
3	0.46	0.91	1.37	1.82	2.74	3.65	4.10
4	0.61	1.22	1.82	2.43	3.65	4.86	5.47
5	0.76	1.52	2.28	3.04	4.56	6.08	6.84
6	0.91	1.82	2.74	3.65	5.47	7.30	8.21
7	1.06	2.13	3.98	4.26	6.38	8.51	9.58
8	1.22	2.43	3.65	4.86	7.30	9.73	10.94
9	1.37	2.74	4.10	5.47	8.21	10.94	12.31
10	1.52	3.04	4.56	6.08	9.12	12.16	13.68
30	4.56	9.12	13.68	18.24	27.36	36.48	41.04
60	9.12	18.24	27.36	36.48	54.72	72.96	82.08
120	18.24	36.48	54.72	72.96	109.44	145.92	164.16
180	27.36	54.72	82.08	109.44	164.16	218.88	246.24
240	36.48	72.96	109.44	145.92	218.88	291.84	328.33

35 毫米摄影机摄影频率、拍摄时间与耗片长度（英尺）关系表

〔表 18－6〕

长度（英尺） 幅/秒 时间（秒）	8	16	24	32	48	64	72
1	0.5	1	1.5	2	3	4	4.5
2	1	2	3	4	6	8	9
3	1.5	3	4.5	6	9	12	13.5
4	2	4	6	8	12	16	18
5	2.5	5	7.5	10	15	20	22.5
6	3	6	9	12	18	24	27
7	3.5	7	10.5	14	21	28	31.5
8	4	8	12	16	24	32	36
9	4.5	9	13.5	18	27	36	40.5
10	5	10	15	20	30	40	45
30	15	30	45	60	90	120	135
60	30	60	90	120	180	240	270
120	60	120	180	240	360	480	540
180	90	180	270	360	540	720	810
240	120	240	360	480	720	960	1080

16毫米摄影机摄影频率、拍摄时间与耗片长度(英尺)关系表

〔表 18－7〕

长度(英尺) 幅/秒 时间(秒)	8	16	24	32	48	64	72
1	0.06	0.12	0.18	0.24	0.37	0.49	0.55
2	0.12	0.24	0.37	0.49	0.73	0.96	1.10
3	0.18	0.37	0.55	0.73	1.10	1.46	1.65
4	0.24	0.49	0.73	0.98	1.46	1.95	2.19
5	0.30	0.61	0.91	1.22	1.83	2.44	2.74
6	0.37	0.73	1.10	1.46	2.19	2.93	3.29
7	0.43	0.85	1.28	1.71	2.56	3.41	3.84
8	0.49	0.98	1.46	1.95	2.93	3.90	4.39
9	0.55	1.10	1.65	2.19	3.29	4.39	4.94
10	0.60	1.22	1.83	2.44	3.66	4.88	5.49
30	1.83	3.66	5.49	7.31	10.97	14.63	16.46
60	3.66	7.31	10.97	14.63	21.95	29.26	32.92
120	7.31	14.63	21.95	29.26	43.89	58.52	65.84
180	10.97	21.95	32.92	43.89	65.84	87.78	98.76
240	14.63	29.26	43.89	58.52	87.78	117.04	131.67

16毫米摄影机摄影频率、拍摄时间与耗片长度(英尺)关系表

〔表18-8〕

时间(秒) \ 幅/秒 \ 长度(英尺)	8	16	24	32	48	64	72
1	0.2	0.4	0.6	0.8	1.2	1.6	1.8
2	0.4	0.8	1.2	1.6	2.4	3.2	3.6
3	0.6	1.2	1.8	2.4	3.6	4.8	5.4
4	0.8	1.6	2.4	3.2	4.8	6.4	7.2
5	1	2	3	4	6	8	9
6	1.2	2.4	3.6	4.8	7.2	9.6	10.8
7	1.4	2.8	4.2	5.6	8.4	11.2	12.6
8	1.6	3.2	4.8	6.4	9.6	12.8	14.4
9	1.8	3.6	5.4	7.2	10.8	14.4	16.2
10	2	4	6	8	12	16	18
30	6	12	18	24	36	48	54
60	12	24	36	48	72	96	108
120	24	48	72	96	144	192	216
180	36	72	108	144	216	288	324
240	48	96	144	192	288	384	432

16 毫米摄影机用不同摄影频率的耗片量（一）

〔表 18－9〕

时间秒 \ 摄影	摄影频率													
	4		6		8		12		14		16		18	
	英尺	米	英尺	米	英尺	米	英尺	米	英尺	米	英尺	米	英尺	米
1″	0.10	0.03	0.15	0.05	0.20	0.06	0.30	0.09	0.38	0.11	0.40	0.12	0.45	0.14
2″	0.20	0.06	0.30	0.09	0.40	0.12	0.60	0.18	0.70	0.22	0.80	0.24	0.90	0.27
3″	0.30	0.09	0.45	0.10	0.60	0.18	0.90	0.27	1.05	0.32	1.20	0.36	1.35	0.41
4″	0.40	0.12	0.60	0.18	0.80	0.24	1.20	0.36	1.40	0.42	1.60	0.48	1.80	0.55
5″	0.50	0.15	0.75	0.23	1.00	0.30	1.50	0.46	1.75	0.53	2.00	0.61	2.25	0.69
10″	0.99	0.30	1.49	0.45	1.99	0.60	2.99	0.91	3.49	1.06	3.99	1.21	4.49	1.37
15″	1.49	0.45	2.24	0.68	2.99	0.90	4.49	1.37	5.24	1.59	5.99	1.82	6.74	2.46
20″	1.98	0.60	2.98	0.90	3.98	1.20	5.98	1.82	6.98	2.12	7.98	2.42	8.98	2.74
25″	2.48	0.75	3.73	1.13	4.98	1.50	7.48	2.28.	8.73	2.65	9.98	3.03	11.23	3.43
30″	2.97	0.90	4.47	1.35	5.97	1.80	8.97	2.73	10.47	3.18	11.97	3.63	13.47	4.11
35″	3.47	1.05	5.22	1.58	6.97	2.10	1.47	3.19	12.22	3.71	13.97	4.24	15.72	4.80
40″	3.96	1.20	5.96	1.80	7.96	2.40	11.97	3.64	13.96	4.24	15.96	4.84	17.96	5.48
45″	4.46	1.35	6.71	2.03	8.96	2.70	13.46	4.10	15.75	4.77	17.96	5.45	20.21	6.17
50″	4.95	1.50	7.45	2.25	9.95	3.00	14.95	4.55	17.45	5.30	19.95	6.05	22.45	6.85
55″	5.45	1.65	8.20	2.48	10.95	3.30	16.45	5.01	19.20	5.83	21.95	6.66	24.70	7.54
1′00″	5.94	1.80	8.94	2.70	11.94	3.60	17.94	5.46	20.94	6.36	23.94	7.26	26.94	8.22
1′05″	6.44	1.95	9.69	2.93	12.94	3.90	19.44	5.92	22.69	6.89	25.94	7.87	29.19	8.91
1′10″	6.93	2.10	10.43	3.15	13.93	4.20	20.93	6.37	24.43	7.42	27.93	8.47	31.43	9.59
1′15″	7.43	2.25	11.18	3.38	14.93	4.50	22.43	6.83	26.18	7.95	29.93	9.08	33.68	10.28
1′20″	7.93	2.40	11.92	3.60	15.92	4.80	23.92	7.28	27.92	8.48	31.92	9.68	35.92	10.90
1′25″	8.42	2.55	12.67	3.83	16.92	5.10	25.42	7.74	29.67	9.01	33.92	10.29	38.17	11.65
1′30″	8.91	2.70	13.42	4.05	17.91	5.40	26.91	8.19	31.41	9.54	35.91	10.89	40.41	12.33
1′35″	9.41	2.85	14.16	4.28	18.91	5.70	28.41	8.65	33.16	10.07	37.91	11.50	42.66	13.02
1′40″	9.90	3.00	14.90	4.50	19.90	6.00	29.90	9.10	34.90	10.60	39.90	12.10	44.90	13.70
1′45″	10.40	3.15	15.65	4.73	20.90	6.30	31.40	9.56	36.65	11.13	41.90	12.71	47.15	14.39

16毫米电影摄影机用不同摄影频率的耗片量（二）

〔表 18－10〕

时间（秒）＼摄影	摄影频率													
	20		24		28		30		32		36		64	
	英尺	米	英尺	米	英尺	米	英尺	米	英尺	米	英尺	米	英尺	米
1″	0.50	0.15	0.60	0.18	0.70	0.21	0.75	0.23	0.80	0.24	0.90	0.27	1.60	0.49
2″	1.00	0.30	1.20	0.36	1.41	0.43	1.50	0.46	1.60	0.49	1.80	0.55	3.20	0.97
3″	1.50	0.46	1.80	0.55	2.10	0.64	2.25	0.68	2.40	0.73	2.70	0.82	4.79	1.46
4″	2.00	0.61	2.40	0.73	2.80	0.85	3.00	0.91	3.20	0.97	3.60	1.10	6.39	1.95
5″	2.50	0.76	3.00	0.91	3.50	1.07	3.75	1.14	4.00	1.22	4.50	1.37	7.99	2.44
10″	4.99	1.15	5.99	1.82	6.99	2.13	7.49	2.28	7.99	2.43	8.99	2.74	15.98	4.87
15″	7.49	1.91	8.99	2.73	10.49	3.20	11.24	3.42	11.99	3.65	13.49	4.11	23.97	7.31
20″	9.98	3.04	11.98	3.64	13.98	4.26	14.98	4.56	15.98	4.86	17.98	5.48	31.96	9.74
25″	12.48	3.80	14.98	4.55	17.48	5.33	18.73	5.70	19.98	6.08	22.48	6.85	39.95	12.18
30″	14.97	4.58	17.97	5.46	20.97	6.39	22.47	6.84	23.97	7.29	26.97	8.22	47.94	14.61
35″	17.47	5.32	20.97	6.37	24.47	7.46	26.22	7.98	27.97	8.51	31.47	9.59	55.93	17.05
40″	19.96	6.08	33.96	7.28	27.96	8.52	29.96	9.12	31.96	9.72	35.96	10.96	63.92	19.48
45″	22.46	6.84	26.96	8.19	31.46	9.59	33.71	10.26	35.96	10.94	40.46	12.33	71.91	21.92
50″	24.95	7.60	29.95	9.10	34.95	10.65	37.45	11.40	39.95	12.15	44.95	13.07	79.90	24.35
55″	27.45	8.36	32.95	10.01	38.45	11.72	41.20	12.54	43.95	13.37	19.45	15.07	87.89	26.79
1′00″	29.94	9.12	35.94	10.92	41.94	12.78	44.94	13.68	47.94	14.58	53.94	16.44	95.88	29.22
1′05″	32.44	9.88	38.95	11.83	45.44	13.35	48.98	14.82	51.94	15.80	58.44	17.81	103.87	31.66
1′10″	34.93	10.64	41.93	12.74	48.93	14.91	52.43	15.96	55.93	17.01	62.93	19.18	111.86	34.09
1′15″	37.43	11.40	44.93	13.65	52.43	15.98	56.18	17.10	59.93	18.23	67.43	20.55	119.85	36.53
1′20″	39.92	12.16	47.92	14.56	55.32	17.04	59.92	18.24	63.92	19.44	71.92	21.92	127.84	38.96
1′25″	42.42	12.92	50.92	15.47	59.42	18.11	63.67	19.38	97.92	20.66	76.42	23.29	135.83	41.40
1′30″	44.91	13.68	53.91	16.38	62.91	19.17	67.41	20.32	71.91	21.87	80.91	24.66	143.82	43.83
1′35″	47.41	14.40	56.91	17.29	66.41	20.24	71.16	21.66	75.91	23.09	85.41	26.03	151.81	46.27
1′40″	49.90	15.20	59.90	18.20	69.90	21.30	74.90	22.80	79.90	24.30	89.90	27.40	159.80	48.70
1′45″	52.40	15.96	62.90	19.11	73.40	22.37	78.65	23.94	83.80	25.52	94.40	28.77	167.79	51.14

思考题

1. 如何计算摄影机的曝光时间?

2. 改变摄影频率或叶子板开口角度对曝光时间是否有影响?

3. 怎样计算电影摄影机拍摄时的耗片长度?

第十九章 摄影技术技能

一、摄影机（摄像机）的操作技术

电影摄影机或电视摄像机对于摄影人员来讲，就如同手中的武器，用它摄取视觉形象，表现现实生活中各种事物的本来面貌，记录社会政治、经济、文化、科技等各个领域中典型的人和事，创造出完美的艺术形象。摄影人员要想拍摄出形象鲜明、生动、有深度、有魅力的高质量的影视作品，就必须充分了解摄影机、摄像机的技术技能，正确熟练地掌握它的使用方法，这样才能拍摄出理想的画面，优秀的影视节目，使观众在观赏影视作品时会随着情节、内容的不断变化，受到教育和鼓舞以及美的享受。

1. 摄影机（摄像机）的操作方式

在影视节目制作中，摄影人员实际拍摄时，操作摄影机的方式一般分为两种，一种是手持摄影机进行拍摄，另一种是固定在支架上进行拍摄。

（1）手持机拍摄：就是用手拿着摄影机进行拍摄。现代便携式摄影机，在设计中都考虑到手持拍摄的问题。根据摄影机的外形，摄影人员一般采用双手托着摄影机进行拍摄，或肩扛摄影机用手握住摄影机的下部或旁侧进行拍摄。有时还根据需要，经常采用把摄影机抱在怀里、提在手上等方式进行拍摄。上述方式所摄取的镜头，最接近人们的观察特点，合乎人们的视觉习惯，给观众以身临其境之感。另外，采用手持机摄影方式在拍摄中有较大的灵活性。它摆脱了支架的限制，对周围发生的情况能迅速及时地作出反应，便于捕捉现场中未知的突发情形，不至于失去很多精彩的画面，并且它能在复杂的运动中进行拍摄，因此，非常适合于即兴创作。在新闻、纪录片拍摄中它占有很大的优势。像纪录片《望长城》中大量的镜头都是采用这种方式拍摄的，它真实地再现了现实生活以及现实生活中活生生的人物，如摄制人员攀登山海关长城的一组镜头，可以看出摄影者就是肩扛机器边攀边拍的，镜头摇摇晃晃，使人们在画面中看到了地势的险峻，充分表现了生活的真实。类似于此的场景在该片中处处可见，表现出一种纪实美。在特殊情况下，当不能把摄影机安在支架上或要寻求运动的某种特殊效果时，也常采用这种拍摄方式。

但是这种拍摄方式也存在着不少缺陷，对画面的技术质量和表现的内容会产生较大影响，最主要的是画面的稳定性不好。在拍摄中为了保证摄影机所拍画面的稳定，摄影人员必须注意以下几点：

△选择正确的拍摄姿势。

手持摄影机拍摄，取景时不会像用三脚架那样稳定，身体的稳定性取决于摄影人员的姿势。拍摄姿势有站、坐、跪、蹲、卧等，一般正常的拍摄姿势是站姿，它能够为操作提供很多方便，也能使摄影机相对稳定。当使用照相机拍摄时，正确的持机姿势如图 19－1A、B、C、D、E、F、G 所示。

◁图 19－1A 正确的拍摄姿势（正面）▷

◁图 19－1B 正确的拍摄姿势（侧面）▷

◁图 19－1C 拍摄竖幅画面时的正确姿势▷

◁图 19－1D 立姿拍摄时的正确持机▷

◁图 19－1E 运用长焦距镜头时正确的持机姿势▷

◁图 19－1F 跪姿拍摄时的正确持机▷

◁图 19－1G 卧姿拍摄时的正确 持机▷

当使用电影摄影机、电视摄像机拍摄时，正确地持机姿势如图 19－2A、B、C 所示。

持机人站立时，让身体的重量平均落在两只脚上，手握摄影机让机器的重量落在肩上，起到支托作用，这样便构成了一个近似的三角支体，拍摄时不仅能保证最大的稳定性，同时还能使身体活动自如。在进行 100 度角的摇摄时，摄影人员可以不移动双脚的位置，方便地进行仰摄或俯摄，此时身体不会失去平衡。当采取坐或卧姿拍摄时，最好在拍摄现场找有利的地形或某些物体作为依托，在没有依托的条件下，可以利用其他人员的身体或大腿作依托。在采用跪姿拍摄时，拍摄人员可双腿也可单腿跪下，单腿跪下拍摄时应让摄影机的重量落在跪下的腿上，双手托着摄影机，使另一条腿作为支点。当双腿跪下拍摄时应双腿并齐，摄影师身体的重心落在并齐的小腿上，这样扛机器的身体就会平稳。以上几种拍摄姿势，在实际拍摄中，应根据拍摄的内容和现场情况而选用。

◁图 19－2A 肩扛拍摄持机姿势▷

△选择必要的辅助器材。

摄影中为了保证手持摄影机所摄画面的稳定，常选用一些必要的辅助器件，如肩架、陀螺稳定器和摄影减震器等。肩架是架在肩上和腹部，可以前后调整，能准确地位于摄影师眼前，便于取景，并使摄影机的重量均匀地分布在肩上，用起来非常方便。在拍摄时摄影师的双手都可以空出，用来操作摄影机。另外，新型的减震器在手持机摄影操作中，对稳定画面起到了很大的作用。使用时当把它与摄影师身体固

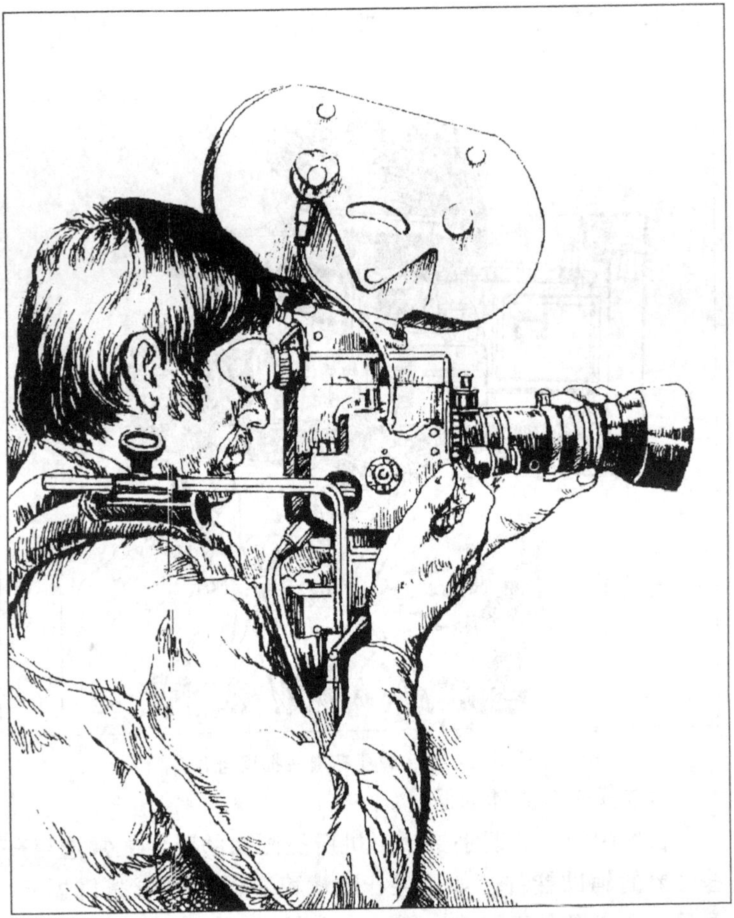

◁图 19－2B 利用肩架拍摄时的正确持机姿势▷

定在一起后，再把摄影机固定在减震器上即可拍摄。无论地形变化多么复杂，都能拍出稳定的画面，就是使用长焦距镜头进行拍摄，画面的跳动也不会太大。减震器是运动摄影中理想的设备。

◁图 19－2C 使用摄影机时的正确的持机姿势▷

△选择合适的镜头。

镜头焦距的长短与画面的稳定程度密切相关。因为镜头焦距的长短与画面景深、镜头视角、透光系数有关。当使用长焦距镜头手持机拍摄时，只要有稍微的抖动，画面的晃动就会十分明显。而短焦距镜头，由于视角范围广，画面稍有晃动，不易被察觉。因此，手持机多选用短焦距镜头。特别是在摄影师刚刚进行过大运动量的活动之后，如需立即拍摄，更要记住应使用短焦距镜头进行拍摄。这是因为剧烈运动之后，摄影师心跳加快，呼吸急促，这时拍摄极容易造成画面不稳。因此，为了抢拍到理想的场面，利用广角镜头拍摄，可以有效地保证画面的技术质量。

以上所述都是为了在手持机拍摄时使画面平稳。另外，还有其他的拍摄方法，也可以使摄影机平稳工作，这里不再赘述。但需说明，创作中有时为了使画面出现一些特殊效果，也可以通过摄影师的晃动，给观众造成一种真实的感觉。因此，拍摄中不但要考虑到画面的技术质量，还要考虑节目内容的需要，创作意图的需要。

(2) 固定拍摄。固定拍摄与手持拍摄方式不同，手持拍摄指摄影师肩扛摄影机进行拍摄，而固定拍摄是把摄影机固定在支架上进行拍摄。两种拍摄方式比较，各有所长也各有其不足之处。

固定的拍摄是利用三脚架或把三脚架支在移动车上进行拍摄。如图 19－3A、B、C、D 所示。这种拍摄方式的最大优势是能获得极其稳定的画面效果。特别是长时间细致地观察被摄对象的某些细部，或在较长时间内拍摄一些范围比较集中的事件。如现场直播节目时，多采用固定拍摄。采用固定拍摄不会因画面晃动而分散观众的注意力，还可以运用长焦距镜头，捕捉到被摄体真实自然的情态，能够准确地跟拍到运动的物体。如利用望远镜头拍摄野生动物和火箭发射升空时的壮观场面。电视剧、电视广告、大型文艺晚会多采用固定拍摄方式进行拍摄。它可以使摄影（像）师从负重的状态下解放出来，以便把更多的精力投入到艺术创作中去。

固定拍摄时，使用三脚架需要注意以下几点：当把摄影机固定在三脚架上时，应锁牢后方可松手，不操作时，应有专人看管，并且把摄影机重心向下对准三脚架的一支脚，不

◁图 19－3A 照相机利用三角架拍摄示意▷

能让摄影机的重心偏移。在拍摄期间，当确定暂时停止时，应从三脚架上取下摄影机，防止出现意外损坏机器，使用三脚架乘运载工具进行拍摄，在启动和停止时要注意摄影机的重心，防止把机器甩出去。

◁图 19－3B 摄影机利用三角架拍摄示意▷

上面两种拍摄方式，在实际运用中采用哪一种没有绝对的规定和具体的标准，但有一个原则不能违背，即应根据摄影人员拍摄的题材对象以及表现形式而选择不同的拍摄方式。

2. 对持机人操作时的技术要求

摄影人员要想拍好各种条件下的景物，在操作摄影机时，必须注意以下几个技术问题，即平、准、稳、匀。这是对摄影人员操作摄影机时的基本技术要求。

“平”，是指摄影机（或摄像机）要保持水平，不能倾斜。手持摄影机进行创作时，要注意从取景器中随时观察画面是否水平。用支架拍摄，需注意机器的重心和水平仪的显示，

◁图 19－3C 摄像机利用三角架拍摄示意▷

以便使画面保持水平。

“准”主要有以下几点：

(1) 拍摄时，画面构图要准确。无论是固定拍摄还是运动拍摄，所摄画面中的景物一次性构图，不能出现误差，因为它不同于拍摄照片，后期可以裁剪，进行重新构图处理。

(2) 在拍摄中不论景物的亮度变化多么复杂，采用哪种拍摄形式，都应该做到画面曝光准确，符合创作中造型艺术效果和气氛的要求。

(3) 拍摄运动物体时，画面要跟准，起幅落幅也要准确。

(4) 利用变焦距镜头拍摄，焦距、焦点应调准。只有做到准，才能确保画面的质量。

◁图 19－3D 摄影机固定在移动车上拍摄示意▷

“稳”即摄影机在采用不同的方式进行拍摄时，要保持平稳，不晃不抖。

“匀”指拍摄时摄影机运动速度要匀，要掌握好摄影机移动的节奏，不能忽快忽慢，注意上下镜头之间节奏的关系。采用支架拍摄，应把三脚架的云台转动部分松紧调节适当，太紧或太松都不能使画面均匀的移动。

以上要求，每一个摄影者应严格遵守，只有在摄制中做到平、准、稳、匀，才能有效地保证画面的技术质量。但是，在个别情况下，为了实现某种特殊效果，也可以打破常规，违背对技术要求的原则，以便达到内容与形式的统一，获得更加真实完美的艺术效果。

二、运动摄影技术

运动摄影是指在实际拍摄中通过移动摄影机的机位或变动摄影镜头的光轴，变化镜头的焦距所进行的拍摄。根据摄影机运动的方式可分为推镜头、拉镜头、摇镜头、移镜头、升降镜头、跟镜头及综合运动等几种主要形式。

1. 摇摄

摇摄是以点（摄影机机位不动）为轴心作上下左右旋转等弧形运动进行拍摄。其画面效果如同人们在观察事物时身体不动，转动头部环顾四周的视觉效果。摇摄的主要功能，是通过摄影机上、下、左、右的运动，将画面向四周扩展，突破了画面框架的空间限制，使更多的景物展现在人们的眼前，扩大了人们的视野范围，增强了画面的动感和空间感，提供了更多的视觉信息；使同一场景中事物与事物之间建立起了内在的联系，有助于揭示事物发生、发展的真实过程，表现了事物在时空转换中的因果关系和对比关系。

(1) 摇摄镜头的操作方式有下列几种：

△ 连续摇摄，即摄影机进行在左右或上下摇摄，中间过程不停顿，这类镜头，多用于展示环境中静态和动态等大场面。

△ 快速横摇，即追踪运动速度较快的物体进行拍摄。一般是固定在三脚架上利用长焦距镜头跟随动体拍摄，摇摄的速度与动体的速度相等。

△ 间歇摇摄，即在连续的摇摄过程中，根据被摄体的运

动变化中间插入几次短暂的停顿，使该镜头出现一些节奏变化。

△ 倾斜摇摄，即从违背正常视觉的拍摄角度，在摇摄中使被摄体出现倾斜效果，垂直的景物转为倾斜，倾斜的程度同地平线与摄影机镜头光轴的夹角有关。这种镜头具有某种戏剧性效果。

△ 环形摇摄，即摄影机根据被摄体（可以是静态也可以是动态）进行360度环摇拍摄，使被摄体呈旋转效果。

△ 不规则的摇摄，这种摇摄是根据被摄主体的位置变化而采用的拍摄方式。只有这样才能使主体鲜明，运动流畅。

△ 甩摇，它属于摇摄镜头中的一种特殊性镜头。摄影机从起幅急速摇到落幅，中间过程呈虚像效果。甩摇镜头可以把同一时间内容发生在不同地点的几件事并列在一个镜头中，形成一种紧迫感，使画面内部节奏加快。

(2) 摇摄时应注意的问题。

△ 摇摄时要根据拍摄要求，掌握好摇摄的速度。速度的快慢应与画面中需表现的内容、情绪变化及镜头焦距的长短联系起来考虑。因为摇摄速度直接影响着人们对事物的观察和了解。对于不易识别、不易分辨、容易造成视觉错觉的物体以及复杂的景物，拍摄时应适当放慢速度；而对那些非重点表现区域，以及非主要物体的表现则应快些。追随物体摇摄时，摇摄的速度应与画面内运动物体的位移相对应，并将被摄主体始终保持在画面内。对于间歇运动的主体应根据情况采用间歇摇，以揭示画面中的主题。

△ 摇摄所拍的画面如果剪接时与静止画面相连，拍摄时要有起幅、落幅。当与运动画面连接时，可以不拍起落幅。

△ 手持摄影机进行大幅度摇摄，要做好姿势。在拍摄时

可先使自己的身体处在落幅的状态，在位置不动的情况下，把摄影机对准起幅所拍摄的景物，然后开机，拍摄时只转动身体，不改变位置，慢慢地使自己的身体放松下来，变成最舒服的姿势，以保证画面运动平稳、速度均匀，得到起幅平、落幅准的拍摄效果。

△ 注意摇摄的运动方向。方向可与动体的方向相同，也可以相背。当两者的运动方向保持一致时，画面显得流畅；当采用逆主体运动方向而动的摇摄手法，能够造成视觉上的逆势对比，产生强烈的动感。

2. 移动摄影

移动拍摄与摇摄不同，摇摄是以点为轴心，作弧线形运动；而移动摄影是以线（摄影机机位变化）为轨迹，随运动轨迹不间断地立体展示空间。可跟随被摄体的运动进行移动拍摄，形成伴随移动的视觉效果。也可能在被摄体不动时，将摄影机架在某些运动器械上，如带轮的三脚架、移动车及自行车、汽车等工具上进行拍摄，使景物从画面中依次掠过，造成展示的视觉效果。移动镜头按其运动方向有横移与纵移，按移动方式有跟移与摇移。

横移拍摄，即摄影机的机位进行左右移动拍摄。横移拍摄可使画面框架向两侧依次延伸，让被摄体在镜头不停的运动中形成一个整体。

纵移拍摄，即摄影机机位进行前后移动拍摄。当摄影机沿镜头光轴方向向前移动拍摄时称为“前移”；若摄影机沿镜头光轴方向向后移动拍摄则称为“后移”。这种移动拍摄突破了画面平面的局限，增强了画面的纵深空间。

跟移，即摄影机跟随运动的被摄体一起进行运动的拍摄。

跟移有别于横移和纵移，因为进行横移和纵移拍摄，被摄体可静可动，而跟移则是画面中始终有一个运动的主体。摄影机跟随主体一起移动，并保持着相对稳定的画面景别。

横移，即摄影机在跟随运动物体一起移动的同时，还伴随着改变摄影机镜头的光轴。这种拍摄方式，都应根据节目内容和表现形式来灵活使用，且不可滥用。

移动拍摄可以增强画面的主体感、空间感，能够表现较大的场景，有较强的视觉效果；使观众在与摄影机一起移动的同时，产生一种身临其境的感觉。因此，移动镜头得到广泛的应用，特别是纪实性的节目，如大型纪录片《话说运河》、《望长城》都大量地运用了移动镜头。创作者利用各种手段，通过天上的航拍，地下的运动工具以及摄影师自身的运动进行拍摄，构成了一个完整的多维空间。移动拍摄使人们跟着镜头从横向到纵向运动，拓宽了画面的表现空间，产生了强烈的现场参与感和真实的空间感。

3. 推、拉摄影

推镜头是指摄影机沿光轴方向向前移动拍摄，或用变焦距镜头改变焦距来拍摄，即从短焦距逐渐调到长焦距部位。两种拍摄方式所得到的画面效果，能给观众视线前移的感觉。

拉镜头是指摄影机沿光轴方向向后移动拍摄，景物由近至远。或采用变焦距镜头改变焦距来拍摄，即从长焦距部位逐渐调到短焦距部位。其画面效果有视点后移的感觉。

以上两种运动形式，是采用不同的拍摄方法来完成的。但是，应当指出，利用变焦距镜头进行“推拉”所形成的画面效果与移动摄影机机位进行“推拉”所拍摄的画面效果有着很大的差别。摄影机移动所形成的“推拉”画面，是在物距不断变化中实现的，由于物距的变化，景物的透视比也相应的改变。而利用变焦距镜头所摄取的“推拉”画面，是在物距不变的情况下，利用焦距的变化来完成的。这时所摄画面场景中的景物在画面中是等量的增加或缩小，其透视比不变。推镜头的功能主要是利用取景范围由大到小的变化，使被摄主体逐渐处于醒目的结构中心，突出了画面的主体或某些细节，给人以鲜明的视觉形象，展现了全局与局部的关系，使观众的视线有了明确的指向性。

拉镜头与推镜头在视觉感觉上恰好相反。拉镜头的起幅画面主体形象鲜明突出，有先声夺人的效果。随着镜头的逐渐拉开，画面中的内容增多，扩大了视野范围，可以在同一个镜头中表现局部主体与整体的关系。

运用推拉镜头进行拍摄要注意：画面结构应当有明确的目的性，画面布局要严谨，掌握好推拉镜头的节奏变化。一般来讲，推镜头速度可快一些，拉镜头的速度则应慢一点，快与慢还视节目内容而定。但是，在不间断地进行推或拉镜头时要保持速度均匀，防止忽快忽慢。拍摄时应及时调整焦点，因为推拉镜头是移动机位和镜头焦距，两者的变化都直接影响着画面的景深范围。如不及时调整就会造成被摄主体焦点不实，成为虚像。不论是推镜头或是拉镜头，调焦点都应以所摄景物的最近点对焦。如果利用变焦距拍摄推镜头，应以落幅画面的主体物调节焦点，然后在不改变的情况下，把镜头恢复到起幅位置进行拍摄，只有这样才能使主体始终保持清晰的影像。

三、航空摄影技术

航空摄影比地面摄影的角度高、视野广，且更机动灵活。掌握了航空摄影的一般常识，对某些场景的拍摄将大有裨益。关于航空摄影必须具备的条件、摄影前应准备的工作及实际拍摄时应注意的有关问题简单介绍如下：

1. 航空摄影前的准备工作

首先，应根据要拍摄的内容，向有关部门申请提供相应的摄影工作用飞机，有时还需要对飞机进行相应的改装。

(1) 工作机种的选择。

△歼击教练机：

现空军常用的有“歼教五”和“歼教六”型两种。其性能大体相同，均具备速度快、飞得高、自身稳定性好等优点。两种飞机前、后都有座仓，摄影记者可根据所摄内容选用前仓或后仓进行拍摄，由于座仓的体积小，不能安装摄影机支架，只能手持拍摄。这种飞机用来拍摄空中歼击机等高速飞行的单机或编队以及空中云彩等较理想。

△轰炸机：

通常使用的是“轰五”或“轰六”型飞机。这种飞机的相对稳定性较好，速度较快，多用于拍摄轰炸机编队、开阔的地形。它也有前后座仓，可供摄影摄像人员使用。前面是领航仓，可进行从侧面、水面或稍向上、下倾斜以及全俯拍摄。因座仓的体积不大，只能手持摄影机拍摄。

△运输机：

一般指“运五”、“安 26”等大型飞机。通常用以拍摄空降、投放物资等。这类飞机的仓内空间较大，可在机仓内支架安装摄影机，也可安装减震器，使摄影机减少抖动，增加画面的相对稳定性。这种飞机可选择的拍摄角度较多，工作起来比较方便。

△直升机：

较为理想的是苏制的“米八”、法制的“超黄蜂”和“云雀”直升机。这三种直升机性能较好，尤其是“米八”和“超黄蜂”，续航时间长，活动半径大，升空一次可工作三小时左右，而且仓内空间大，可安装支架，在前门或后门均可拍摄。“云雀”直升机，小而灵活，但空中工作时间短，可在左前门或右前门进行拍摄。这种直升机适于拍摄那些场景小、速度慢的景物。总之直升机速度较慢，且可根据需要随意调整各种高度和速度，便于拍摄各种不同的景物，必要时摄影机和人还可以用支架伸出飞机外进行拍摄。因此，直升机是拍摄地面场景较为理想的空中摄影工作机。

(2) 摄影器材的准备。

△检查摄影摄像器材，准备是否齐备，胶片或磁带是否够用。

△由于空中拍摄，一般都拍摄远全景画面，应准备一个广角镜头。

△如拍飞机上飞行员的操作镜头，应事先把摄影机固定在飞行员座仓里瞄准镜的底座上，这样就可以拍摄至飞行员自身的面部近景或特写和操纵动作。

△如果需把摄影机安装在飞机的外面拍摄时，则要装上一个保护壳，用以保护和固定摄影机。此壳形状以圆柱形为好，这样既可以随意调整变换拍摄的角度，向前可拍到飞机

的头部，向后可拍到飞机的尾部，且空气阻力小，抗压力性能好，较为牢固。摄影机安装后要检查摄影机马达的电源导线、开关是否接通。这种方法的拍摄，通常是由飞行员自己掌握电源开关，一定要在起飞前进行检查，这是十分重要的。

以上讲的两种航拍方法，无论摄影机安装在飞机的体内或体外，每个起落只能有一个角度，故不宜拍摄过多。

△空中拍摄，有时摄影记者是在机内隔着玻璃向外拍摄，但很多时候是摄影记者把机仓门打开，站在里面向外拍摄，便构成了一定的危险性，所以在登机之前一定要准备好安全设备（包括人员和设备的安全）。

(3) 空中摄影的组织协同。

人们常说，航空摄影，飞行员是半个摄影师，这话是有道理的。要拍到理想的空中画面，理想的工作飞机固然很重要，但如果没有机组人员特别是飞行员的协作，摄影记者的想法再好，拍摄工作也无法顺利进行。因此电视摄影记者在上机之前就应把拍摄的内容和意图告诉飞行员；最好是把要拍摄的镜头内容，飞机进入的方向、角度等画出草图，把要拍摄的镜头标在地图上，这样工作起来可减少空中对话。在空中实拍时通常只作小的方向，高低的调整，没有特殊情况，不要随意改变工作顺序。

2. 航空摄影中的问题处理

航空摄影的关键，在于如何掌握好工作飞机的速度、高度、方向、工作机与被摄机、工作机与地面景物的距离、高度、采光及背景等问题，应注意如下几个问题：

(1) 空中摄影的采光。

空中摄影和地面摄影一样，通常采用侧光和侧逆光。如条件许可，白昼采用侧逆光。如果用顺光拍云彩，其画面将是空白一片，没有质感。而采用侧光或侧逆光拍摄，就会产生较强的立体感。

空中摄影也不宜采用逆光，特别是太阳角度较低时，镜头会对着太阳，由于无法挡光，会使画面出现不必要的光晕或灰雾，从而影响画面的质量。为了获得较理想的效果，可安排工作飞机对着太阳或背着太阳飞行，此外工作飞机还可与太阳保持左前 15 度，或左后 15 度方向飞行（因为飞机通常是左边开门，摄影人员一般在左边向外拍摄），这样就可达到侧光、侧逆光拍摄各种景物的效果。

（2）空中摄影的曝光控制。

用测光表测量的结果表明，高空的亮度通常比地面高出 1～2档光圈，但实际拍摄时，可根据被物体本身的色调缩小或放大 1/3 档光圈。例如拍摄白云也和地面拍摄白雪一样，适当放大一点光圈就能使白云更真实些。

（3）空中摄影时飞机的速度与高度。

航空摄影中飞机的速度与高度，是根据所拍摄的具体内容来定的，例如要拍摄在空中飞行的飞机，那么工作机就应与被拍摄体的飞机保持同样的速度，至于飞机的高度，则应根据画面的要求随时进行调整，具体要求由内容决定。下面着重谈谈航空拍摄地面景物的速度与高度。我们认为航空拍摄地面的景物，最好是采用直升机，因为此类飞机的高度，速度调整起来较为方便。飞机的速度和高度均与被拍摄物体有着密切的联系。如果地面被拍摄的景物体积小，那么速度就应慢些，高度也应低些；反之，如果拍摄大场景或地形地貌，那么速度可快些，飞机可高些。通常用 100 公里/小时的速度和 1 000 米的高度就能拍出较为理想的效果。

(4) 航空摄影对天气的要求。

除特殊要求外，航空摄影应在晴天进行，能见度最好不低于 30km，因为空中摄影大多是全景、远景，否则会直接影响画面的清晰度。拍摄时间最好选在上午 8:00～10:00、下午 3:00～5:00 进行（这里指夏天，冬天可适当推迟或提前）。因为这时光线角度适中，较之中午光线效果好，气流相对稳定，对拍摄较为有利。

(5) 航空摄影的背景选择。

航空摄影，对背景的选择也很重要。如拍摄飞机飞行线编队的机群，背景应有适量的云彩，如果没有相应的云彩或群山作背景，衬托出处在动态中的飞机，拍出来的画面会缺乏动感，那就失去了航空摄影的实际意义。所以航空摄影中对背景选择的好坏，对画面质量影响很大。

(6) 航空摄影影响画面抖动的主要原因。

航空摄影最突出的一个问题是画面抖动。除去飞机自身的原因外，同天气、地形、摄影记者操作摄影机的方法有直接关系。拍摄时应注意以下几点：

△手持摄影机拍摄时，双手要握紧，尽量使拍摄机与身体保持一体，转动拍摄角度应整个身体转动，实拍时，身体各部位，切勿碰靠飞机，以免飞机的震动传到摄影机，影响画面的稳定性。

△将机器安装在飞机上时，一定要把每个结合部位固定牢靠，如稍有松动就会影响画面的稳定性。

△避免在高空气流较大的地方拍摄。飞机在空中进、出云层时也会上下震动，有时遇到较强的气流，飞机会出现直落直升的情况，如果此时拍摄，不但画面会产生抖动，还容易发生事故。

△空中拍摄如果没有防震措施，不宜使用过长焦距的镜头。通常以固定镜头25mm、10mm的镜头为好，且可以防止画面抖动。

思考题

1. 操作摄影机的方式有几种？
2. 手持机拍摄时有几种姿势？拍摄时需注意哪些问题？
3. 使用电影摄影机拍摄时，对持机人操作时的技术要求有哪些？
4. 什么是运动摄影？
5. 什么是摇镜头？摇镜头拍摄应注意什么？
6. 什么是推、拉镜头？运用推、拉镜头拍摄要注意的问题？
7. 什么是移动镜头？有几种移动方式？
8. 航空摄影拍摄前应做好哪些准备？
9. 航拍时应注意哪些问题？

参考书目

朱羽君，王纪言，钟大年主编·中国应用电视学·北京：北京师范大学出版社，1993年

刘国典著·摄影曝光控制·北京：中国电影出版社，1984年

徐国兴著·摄影技术教程·北京：中国人民大学出版社，1993年

颜志刚著·摄影技艺教程·上海：复旦大学出版社，1994年

屠明非著·曝光技术与技巧·沈阳：辽宁美术出版社，1995年

[英] 拉尔夫·雅各布逊等著·照相手册·北京：中国电影出版社，1993年

谢汉俊编译·A·亚当斯论摄影·北京：中国摄影出版社，1991年

[英] 迈克尔·兰福特著·摄影向导·北京：人民美术出版社，1996年

[英] 约翰·海吉科著·新摄影手册·杭州：浙江科学技术出版社，1996年

沙占祥著·摄影滤光镜的性能与使用·北京：中国摄影出版社，1984年

屠明非著·摄影滤光器·沈阳：辽宁美术出版社，1995年

[日] 久保走一编著·滤色镜的应用·沈阳：辽宁美术出版社，1984年

施克孝，于宝富著·彩色电视照明原理与布光技巧·北京：

北京农业大学出版社，1988 年

沙占祥著·摄影镜头的性能与选择·北京：中国摄影出版社，1989 年

沙占祥著·摄影镜头的使用技巧·北京：中国摄影出版社，1991 年

涂家宽著·摄影造型表现方法·北京：北京大学出版社，1990 年

王伟国著·光的造型·沈阳：辽宁美术出版社，1995 年

［英］大卫·乌·萨缪尔森著·电影摄影技术·北京：中国电影出版社，1984 年

［英］伯纳德·哈德著·电影技术基础·北京：中国电影出版社，1980 年

［苏］科尔季丘克，斯尼亚季诺夫斯卡娅著·电影摄影艺术中的拍摄技巧·北京：中国电影出版社，1991 年

［英］赫·玛利奥：雷蒙多·索托著，赵超群译·电影摄影机技术·北京：中国电影出版社，1982 年

邸世杰编译·电影摄影技术手册·北京：中国电影出版社，1987 年

◇后　记◇

《影视摄影技术》一书历经五个冬夏，终于在新世纪将临之际完成了全部书稿的撰写和图例的拍摄整理工作。回顾过去的日日夜夜，真可谓辛苦。要讲所写的内容，不能说不熟悉，因为自毕业留校后就一直研究摄影技术技能等理论，对影视创作中所用摄影器材的性能、特点，进行过深入的研究，也清楚这些内容在影视摄影中对所摄画面的技术质量和形成不同的造型效果、艺术气氛具有着多么重要的作用。要讲对所著内容的研究，不能说不深入。因为二十多年的教学经验及拍摄实践，让我在摄影技术技能这方面的知识，有着很深刻的理解。我一直承担着电视学院各专业的研究生、本科生、专科生等不同学历层次的班级讲授《摄影技术》这门课程，同时还参加了大量的电视节目制作，将理论研究与创作实际相结合。这样，既丰富了教学内容，又能使研究成果在实践中接受检验，为总结摄影理论打下了坚实的基础。但是，近几年电视学院增加了许多新学科，招生人数逐年扩大，这期间我的教学任务非常重，再加上还担任着学院的领导工作。因此，一直没有时间将多年的教学、科研中的研究成果进行总结。我利用三个寒暑假才将此书撰写完成，当把书的最后一章完成之后，我心中的那种喜悦难于言表。

《影视摄影技术》一书共十九章，它全面、系统地对摄影人员在影视创作中必须掌握的摄影技术技能等方面的知识进行了翔实的论证。摄影中如何控制画面曝光，怎样把千变万化的自然景物在画面中得到客观的再现或根据创作者的主观意图得到主观的表现，从理论上进行了分析。对摄影中如何调节画面色调、影调，光源色温与画面色彩控制；镜头的性能、特点、造型功能；电视摄影机的结构、类型、操作技术等进行了系统的阐述。书中对摄影人员在创作中常用的摄影器材和辅助设备，结合大量的图例进行了详细的介绍。这些内容对影视创作人员具有一定的实用价值，对专业摄影人员或初学摄影的人员具有很强的指导意义。

在世纪之交、千年之交来临之际，在本书即将与读者见面的时候，我特别要向多年来一直帮助指导我的老师刘国典教授、沙占祥教授，致以衷心的感谢。在我事业的路途中，没有他们的关怀与支持，就没有我今天的成绩。在这里我还要借此书出版之机，对在该书撰写、绘制图例和出版过程中支持与帮助我的电视学院李宽老师、袁佳平老师、叶明睿同学以及北京师范大学出版社的景宏老师，以及我的朋友和我的家人，一并表示深深的感谢，是他们的支持和帮助，让我坚持了下来，完成了多年的愿望。

该书由于撰写时间较长，涉及的内容较多。书中既有技术性很强的概念、公式，又需结合影视创作的艺术特征；既要有理论研究，还要联系实际应用，有一定的难度。书中难免有这样或那样的缺憾，敬请专家、读者批评指正。

毕根辉

1999 年 12 月

◁ 彩图 1-1A 以室内人脸亮度确定曝光 ▷

◁ 彩图 1-1B 以室外较明亮的景物确定曝光 ▷

◁图 1-1C 给室内人物适当的补光后，以室内外景物亮度确定曝光▷

◁彩图 6-1《近景人像》▷

◁ 彩图 6-2《蓝色小舟》▷

◁ 彩图 6-3《日出》▷

◁ 彩图 6-4《黄山日出》▷

◁ 彩图 6-5《雪景》▷

◁ 彩图 6-6《雨景》▷

◁ 彩图 6-7《雾》▷

◁ 彩图 6-8《逆光》▷

◁ 彩图 8-1A　使用灯光型彩色片在外景拍摄加降色温滤光片，景物色彩还原正常 ▷

◁ 彩图 8-1B 灯光型彩色片在外景自然光下拍摄未加降色温滤光片，画面色调偏蓝 ▷

◁ 彩图 8-2A 日光型彩色片在 3200K 灯光条件下拍摄未加升色温滤光片，画面色调偏橙 ▷

◁ 彩图 8-2B 加升色温滤光片后色彩还原正常 ▷

◁ 彩图 8-3 彩色片加用蓝滤色镜 ▷

◁ 彩图 8-4 日光型彩色片拍摄天安门夜景 ▷

◁彩图 9-1 运用几何透视增强空间深度▷

◁彩图 9-2 运用空气透视增强空间深度▷

◁ 彩图 10-1A 未加中灰片，光圈小，景深大 ▷

◁ 彩图 10-1B 加中灰片压低亮度，开大光圈，景深小 ▷

◁ 彩图 10-2A 未加偏光镜 ▷

◁ 彩图 10-2B 加偏光镜消除表面反光 ▷

◁彩图 10-3A 未加柔光镜 ▷

◁彩图 10-3 B 加柔光镜的效果 ▷

◁ 彩图 10-4 加星光镜 ▷

◁ 彩图 10-5 加近摄镜 ▷

◁ 彩图 10-6 加中空镜 ▷

◁ 彩图 14-1 利用超广角镜头拍摄的效果 ▷

◁ 彩图 15-2 运用长焦距镜头拍摄的效果 ▷